·网络空间安全学科系列教材·

功能型密码算法设计与分析

DESIGN AND ANALYSIS OF FUNCTIONAL CRYPTOGRAPHY ALGORITHMS

黄欣沂 赖建昌 著

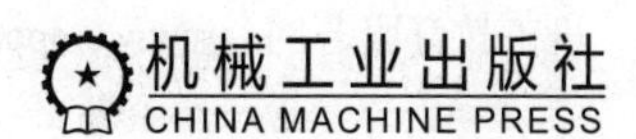

机械工业出版社
CHINA MACHINE PRESS

本书根据加密功能对加密技术进行分类，将其分为 8 个大类，每个大类独立形成一章。每章描述了对应功能型密码的工作原理及若干个经典且具有代表性的方案，并给出算法的设计和安全性分析。第 1 章介绍了传统公钥加密。第 2 章介绍了标识加密，也称基于身份的加密。第 3 章介绍了属性基加密，属性基加密属于标识加密的扩展，能提供更加灵活的细粒度数据访问控制。第 4 章介绍了门限加密，这种加密需多方合作才能完成解密。第 5 章介绍了广播加密，提供了一种确定性多用户安全数据共享方法。第 6 章介绍了代理重加密，进一步拓宽了功能型加密技术的应用。第 7 章介绍了可搜索加密，这种技术可用于在海量密态云数据中精准找到满足某些性质的数据。第 8 章介绍了同态加密，为设计更高级的密码协议奠定了基础。

本书适合学过现代密码学课程的计算机相关专业高年级本科生和研究生使用，也适合相关领域的技术人员参考阅读。

图书在版编目（CIP）数据

功能型密码算法设计与分析 / 黄欣沂，赖建昌著 . —北京：机械工业出版社，2023.6
网络空间安全学科系列教材
ISBN 978-7-111-73101-6

Ⅰ. ①功… Ⅱ. ①黄… ②赖… Ⅲ. ①密码算法 – 教材 Ⅳ. ① TN918.1

中国国家版本馆 CIP 数据核字（2023）第 091510 号

机械工业出版社（北京市百万庄大街 22 号　邮政编码 100037）
策划编辑：朱　劼　　责任编辑：朱　劼　关　敏
责任校对：牟丽英　卢志坚　　责任印制：郜　敏
三河市宏达印刷有限公司印刷
2023 年 8 月第 1 版第 1 次印刷
185mm × 260mm · 11.5 印张 · 209 千字
标准书号：ISBN 978-7-111-73101-6
定价：69.00 元

电话服务　　网络服务
客服电话：010-88361066　　机　工　官　网：www.cmpbook.com
010-88379833　　机　工　官　博：weibo.com/cmp1952
010-68326294　　金　书　网：www.golden-book.com
封底无防伪标均为盗版　　机工教育服务网：www.cmpedu.com

前　言

随着网络技术的飞速发展，互联网已深刻改变了人们的生活和工作方式。近年来，人们在享受网络带来的福利时，网络带来的安全问题也悄然而至。2018 年 4 月，习近平主席在全国网络安全和信息化工作会议上指出“没有网络安全就没有国家安全”。网络安全是保障国家安全的关键，而密码技术则是保障网络信息安全的核心技术。

密码技术有着悠久的历史，经常在战争中用于传递秘密消息。从古罗马时期使用的凯撒密码，到第一次世界大战、第二次世界大战时期发展起来的现代密码，密码在军事应用中扮演着重要的角色。随着科技的发展，密码技术也得到了快速发展，应用领域不断扩展。密码技术不再只局限于为军事相关的应用服务，也广泛应用在社会和经济活动中。密码是一门综合、交叉学科，包括计算机、数学、通信等内容。简单来讲，密码技术主要分为加密技术和签名技术，分别用于保障数据的机密性和完整性。根据密码功能的不同，密码技术可分为不同的类别，本书主要介绍功能型加密技术。

加密是密码学的一个重要研究点，包括对称加密体制（单钥加密体制）和公钥加密体制（双钥加密体制）。相对于公钥加密体制，对称加密体制效率更高，但需解决密钥分配问题，因为加密数据使用的密钥和解密时使用的密钥相同。公钥加密体制为对称加密体制中的密钥分配提供了一种有效的解决方法。因此，本书基于公钥加密体制展开描述。

本书根据加密功能对加密技术进行分类，将其分为 8 个大类，每个大类独立形成一章。每章描述了对应功能型密码的工作原理及若干个经典且具有代表性的方案，并给出算法的设计和安全性分析。第 1 章介绍了传统公钥加密。第 2 章介绍了一种特殊的公钥加密，即标识加密，也称基于身份的加密，该密码体制能有效消除传统公钥加密体制中对证书的要求。第 3 章介绍了属性基加密，属性基加密属于标识加密的拓展，能提供更加灵活的细粒度数据访问控制。第 4 章介绍了需多方合作才能完成解密的门限加密。第 5 章介绍了广播加密，提供了一种确定性多用户安全数据共享方法。第 6 章介绍了代理重加密——其解密权限在一定的条件下可转移给另一个用户，进一步拓宽了功能型加密技术的应用。第 7 章介绍了可搜索加密，提供了一种在海量密态云数据中精准找到满足某些性质的数据的方法。第 8 章介绍了同态加密，为设计更高级的密码协议奠定了基础。

本书适合学过现代密码学课程并具备一定的群、环、域基础的高年级学生使用。初学者可先跳过算法的安全性分析，侧重于算法的设计技巧。部分算法的安全性分析比较复杂，难以理解，这些内容适合有一定安全性归约基础的研究生阅读。

本书的特点如下：一是内容合理、全面，内容的编排由简单到复杂，涵盖了现代密码学领域各种主流的功能型加密体制的经典成果；二是章节的安排根据不同功能的加密体制分类，读者可根据需要快速锁定对应的章节，且不会缺失内容的完整性和引导性；三是内容的安排以教学为出发点，充分考虑了实用性。

在本书的编写过程中，参考了国内外的有关著作和文献，特别是 Fuchun Guo、Willy Susilo、Yi Mu、杨波等人的著作。

由于作者水平有限，书中不足在所难免，恳请读者批评指正。

作　者

2022 年 10 月

目 录

Chapter 1

第1章 传统公钥加密

1.1 引言

为了保障存储和传输数据的机密性，需要对原始数据（称为明文）进行加密处理，把明文转换成无实际意义的乱码（称为密文）。在公钥密码体制以前的整个密码学历史中，所有的密码算法，包括原始手工计算的、由机械设备实现的以及由计算机实现的，大多基于代换和置换两个基本运算。在基于代换-置换网络设计的加密算法中，加密数据使用的秘密值（加密密钥）和解密密文使用的秘密值（解密密钥）是相同的，这类算法体制称为单密钥体制或对称密码体制。对称密码体制具有加密和解密效率高的特点，但要求双方在通信前，事先共享一个会话密钥（也称为数据加密密钥），在跨域系统中存在密钥分配的难题。同时，在多用户的网络中，任何两个用户之间都需要有共享的会话密钥，当网络中有很多用户时，每个用户需要管理的会话密钥数量非常大，存在密钥管理问题。此外，当接收方 Bob 收到发送方 Alice 的电子文档时，无法向第三方证明此电子文档来源于 Alice，不能实现不可抵赖性。

为了解决对称密码体制存在的上述问题，美国斯坦福大学的 Whitefield Diffie 和 Martin Hellman 于 1976 年提出了公钥密码体制（Public Key Cryptosystem，PKC）的概念。公钥密码体制为密码学的发展提供了新的理论和技术基础，公钥密码算法的基本工具不再是代换和置换，而是陷门单向函数。在公钥密码体制中，采用两个相关密钥将加密和解密能力分开，其中一个密钥是公开的，称为公钥，用于加密。另一个密钥是用户专用的，因而是保密的，称为私钥，用于解密。在已知公钥的情况下，求解对应的私钥在计算上是不可行的。公钥密码体制也称为双钥密码体制或非对称密码体制。公钥加密体制的框架如图 1-1 所示。

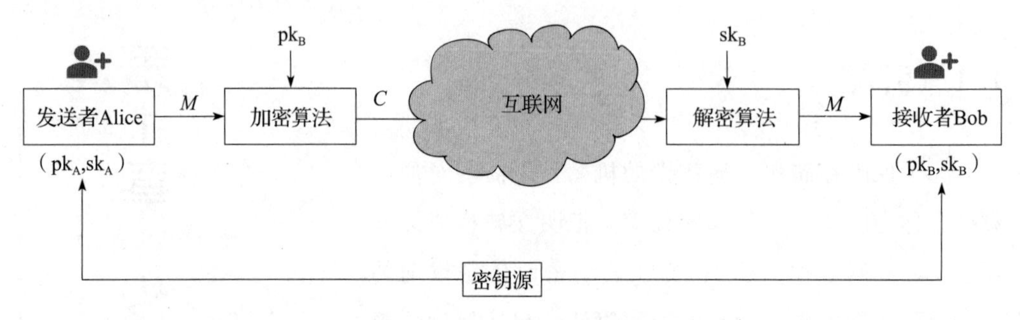

图 1-1　公钥加密体制的框架图

设用户 Alice 的公私钥对为（pk_A, sk_A），用户 Bob 的公私钥对为（pk_B, sk_B），其中 pk_A 和 pk_B 分别为 Alice 和 Bob 的公钥，sk_A 和 sk_B 分别为 Alice 和 Bob 的私钥。如果 Alice 需要安全发送消息 M 给 Bob，可利用 Bob 的公钥 pk_B 加密消息 M 并把密文 C 发送给 Bob。当收到来自 Alice 的密文 C 后，Bob 利用自己的私钥 sk_B 对密文进行解密，进而恢复出明文数据 M。一方面由于 pk_B 是公开的，任何人都可以给 Bob 发送加密数据；另一方面 sk_B 只有 Bob 知道，因此只有 Bob 才能够正确解密。公钥密码体制有效解决了对称密码体制中存在的密钥管理和密钥分配问题。

公钥密码算法是以非对称的形式巧妙地使用两个密钥。两个密钥的使用对保密性、密钥分配、认证等都有深刻的意义。公钥密码体制的出现在密码学历史上是一个伟大的革命，它在密钥分配和数字签名（数字签字）领域起到重要作用。本章将着重介绍 4 个经典且具有代表性的公钥加密算法并给出对应的安全性分析，包括 RSA 公钥加密算法、ElGamal 公钥加密算法、Cramer-Shoup 公钥加密算法和我国自主设计的 SM2 公钥加密算法。

1.2　公钥加密及安全模型

1.2.1　公钥加密的定义

公钥加密方案（Public Key Encryption，PKE）由以下四个多项式时间算法组成：

- 系统参数生成算法 SP←Setup(λ)：算法输入安全参数 λ，输出系统公开参数 SP。该算法由可信中心运行，其中 SP 包含明文空间 $\mathcal{M}$ 和密文空间 $\mathcal{C}$ 的描述且对所有实体公开。
- 公私钥生成算法 (pk,sk)←KeyGen(SP)：算法输入系统公开参数 SP，输出用户的公私钥对 (pk,sk)，其中 pk 是用户的公钥（用于数据加密），sk 是用户秘密保存的私钥（用于密文解密）。该算法由用户运行。
- 加密算法 C←Encrypt（SP,pk,M)：算法输入系统公开参数 SP、接收者公钥 pk 和待加密消息 $M\in\mathcal{M}$，输出密文 $C\in\mathcal{C}$。
- 解密算法 $M/\perp$←Decrypt(SP,sk,C)：算法输入系统公开参数 SP、解密者私钥 sk 以及密文 C，输出明文消息 M 或者解密失败符号$\perp$。

在绝大多数场景中，公钥加密应满足正确性要求：对任意的 SP←Setup(λ）和 (pk,sk)←KeyGen(SP)，若 C←Encrypt(SP,pk,M)，则 Decrypt(SP,sk,C)$=M$。

1.2.2 安全模型

公钥加密算法的标准安全模型是选择密文攻击下的不可区分安全模型（Indistinguishability against Chosen-Ciphertext Attack，IND-CCA)。该安全模型通过挑战者（Challenger）和敌手（Adversary）之间的游戏来定义，模型共分为以下 5 个阶段：

- **系统建立**：令 SP 为系统公开参数，挑战者运行 KeyGen 算法生成一个公私钥对（pk,sk)，并将 pk 发送给敌手。挑战者秘密保存 sk。
- **询问 1**：该阶段允许敌手以自适应性的方式发起密文解密询问。设敌手询问的密文为 C_i，则挑战者运行解密算法并将解密结果发送给敌手。
- **挑战**：敌手选择两个不同的消息 $M_1,M_2\in\mathcal{M}$ 作为挑战数据。挑战者随机选取一个比特 $b\in\{0,1\}$，计算挑战密文 C^*←Encrypt(SP,pk,M_b)，并将 C^* 发送给敌手。
- **询问 2**：敌手可继续询问密文 $C_i\neq C^*$ 的解密，挑战者根据询问 1 回复敌手。
- **猜测**：敌手输出对 b 的猜测 $b'\in\{0,1\}$。如果 $b=b'$，则敌手获胜。

以上游戏中，定义敌手获胜的优势为

$$\mathrm{Adv}_{\mathrm{PKE}}^{\mathrm{IND\text{-}CCA}}(\lambda)=\left|\Pr[b=b']-\frac{1}{2}\right|$$

定义 1.1　在 IND-CCA 模型中，如果对于任意的多项式时间敌手，其获胜的优势都是可忽略的，则称该公钥加密方案是 IND-CCA 安全的。

通常认为 IND-CCA 安全模型是公钥加密算法的标准安全模型。根据敌手的攻击模式，可以定义一个比 IND-CCA 更弱的安全模型，称为选择明文攻击下的不可区分安全模型（Indistinguishability against Chosen-Plaintext Attack，IND-CPA）。在 IND-CCA 安全模型中，若敌手不允许询问密文解密，则称对应的安全模型为 IND-CPA 安全模型。

定义 1.2　在 IND-CPA 模型中，如果对于任意的多项式时间敌手，其获胜的优势都是可忽略的，则称该公钥加密方案是 IND-CPA 安全的。

1.3　RSA 公钥加密方案

本节首先给出标准 RSA 加密方案，然后给出修改后的 RSA 加密方案，使其能够抵抗选择明文攻击，记作 RSA-CPA 方案，并给出安全性分析。RSA 加密算法由 Ron Rivest、Adi Shamir 和 Leonard Adleman 于 1978 年提出，方案的描述如下。

1.3.1　RSA 加密方案

设 GenPrime 是大素数产生算法，λ 为系统安全参数。

- **SysGen**：运行大素数产生算法得到两个素数 $p,q \leftarrow \text{GenPrime}(\lambda)$，其中 p 和 q 秘密保存。
- **KeyGen**：输入 p,q，计算 $n=pq,\varphi(n)=(p-1)(q-1)$，选取大整数 $1<e<\varphi(n)$，使得 $\gcd(\varphi(n),e)=1$ 成立，其中 $\varphi(n)$ 为 n 的欧拉函数。接着计算 d，满足 $d\cdot e\equiv 1 \bmod \varphi(n)$，输出公钥 (n,e)，私钥 (n,d)。
- **Encrypt**：输入待加密的消息 m，公钥 (n,e)，计算密文 $c\equiv m^e \bmod n$。
- **Decrypt**：输入密文 c，私钥 (n,d)，计算 $m\equiv c^d \bmod n$。

方案的正确性分析如下：由加密过程，可知 $c\equiv m^e \bmod n$，所以

$$c^d \bmod n\equiv m^{ed} \bmod n\equiv m^{k\varphi(n)+1} \bmod n$$

分为下面两种情况：

1）若 m 与 n 互素，则由欧拉定理：$m^{\varphi(n)} \equiv 1 \bmod n$，$m^{k\varphi(n)} \equiv 1 \bmod n$，$m^{k\varphi(n)+1} \equiv m \bmod n$。即 $c^d \bmod n \equiv m$。

2）若 $\gcd(m,n) \neq 1$，注意到 $n = pq$，则意味着 m 是 p 的倍数或 q 的倍数，不妨设 $m = tp$，其中 t 为一正整数。此时必有 $\gcd\{m,q\} = 1$，否则 m 也是 q 的倍数，从而是 pq 的倍数，与 $m < n = pq$ 矛盾。由 $\gcd\{m,q\} = 1$ 及欧拉定理得 $m^{\varphi(q)} \equiv 1 \bmod q$，所以 $m^{k\varphi(q)} \equiv 1 \bmod q$，$(m^{k\varphi(q)})^{\varphi(p)} \equiv 1 \bmod q$，$m^{k\varphi(n)} \equiv 1 \bmod q$，因此存在一个整数 r，使得 $m^{k\varphi(n)} = 1 + rq$，两边同乘 $m = tp$ 得，$m^{k\varphi(n)+1} = m + rtpq = m + rtn$，即 $m^{k\varphi(n)+1} \equiv m \bmod n$，所以 $c^d \bmod n \equiv m$。

1.3.2　RSA-CPA 方案描述

设 GenPrime 是大素数产生算法，λ 为系统安全参数。

- **SysGen**：运行大素数产生算法得到两个素数 $p,q \leftarrow \text{GenPrime}(\lambda)$，$p,q$ 秘密保存。
- **KeyGen**：输入 p,q，计算 $n = pq$，$\varphi(n) = (p-1)(q-1)$，选取大整数 $1 < e < \varphi(n)$，使得 $(\varphi(n),e) = 1$ 成立。接着计算 d，满足 $d \cdot e \equiv 1 \bmod \varphi(n)$，输出公钥 (n,e)，私钥 (n,d)。
- **Encrypt**：输入待加密的消息 m，公钥 (n,e)，选取随机数 $r \in Z_n^*$，输出密文 $\text{CT} = (C_1, C_2) \equiv (r^e \bmod n, H(r) \oplus m)$。
- **Decrypt**：输入密文 CT，私钥 (n,d)，计算 $r \equiv C_1^d \bmod n$，计算明文 $m = H(r) \oplus C_2$。

1.3.3　安全性分析

RSA-CPA 方案的安全性基于 RSA 问题的难解性，我们首先给出 RSA 问题的定义。

RSA 问题：已知大整数 n，e，$y \in Z_n^*$，满足 $q < e < \varphi(n)$ 且 $\gcd(\varphi(n),e) = 1$，计算 $y^{\frac{1}{e}} \bmod n$。

RSA 困难性假设：没有概率多项式时间的算法能够解决 RSA 问题。

定理 1.1　设 H 是一个随机谕言机，如果 RSA 问题是难解的，那么 RSA-CPA 方案是 IND-CPA 安全的。

证明：假设在 IND-CPA 安全模型中，存在一个敌手 $\mathcal{A}$ 能以不可忽略的优势（概率）ε 攻破 RSA-CPA 方案，那么可以构造一个模拟算法 $\mathcal{B}$，通过与 $\mathcal{A}$ 交互以不可忽略的优势 $\mathrm{Adv}_{\mathcal{B}}^{\mathrm{RSA}}(\lambda) \geqslant 2\varepsilon$ 解决 RSA 问题。假设模拟算法 $\mathcal{B}$ 以一个 RSA 问题实例 (n,e,y) 为输入，目标是计算 $y^{\frac{1}{e}} \bmod n$。为描述方便，不妨设加密消息的长度为 ℓ。

系统建立：模拟算法 $\mathcal{B}$ 随机选取字符串 $h^* \leftarrow \{0,1\}^\ell$，设公钥 $\mathrm{pk}=(n,e)$，并将 pk 发送给敌手 $\mathcal{A}$，其中 H 被看作由 $\mathcal{B}$ 控制的随机谕言机。

哈希询问：$\mathcal{A}$ 可以适应性询问 x 的哈希值，$\mathcal{B}$ 建立列表 $\mathcal{L}$（初始值为空），列表元素以二元组 (x,h) 形式存储，$\mathcal{B}$ 按照如下方式应答：

- 如果 x 已经在列表中，则以 (x,h) 中的 h 应答；
- 如果 $x^e \equiv y \bmod n$，设 $H(x)=h^*$，以 h^* 应答，将 (x,h^*) 存入表中，并记下 $r^*=x$；
- 否则随机选择 $h \leftarrow \{0,1\}^\ell$，设 $H(x)=h$，以 h 应答，并将 (x,h) 存入表 $\mathcal{L}$ 中。

挑战：$\mathcal{A}$ 输出两个等长的明文数据 m_0，m_1，$\mathcal{B}$ 随机选取比特 $b \in \{0,1\}$，设 $c_1^*=y$，$c_2^*=h^* \oplus m_b$，将 (c_1^*,c_2^*) 作为挑战密文并发送给 $\mathcal{A}$。

猜测：$\mathcal{A}$ 输出对 b 的猜测 b'，若 $b=b'$，$\mathcal{B}$ 输出哈希询问阶段记下的 $r^*=x$ 作为 RSA 问题的解，并定义 $\mathcal{H}$ 表示事件——在模拟中 $\mathcal{A}$ 发出 $H(r^*)$ 询问，即 $H(r^*)$ 出现在 $\mathcal{L}$ 中。

断言 1.1　在以上模拟过程中，$\mathcal{B}$ 的模拟是完备的。

证明：在以上模拟中，$\mathcal{A}$ 的视角与其在真实攻击中的视角是同分布、不可区分的。这是因为

1）$\mathcal{A}$ 的 H 询问中的每一个值都是随机值，而在 $\mathcal{A}$ 对 RSA-CPA 的真实攻击中，$\mathcal{A}$ 得到的是 H 的函数值，由于假定 H 是随机谕言机，因此 $\mathcal{A}$ 得到的 H 的函数值是均匀的。

2）$h^* \oplus m_b$ 对 $\mathcal{A}$ 来说，为 h^* 对 m_b 做一次一密加密。由 h^* 的随机性可知，$h^* \oplus m_b$ 对 $\mathcal{A}$ 来说是随机的。所以两种视角不可区分。

断言 1.2　在上述模拟攻击中 $\Pr[\mathcal{H}] \geqslant 2\varepsilon$。

证明：根据断言 1.1 可知，在猜测阶段之前，模拟和真实攻击是不可区分的。即，当敌手 $\mathcal{A}$ 没有发出 $H(r^*)$ 询问时，敌手没有任何优势猜到正确的密文，有 $\Pr[b=b' \mid \neg\mathcal{H}]=\frac{1}{2}$。根据假设，$\mathcal{A}$ 能以不可忽略的优势 ε 攻破 RSA-CPA 方案，由断言 1.1 可知，模拟和真实攻击环境是不可区分的，则有 $\left|\Pr[b=b' \mid \mathcal{H}]-\frac{1}{2}\right| \geqslant \varepsilon$，进一步有

$$
\begin{aligned}
\Pr[b=b'] &= \Pr[b=b' \mid \neg\mathcal{H}] \cdot \Pr[\neg\mathcal{H}]+\Pr[b=b' \mid \mathcal{H}] \cdot \Pr[\mathcal{H}] \\
&\leqslant \Pr[b=b' \mid \neg\mathcal{H}] \cdot \Pr[\neg\mathcal{H}]+\Pr[\mathcal{H}] \\
&= \frac{1}{2}\Pr[\neg\mathcal{H}]+\Pr[\mathcal{H}] \\
&= \frac{1}{2}(1-\Pr[\mathcal{H}])+\Pr[\mathcal{H}] \\
&= \frac{1}{2}+\frac{1}{2}\Pr[\mathcal{H}]
\end{aligned}
$$

又知 $\Pr[b=b'] \geqslant \Pr[b=b' \mid \neg\mathcal{H}] \cdot \Pr[\neg\mathcal{H}]=\frac{1}{2}(1-\Pr[\mathcal{H}])=\frac{1}{2}-\frac{1}{2}\Pr[\mathcal{H}]$，所以 $\varepsilon \leqslant \left|\Pr[b=b']-\frac{1}{2}\right| \leqslant \frac{1}{2}\Pr[\mathcal{H}]$，即 $\Pr[\mathcal{H}] \geqslant 2\varepsilon$。

由以上两个断言，在上述模拟过程中 r^* 以至少 2ε 的概率出现在 $\mathcal{L}$ 中。若 $\mathcal{H}$ 发生，则 $\mathcal{B}$ 在哈希询问阶段可找到 x 满足 $x^e \equiv y \bmod n$，即 $x \equiv r^* \equiv (y)^{\frac{1}{e}} \bmod n$，所以 $\mathcal{B}$ 成功的概率与 $\mathcal{H}$ 发生的概率相同。■

1.4　ElGamal 公钥加密方案

ElGamal 加密算法由 Taher ElGamal 于 1985 年提出，它是一个基于 Diffie-Hellman 密钥交换的非对称加密算法，方案描述如下。

1.4.1 方案描述

- **SysGen**：输入安全参数 λ，系统参数生成算法生成循环群 $(\mathbb{G},p,g)$，p 为群 $\mathbb{G}$ 的阶，g 为群 $\mathbb{G}$ 的生成元，输出系统参数 $SP=(\mathbb{G},p,g)$。
- **KeyGen**：输入系统参数 SP，私钥生成算法选取随机数 $\alpha\in Z_p$，计算 $g_1=g^{\alpha}$，输出公钥 $pk=g_1$，私钥 $sk=\alpha$。
- **Encrypt**：输入待加密的明文数据 $m\in\mathbb{G}$，公钥 pk，系统参数 SP，加密算法选取随机数 $r\in Z_p$，计算 $C_1=g^r$，$C_2=g_1^r\cdot m$，输出密文 $CT=(C_1,C_2)$。
- **Decrypt**：输入密文 CT，私钥 sk，系统参数 SP，解密算法计算 $C_2\cdot C_1^{-\alpha}=g_1^r m\cdot(g^r)^{-\alpha}=m$ 获取明文数据。

1.4.2 安全性分析

ElGamal 加密算法的安全性基于判定性 Diffie-Hellman（Decisional Diffie-Hellman，DDH）问题的难解性，我们首先给出 DDH 困难问题的定义。

DDH 问题：设 $\mathbb{G}$ 为循环群，p 为群 $\mathbb{G}$ 的阶，g 为群 $\mathbb{G}$ 的生成元，已知 (g,g^a,g^b,Z)，判断 Z 是否等于 g^{ab}。

定理 1.2 如果 DDH 问题是难解的，那么 ElGamal 加密方案是 IND-CPA 安全的。

证明：假设在 IND-CPA 安全模型中，存在一个敌手 $\mathcal{A}$ 能以不可忽略的优势 ε 攻破 ElGamal 加密方案，那么可以构造一个模拟算法 $\mathcal{B}$ 通过与 $\mathcal{A}$ 交互，以不可忽略的优势给出 DDH 问题的解。设 $\mathcal{B}$ 以循环群 $(\mathbb{G},p,g)$ 上的 DDH 问题实例 (g,g^a,g^b,Z) 作为输入。

系统建立：令 $SP=(\mathbb{G},p,g)$，$\mathcal{B}$ 设置公钥为 $g_1=g^a$，其中 a 未知，公钥可以从给定问题实例中得到。

挑战：$\mathcal{A}$ 输出两个不同的挑战明文数据 $m_0,m_1\in\mathbb{G}$。$\mathcal{B}$ 随机选取比特 $c\in\{0,1\}$，计算挑战密文 $CT^*=(C_1^*,C_2^*)=(g^b,Z\cdot m_c)$ 并发送给敌手，其中 g^b 和 Z 来自问题实例。设 $r=b$，若 $Z=g^{ab}$，则

$$\mathrm{CT}^* = (g^b, Z \cdot m_c) = (g^r, g_1^r \cdot m_c)$$

因此，若 $Z=g^{ab}$，CT^* 为消息 m_c 正确的挑战密文。

猜测：$\mathcal{A}$ 输出对 c 的猜测，若 $c'=c$，$\mathcal{B}$ 输出 True，表示 $Z=g^{ab}$，否则输出 False，表示 $Z\neq g^{ab}$。

由于证明中用到的 a 和 b 都是随机数，因此模拟和真实攻击环境是同分布、不可区分的。模拟过程没有出现终止情况，所以模拟成功的概率为 1。下面分析 $\mathcal{A}$ 攻破挑战密文的概率。若 $Z=g^{ab}$，方案的模拟与真实攻击环境不可区分，因此根据假设，敌手正确猜到加密消息的概率为 $1/2+\varepsilon/2$。若 $Z\neq g^{ab}$，那么 Z 是随机的，与 C_1^* 无关，则 CT^* 是一次一密加密。因此，敌手正确猜测到加密消息的概率为 1/2。综上所述，$\mathcal{B}$ 解决 DDH 问题的概率为

$$\left(\frac{1}{2}+\frac{\varepsilon}{2}\right)-\frac{1}{2}=\frac{\varepsilon}{2}$$ ■

1.5 Cramer-Shoup 公钥加密方案

1998 年，Cramer 和 Shoup 提出了一个实用且满足自适应性选择密文安全的公钥加密方案。本节简要回顾 Cramer-Shoup 加密方案的构造和安全性分析。

1.5.1 方案描述

- **SysGen**：输入安全参数 λ，系统参数生成算法生成循环群 $(\mathbb{G}, p, g)$，p 为群 $\mathbb{G}$ 的阶，g 为群 $\mathbb{G}$ 的生成元，选取密码函数 $H:\{0,1\}^* \to \mathbb{Z}_p$，输出系统参数 $\mathrm{SP}=(\mathbb{G}, p, g, H)$。
- **KeyGen**：输入系统参数 SP，私钥生成算法随机选取群元素 $g_1, g_2 \in \mathbb{G}, \alpha_1, \alpha_2, \beta_1, \beta_2, \gamma_1, \gamma_2 \in Z_p$，计算 $\mu = g_1^{\alpha_1} g_2^{\alpha_2}$，$\upsilon = g_1^{\beta_1} g_2^{\beta_2}$，$h = g_1^{\gamma_1} g_2^{\gamma_2}$，按照如下形式输出公钥 pk 和私钥 sk：

$$\mathrm{pk}=(g_1, g_2, \mu, \upsilon, h), \quad \mathrm{sk}=(\alpha_1, \alpha_2, \beta_1, \beta_2, \gamma_1, \gamma_2)$$

- **Encrypt**：输入待加密的明文数据 $m\in\mathbb{G}$，公钥 pk，系统参数 SP，加密算法选取随机数 $r\in Z_p$，计算密文 $\mathrm{CT}=(C_1, C_2, C_3, C_4)=(g_1^r, g_2^r, h^r m, u^r v^{wr})$，其中 $w=H(C_1, C_2, C_3)$。

- **Decrypt**：输入密文 CT，私钥 sk，系统参数 SP，解密算法首先计算 $w=H(C_1,C_2,C_3)$，验证等式 $C_4=C_1^{\alpha_1+w\beta_1}\cdot C_2^{\alpha_2+w\beta_2}$ 是否成立。若成立，则计算 $m=C_3\cdot C_1^{-\gamma_1}C_2^{-\gamma_2}$。

1.5.2 安全性分析

Cramer-Shoup 加密方案的安全性基于一个 DDH 问题的变体，我们首先给出 DDH 问题的变体。

DDH 问题的变体：设 $(\mathbb{G},p,g)$ 是一个循环群，其中 p 为群 $\mathbb{G}$ 的阶，g 为群 $\mathbb{G}$ 的生成元。已知群元素 $(g,g^a,g^b,g^{ac},Z)\in\mathbb{G}$，判断 Z 是否等于 g^{bc}，其中 a，b，c 是未知的。

定理 1.3 如果 DDH 问题的变体是难解的，那么 Cramer-Shoup 加密方案是 IND-CCA 安全的。

证明：假设在 IND-CCA 安全模型中，存在一个攻击算法 $\mathcal{A}$，能以不可忽略的优势 ε 攻破 Cramer-Shoup 加密方案，那么我们可以构造一个模拟算法 $\mathcal{B}$ 通过与 $\mathcal{A}$ 交互，以不可忽略的优势解决 DDH 问题的变体。设 $\mathcal{B}$ 以循环群 $(\mathbb{G},p,g)$ 上 DDH 问题的变体的实例 $(g_1,g_2,g_1^{a_1},g_2^{a_2})$ 作为输入。

系统建立：令系统参数 $\mathrm{SP}=(\mathbb{G},g,p,H)$，其中 $H:\{0,1\}^*\to Z_p$ 为密码哈希函数，$\mathcal{B}$ 随机选取 $\alpha_1,\alpha_2,\beta_1,\beta_2,\gamma_1,\gamma_2\in Z_p$ 作为私钥，设公钥为

$$\mathrm{pk}=(g_1,g_2,\mu,\upsilon,h)=(g_1,g_2,g_1^{\alpha_1}g_2^{\alpha_2},g_1^{\beta_1}g_2^{\beta_2},g_1^{\gamma_1}g_2^{\gamma_2})$$

公钥可以从问题实例和给定的参数计算得到。

询问 1：在该阶段，敌手允许询问密文解密。设询问的密文为 CT，由于 $\mathcal{B}$ 知道私钥，它运行解密算法并将解密结果返回给敌手。

挑战：$\mathcal{A}$ 输出两个不同的挑战消息 $m_0,m_1\in\mathbb{G}$。$\mathcal{B}$ 随机选取 $c\in\{0,1\}$，计算挑战密文 $\mathrm{CT}^*=(C_1^*,C_2^*,C_3^*,C_4^*)=(g_1^{a_1},g_2^{a_2},g_1^{a_1\gamma_1}g_2^{a_2\gamma_2}\cdot m_c,(g_1^{a_1})^{\alpha_1+w^*\beta_1}\cdot(g_2^{a_2})^{\alpha_2+w^*\beta_2})$，其中 $w^*=H(C_1^*,C_2^*,C_3^*)$，$g_1^{a_1},g_2^{a_2}$ 由问题实例给出。令 $r=a_1$，如果 $a_1=a_2$，有

$$\mathrm{CT}^{*}=(g_1^{a_1},g_2^{a_2},g_1^{a_1\gamma_1}g_2^{a_2\gamma_2}\cdot m_c,(g_1^{a_1})^{\alpha_1+w^{*}\beta_1}(g_2^{a_2})^{\alpha_2+w^{*}\beta_2})=(g_1^{r},g_2^{r},h^{r}m_c,u^{r}v^{w^{*}r})$$

因此，CT^{*}为正确的挑战密文，其加密的消息为m_c。

询问2：敌手在该阶段可继续向挑战者发出解密询问，但不能询问CT^{*}的解密，挑战者的响应方式与询问1相同。

猜测：$\mathcal{A}$输出对挑战密文中消息的猜测c'，若$c=c'$，$\mathcal{B}$输出True，表示给定实例是正确的DDH元组，否则输出False，表示不是正确的DDH元组。

根据证明的设置，模拟者$\mathcal{B}$知道私钥，因此能执行和真实攻击环境不可区分的解密模拟。在生成私钥和挑战密文中，所有的数都是随机选取的，所以模拟和真实攻击是不可区分的。在证明中，模拟没有出现失败的情况，故模拟成功的概率为1。接下来分析$\mathcal{B}$解决困难问题的概率。

若问题实例中的Z是正确的，该方案的模拟与真实的方案攻击不可区分，因此敌手有$1/2+\varepsilon/2$的概率猜到正确的加密消息。若Z是错误的，敌手最多以$\frac{1}{2}+\frac{q_d}{p-q_d}$的概率正确地猜测到加密消息，分析如下：

令$g_2=g_1^{z}$，其中$z\in Z_p$，则敌手可以从公钥中得到$z,\alpha_1+z\alpha_2,\beta_1+z\beta_2,\gamma_1+z\gamma_2$，可以从挑战密文中获得$a_1,a_2,a_1(\alpha_1+w^{*}\beta_1)+za_2(\alpha_2+w^{*}\beta_2),a_1\gamma_1+a_2\gamma_2+\log_{g_1}m_c$。如果$\gamma_1,\gamma_2$对于敌手是未知的，且没有发起解密询问，那么$\gamma_1+z\gamma_2$和$a_1\gamma_1+a_2z\lambda_2$是随机且独立的，因为以下系数矩阵的行列式为非零：

$$\begin{vmatrix} 1 & z \\ a_1 & a_2z \end{vmatrix}=z(a_2-a_1)\neq 0$$

在该情况下，从敌手的视角看，挑战密文可以看作对消息m_c的一次一密加密得到，因此敌手没有任何的优势猜到正确的c。下面证明解密询问不能帮助敌手以不可忽略的优势攻破挑战密文。

设$\mathrm{CT}=(g_1^{r_1},g_2^{r_2},C_3,C_4)$的解密询问通过验证，解密结果将返回给敌手$C_3\cdot g_1^{-r_1\gamma_1}g_2^{-r_2\gamma_2}$，敌手通过计算得到$r_1\gamma_1+r_2z\gamma_2$。如果$r_1=r_2$，则敌手所知道的相当于$\gamma_1+z\gamma_2$，因此，敌手无法获取额外的信息来破解一次一密加密。否则，敌手可以通过$\gamma_1+z\gamma_2$和$r_1\gamma_1+r_2z\gamma_2$计算出γ_1,γ_2来破解密文，从而攻破一次一密加密

算法。下面证明 $\mathcal{B}$ 能够以不可忽略的概率拒绝所有与挑战密文不同的无效密文 $CT=(g_1^{r_1}, g_2^{r_2}, C_3, C_4)$。敌手提交的无效密文分以下两种情况讨论：

1）$(g_1^{r_1}, g_2^{r_2}, C_3)=(C_1^*, C_2^*, C_3^*)$ 且 $C_4 \neq C_4^*$，此时 $\mathcal{B}$ 拒绝该形式的密文，因为只有 $C_4=C_4^*$ 才会通过验证。

2）$(g_1^{r_1}, g_2^{r_2}, C_3) \neq (C_1^*, C_2^*, C_3^*)$，由于哈希函数是安全的，因此有 $H(g_1^{r_1}, g_2^{r_2}, C_3)=w \neq w^*$。如果以下等式成立，则密文可以通过验证：

$$C_4=g_1^{r_1(\alpha_1+w\beta_1)} \cdot g_2^{r_2(\alpha_2+w\beta_2)}=g_1^{r_1(\alpha_1+w\beta_1)+r_2 z(\alpha_2+w\beta_2)}$$

也就是说如果敌手能计算出 $r_1(\alpha_1+w\beta_1)+r_2 z(\alpha_2+w\beta_2)$，即可通过验证。

根据证明，包括 $r_1(\alpha_1+w\beta_1)+r_2 z(\alpha_2+w\beta_2)$ 在内的所有与 $\alpha_1, \alpha_2, \beta_1, \beta_2$ 相关的参数为：

$$\alpha_1+z\alpha_2$$
$$\beta_1+z\beta_2$$
$$a_1(\alpha_1+w^*\beta_1)+za_2(\alpha_2+w^*\beta_2)$$
$$r_1(\alpha_1+w\beta_1)+r_2 z(\alpha_2+w\beta_2)$$

$(\alpha_1, \alpha_2, \beta_1, \beta_2)$ 相应的系数矩阵为

$$\begin{pmatrix} 1 & z & 0 & 0 \\ 0 & 0 & 1 & z \\ a_1 & za_2 & a_1 w^* & za_2 w^* \\ r_1 & zr_2 & r_1 w & zr_2 w \end{pmatrix}$$

矩阵行列式的值为 $z(r_2-r_1)(a_2-a_1)(w^*-w) \neq 0$，因此，$r_1(\alpha_1+w\beta_1)+r_2 z(\alpha_2+w\beta_2)$ 是随机的且与其他给定参数无关。所以，除了以 $1/p$ 的概率产生 C_4 通过验证，敌手没有任何优势。

当敌手产生一个错误的密文提交给解密询问时，第一次自适应选择 C_4 成功的概率为 $1/p$，第二次自适应选择 C_4 成功的概率为 $1/(p-1)$。因此，对于 q_d 次解密询问，成功生成一个可以通过验证的不正确密文的概率最多为 $\frac{q_d}{p-q_d}$。此外，敌手有 $1/2$ 的概率从密文中猜对 c。综上所述，敌手最多有 $\frac{1}{2}+\frac{q_d}{p-q_d}$ 的概率正确地猜到

加密消息。因此，$\mathcal{B}$ 解决 DDH 问题的变体的优势为

$$P_S(P_T-P_F)=\left(\frac{1}{2}+\frac{\varepsilon}{2}\right)-\left(\frac{1}{2}+\frac{q_d}{p-q_d}\right)=\frac{\varepsilon}{2}-\frac{q_d}{p-q_d}\approx\frac{\varepsilon}{2}$$ ■

1.6 SM2 公钥加密方案

本节介绍我国商用密码 SM2 公钥加密方案。作为我国的商用密码行业标准（也是国家标准），SM2 在区块链、物联网等新领域应用广泛。由于 SM2 公钥加密方案的安全性分析没有公开，本节主要描述 SM2 公钥加密方案的构造，不讨论其安全性。方案描述如下：

- **SysGen**：输入安全参数 λ，KGC 首先选取密码哈希函数 $H:\{0,1\}^*\rightarrow\{0,1\}^z$，密钥派生函数 $\mathrm{KDF}:\{0,1\}^*\rightarrow\{0,1\}^{\mathrm{klen}}$，其中 klen 为加密消息 M 的比特长度。选择椭圆曲线 E 的一个基点 g，g 的阶为 p。计算余因子 $h=\#E(F_q)/p$，其中 $E(F_q)$ 为 F_q 上椭圆曲线 E 的所有有理点组成的集合。最后输出系统参数 $\mathrm{SP}=(g,p,H,\mathrm{KDF},h)$。
- **KeyGen**：输入系统参数 SP，随机选取 $s\in Z_p^*$，作为用户私钥 sk，计算 $\mathrm{pk}=g^s$，作为用户公钥。
- **Encrypt**：设待加密的明文消息为比特串 M，接收者公钥为 pk。加密者执行以下运算步骤。

  1）选取随机数 $k\in Z_p^*$；

  2）计算椭圆曲线点 $C_1=g^k=(x_1,y_1)$，将 C_1 的数据类型转换为比特串；

  3）计算椭圆曲线点 $S=\mathrm{pk}^h$，若 S 为无穷远点，则报错并退出；

  4）计算椭圆曲线点 $\mathrm{pk}^k=(x_2,y_2)$，将坐标 (x_2,y_2) 的数据类型转换为比特串；

  5）计算 $t=\mathrm{KDF}(x_2\|y_2,\mathrm{klen})$，若 t 为全 0 比特串，则返回到第 1 步；

  6）计算 $C_2=M\oplus t$；

  7）计算 $C_3=H(x_2\|M\|y_2)$；

  8）输出密文 $C=C_1\|C_2\|C_3$。
- **Decrypt**：设待解密密文 $C=C_1\|C_2\|C_3$，私钥为 $\mathrm{sk}=s$，解密者执行以下运算步骤。

1）从 C 中取出比特串 C_1，将 C_1 的数据类型转换为椭圆曲线上的点，验证 C_1 是否满足椭圆曲线方程，若不满足则报错并退出；

2）计算椭圆曲线点 $S=C_1^h$，若 S 是无穷远点，则报错并退出；

3）计算 $C_1^s=(x_2,y_2)$，将坐标 (x_2,y_2) 的数据类型转换为比特串；

4）计算 $t=\mathrm{KDF}(x_2\|y_2,\mathrm{klen})$，若 t 为全 0 比特串，则报错并退出；

5）从 C 中取出比特串 C_2，计算 $M'=C_2\oplus t$；

6）计算 $\mu=H(x_2\|M'\|y_2)$，从 C 中取出比特串 C_3，若 $\mu\neq C_3$，则报错并退出；

7）输出明文 M'。

1.7　本章小结

本章简要介绍了传统公钥加密技术产生的背景及其应用，给出了传统公钥加密的算法定义及其主要安全模型，并介绍了 4 个具有代表性的经典公钥加密方案——RSA 加密方案、ElGamal 加密方案、Cramer-Shoup 加密方案和我国商用密码 SM2 公钥加密方案及相应的安全性分析。掌握传统公钥加密方案的设计过程和安全性证明，能帮助网络空间安全专业密码学方向的学生夯实基础。除了这几种经典的传统公钥加密方案外，目前已经出现了功能更加丰富、安全性更完善的公钥加密方案，感兴趣的读者可自行扩展阅读。

习题

1. 为什么要引入非对称密码体制？
2. 简述传统公钥加密和标识加密的主要区别。
3. 请给出 Cramer-Shoup 加密方案的正确性分析。
4. 在 RSA 加密体制中，若取 $p=47$，$q=59$，$e=17$，计算
   1）解密密钥 d；
   2）明文 115 的密文；
   3）密文 28 的明文。
5. 在 ElGamal 密码系统中，若选取素数 $p=71$，群的生成元 $g=7$。

1）若用户 B 的公钥 $pk_B=3$，用户 A 随机选取整数 $r=2$，计算明文 $m=30$ 的密文；

2）若用户 A 选取的整数 r 使得 $m=30$ 的密文为 $C=(59,c_2)$，则整数 c_2 的值为多少？

参考文献

[1] RIVEST R L, SHAMIR A, ADLEMAN L. A method for obtaining digital signatures and public-key cryptosystem [J]. Commun ACM, 1978(2): 120-126.

[2] 杨波. 现代密码学 [M]. 4 版. 北京：清华大学出版社，2017.

[3] GAMAL T E. A public key cryptosystem and a signature scheme based on discrete Logarithms [C]// CRYPTO. 1984: 10-18.

[4] CRAMER R, SHOUP V. A practical public key cryptosystem provably secure against adaptive chosen ciphertext attack [C]// CRYPTO. 1998.

[5] Public key cryptographic algorithm SM2 based on elliptic curves: GM/T 0003—2012 [Z].

[6] ABDALLA M, BELLARE M, ROGAWAY P. The oracle diffie-hellman assumptions and an analysis of DHIES [C]// CT-RSA. 2001.

[7] CASH D, KILTZ E, SHOUP V. The twin diffie-hellman problem and applications [C]// EUROCRYPT. 2008.

[8] GUO F, SUSILO W, MU Y. Introduction to security reduction [M]. Berlin: Springer, 2018: 1-253.

第2章 标识加密

Chapter 2

2.1 引言

标识加密（Identity-Based Cryptography，IBC）是一种特殊的公钥加密体制，该概念由 Shamir 于 1984 年提出，其最主要的特点是系统中不需要证书，使用用户的标识如姓名、IP 地址、电子邮箱地址、手机号码等能唯一标识用户的比特串作为用户公钥。用户的私钥由密钥生成中心（Key Generation Center，KGC）根据系统主密钥和用户标识计算得出。用户的公钥由用户标识唯一确定，从而不需要第三方来保证公钥的真实性。

一个传统的标识加密系统通常涉及三个实体：密钥生成中心、加密用户和解密用户（见图 2-1）。各实体的功能如下：

- 密钥生成中心：该实体为诚信实体，其功能是生成系统运行过程中需要的公开参数，并为其他实体生成私钥。特别地，需要基于解密用户的用户标识，为其生成与标识对应的解密私钥，并将该私钥秘密发送给解密者。
- 加密用户：以用户标识为公钥，对相关明文进行加密。
- 解密用户：利用密钥生成中心生成的解密密钥对相关密文进行解密。

以上加密系统的特点是：用户的公钥由用户标识唯一确定，从而不需要第三方来保证公钥的真实性。与 1976 年 Diffie 和 Hellman 刚刚提出公钥密码学时的

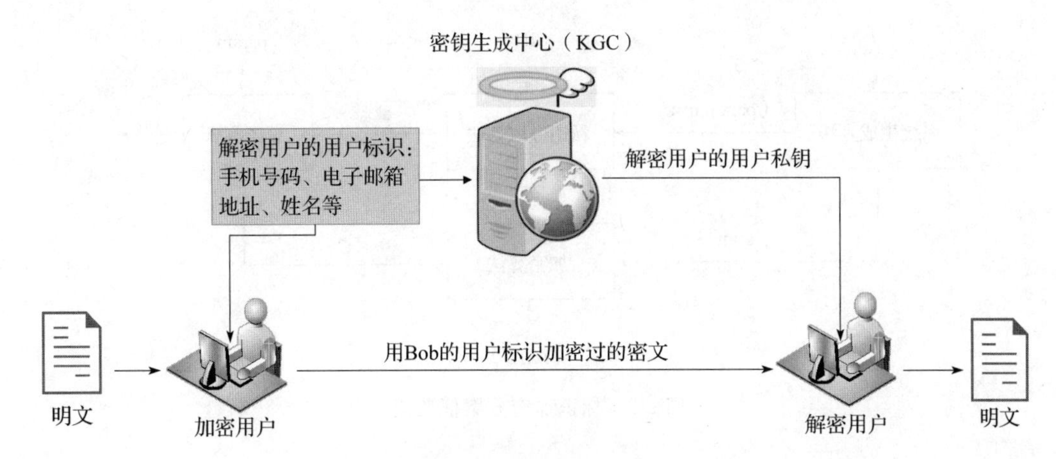

图 2-1 标识加密系统

情况相似，虽然公钥密码学的设计思想被提出的同时就预示了良好的应用前景，但是其具体的实现方案直到 1978 年才被研究出来。Shamir 提出基于标识的密码算法后，很多基于标识的加密方案被陆续提出，然而这些方案都不能完全令人满意。有些方案需要很强的硬件防篡改机制支持，有些方案计算时间过长没有实用价值，有些方案不能抵抗某些常见的攻击如用户共谋等。直到 2001 年，美国密码学家 Boneh 和 Franklin 利用椭圆曲线上的双线性映射技术，提出了第一个真正实用且可证明安全的标识基加密方案，也称为基于身份的加密（Identity-Based Encryption，IBE）。该方案很好地实现了 Shamir 的思想，即公钥可以是任意的字符串，这使将用户标识直接用于密码通信过程中的密钥交换、数字签名验证成为可能。

下文将针对几个典型的标识加密方案——Boneh-Franklin 方案、Waters 方案、Gentry 方案和我国商用密码 SM9 标识加密方案，从标识加密方案的形式化定义、安全模型、方案构造以及安全性分析等几个方面进行详细描述。

2.2 标识加密方案

标识加密方案由以下四个多项式时间算法组成（见图 2-2）：系统生成算法 Setup、私钥提取算法 Extract、加密算法 Encrypt 和解密算法 Decrypt：

- 系统生成算法 $(\mathrm{param},\mathrm{msk})\leftarrow\mathrm{Setup}(\lambda)$：算法输入安全参数 λ，输出系统公开参数 param 以及系统主密钥 msk。该算法由可信密钥生成中心运行，其中 param 包含明文空间 $\mathcal{M}$ 和密文空间 $\mathcal{C}$ 且对所有实体公开，而系统主密钥 msk 由 KGC 秘密保存。

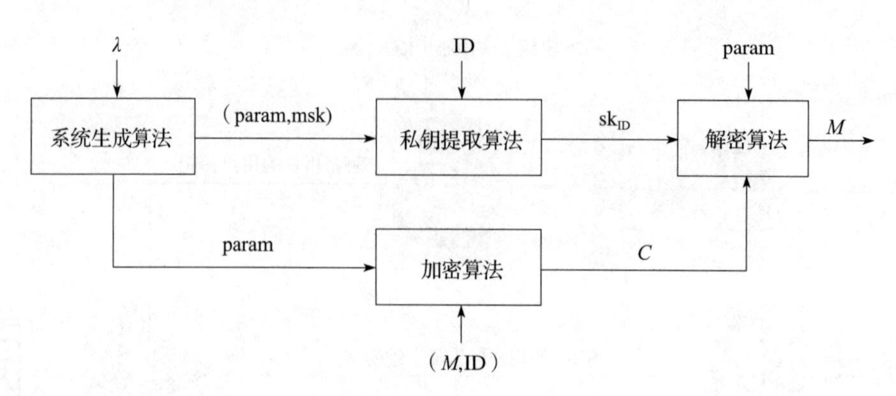

图 2-2　标识加密方案框架图

- 私钥提取算法 $sk_{ID} \leftarrow \text{Extract}(\text{param}, \text{msk}, \text{ID})$：算法输入公开参数 param、系统主密钥 msk 和用户标识 ID，输出用户私钥 sk_{ID}。该算法由 KGC 运行，其中 sk_{ID} 是与 ID 对应的私钥，可用于数据解密。
- 加密算法 $C \leftarrow \text{Encrypt}(\text{param}, \text{ID}, M)$：算法输入公开参数 param、用户标识 ID 以及明文消息 $M \in \mathcal{M}$，输出密文 $C \in \mathcal{C}$。
- 解密算法 $M/\perp \leftarrow \text{Decrypt}(\text{param}, sk_{ID}, C)$：算法输入公开参数 param、用户私钥 sk_{ID} 以及密文 $C \in \mathcal{C}$，输出明文消息 $M \in \mathcal{M}$ 或者解密失败符号“$\perp$”。

标识加密方案的正确性要求：

$$\forall M \in \mathcal{M}: \text{Decrypt}(\text{param}, \text{Encrypt}(\text{param}, \text{ID}, M), sk_{ID}) = M$$

2.3　安全模型

标识加密方案的标准安全性主要有两个，分别是适应性选择密文攻击下的不可区分性（Indistinguishability against Adaptive Chosen-Ciphertext Attack，IND-CCA）和适应性选择明文攻击下的不可区分性（Indistinguishability against Adaptive Chosen-Plaintext Attack，IND-CPA）。

IND-CCA 的安全模型由挑战者（Challenger）和敌手（Adversary）之间的游戏来定义，游戏共分为 5 个阶段：

- **系统建立**：基于安全参数 λ，挑战者运行 Setup 算法生成系统参数 param 以及主密钥 msk，并将 param 发送给敌手。
- **询问 1**：设敌手的询问为 $q_1, \cdots, q_m$，针对敌手的每次询问，当

a）$q_i = \mathrm{ID}_i$ 时，该阶段为私钥询问，挑战者运行 $\mathrm{sk}_{\mathrm{ID}_i} \leftarrow \mathrm{Extract}(\mathrm{param}, \mathrm{msk}, \mathrm{ID}_i)$ 并将 $\mathrm{sk}_{\mathrm{ID}_i}$ 发送给敌手。

b）$q_i = (\mathrm{ID}_i, C_i)$ 时，该阶段为解密询问。挑战者首先运行 $\mathrm{sk}_{\mathrm{ID}_i} \leftarrow \mathrm{Extract}(\mathrm{param}, \mathrm{msk}, \mathrm{ID}_i)$，然后再利用 $\mathrm{sk}_{\mathrm{ID}_i}$ 运行 $M_i \leftarrow \mathrm{Decrypt}(\mathrm{param}, \mathrm{sk}_{\mathrm{ID}_i}, C_i)$。最后，挑战者将 M_i 发送给敌手。

以上敌手的询问满足适应性，即第 i 次的询问输入 q_i 的值取决于前 $i-1$ 次的询问结果。

- **挑战**：一旦敌手决定结束第一阶段询问，它选择等长的两段明文 $M_0, M_1 \in \mathcal{M}$ 和一个用户标识 ID 作为挑战数据，但要求 ID 没有在第一阶段私钥询问中出现过。挑战者随机选取一个比特 $b \in \{0,1\}$，计算 $C \leftarrow \mathrm{Encrypt}(\mathrm{param}, \mathrm{ID}, M_b)$ 并将 C 发送给敌手。
- **询问 2**：敌手还可以继续设置询问输入 $q_{m+1}, \cdots, q_n$，

a）$q_i = \mathrm{ID}_i$ 时，要求 $\mathrm{ID}_i \neq \mathrm{ID}$，挑战者依照询问 1 的 a 方式回答敌手。

b）$q_i = (\mathrm{ID}_i, C_i)$ 时，要求 $(\mathrm{ID}_i, C_i) \neq (\mathrm{ID}, C)$，挑战者依照询问 1 的 b 方式回答敌手。

- **猜测**：敌手输出关于 b 的猜测 $b' \in \{0,1\}$。如果 $b = b'$，则敌手获胜。

以上游戏中，定义敌手获胜的优势为

$$\mathrm{Adv}^{\text{IND-CCA}}(\lambda) = \left| \Pr[b = b'] - \frac{1}{2} \right|$$

定义 2.1　在上述游戏中，如果对于任意多项式时间的敌手，其获胜的优势都是可忽略的，则称该标识加密方案满足 IND-CCA 安全性。

IND-CPA 安全模型也由挑战者和敌手之间的游戏来定义，游戏共分为 5 个阶段：

- **系统建立**：基于安全参数 λ，挑战者运行 Setup 算法生成系统参数 param 以及主密钥 msk，并将 param 发送给敌手。
- **询问 1**：敌手自适应地选择 $\mathrm{ID}_1, \cdots, \mathrm{ID}_m$ 作为私钥询问并发送给挑战者。针对每次询问，挑战者运行 $\mathrm{sk}_{\mathrm{ID}_i} \leftarrow \mathrm{Extract}(\mathrm{param}, \mathrm{msk}, \mathrm{ID}_i)$ 并将 $\mathrm{sk}_{\mathrm{ID}_i}$ 发送给敌手。
- **挑战**：一旦敌手决定结束第一阶段询问，它选择等长的两段明文 $M_0, M_1 \in$

$\mathcal{M}$ 和一个用户标识ID作为挑战数据，但要求ID没有在第一阶段私钥询问中出现过。挑战者随机选取一个比特 $b\in\{0,1\}$，计算 $C\leftarrow\text{Encrypt}(\text{param},\text{ID},M_b)$ 并将 C 发送给敌手。

- **询问2**：敌手继续自适应地选择 $\text{ID}_{m+1},\cdots,\text{ID}_n$ 作为私钥询问并发送给挑战者，要求 $\text{ID}_i\neq\text{ID}$，挑战者依照询问1回答敌手。
- **猜测**：敌手输出关于 b 的猜测 $b'\in\{0,1\}$。如果 $b=b'$，则敌手获胜。

以上游戏中，定义敌手获胜的优势为

$$\text{Adv}^{\text{IND-CPA}}(\lambda)=\left|\Pr[b=b']-\frac{1}{2}\right|$$

定义2.2　在上述游戏中，如果对于任意多项式时间的敌手，其获胜的优势都是可忽略的，则称该标识加密方案满足IND-CPA的安全性。

2.4　Boneh-Franklin方案

2001年，Boneh和Franklin基于椭圆曲线上的双线性对技术提出第一个实用且可证明安全的标识加密方案，这里我们首先给出双线性对的定义。假定 $\mathbb{G}_1,\mathbb{G}_2,\mathbb{G}_T$ 是阶为素数 p 的乘法群，映射 $e:\mathbb{G}_1\times\mathbb{G}_2\rightarrow\mathbb{G}_T$ 为双线性映射，如果满足：

1）对于任意 $a,b\in Z_p^*$，$g\in\mathbb{G}_1$，$h\in\mathbb{G}_2$，有 $e(g^a,h^b)=e(g,h)^{ab}$；

2）存在 $g\in\mathbb{G}_1$，$h\in\mathbb{G}_2$，使得 $e(g,h)\neq1$ 且存在有效的算法计算 $e(g,h)$。

若 $\mathbb{G}_1=\mathbb{G}_2$，则称为对称双线性对，否则称为非对称双线性对。

2.4.1　方案构造

- **Setup**：算法输入安全参数 λ，执行以下运算步骤。

  1）根据安全参数生成对称双线性群 $\text{BP}=\{\mathbb{G},\mathbb{G}_T,g,p,e\}$，选取非负整数 n，其中 n 为消息长度；

  2）选取随机数 $\alpha\in Z_p^*$，计算 $A=g^\alpha$；

  3）选择哈希函数 $H_1:\{0,1\}^*\rightarrow\mathbb{G}$ 以及 $H_2:\mathbb{G}_T\rightarrow\{0,1\}^n$；

  4）设置系统公开参数 $\text{param}=\{\mathbb{G},\mathbb{G}_T,e,n,p,g,A,H_1,H_2\}$ 以及 $\text{msk}=\alpha$；

  5）返回param和msk。

- **Extract**：算法输入公开参数 param、系统主密钥 msk 和用户标识 ID，输出用户私钥 sk_{ID}。
  1）基于用户标识 $ID\in\{0,1\}^*$，计算 $Q_{ID}=H_1(ID)\in\mathbb{G}$；
  2）计算 $sk_{ID}=Q_{ID}^{\alpha}$；
  3）返回 sk_{ID}。
- **Encrypt**：算法输入公开参数 param、用户标识 ID 以及明文消息 $M\in\mathcal{M}$，输出密文 $CT\in\mathcal{C}$。
  1）基于用户标识 $ID\in\{0,1\}^*$，计算 $Q_{ID}=H_1(ID)\in\mathbb{G}$；
  2）选取随机数 $r\in Z_p^*$，计算 $C_1=g^r$，$C_2=M\oplus H_2(e(H_1(ID),A)^r)$；
  3）返回 $CT=(C_1,C_2)$。
- **Decrypt**：算法输入公开参数 param、用户私钥 sk_{ID} 以及密文 $CT\in\mathcal{C}$，输出明文消息 $M\in\mathcal{M}$。
  1）计算 $M=H_2(e(C_1,sk_{ID}))\oplus C_2$；
  2）返回 M。

方案正确性分析：若 $CT=(C_1,C_2)$ 是正确密文，则

$$H_2(e(C_1,sk_{ID}))\oplus C_2=H_2(e(g^r,H_1(ID)^{\alpha}))\oplus M\oplus H_2(e(H_1(ID),g^{\alpha})^r)=M$$

2.4.2 安全性分析

Boneh-Franklin 方案的安全性基于 BDH（Bilinear Diffie-Hellman）问题的困难性假设，我们首先给出 BDH 问题的定义并在 IND-CPA 安全模型下分析方案的安全性。

定义 2.3（BDH 问题） 设 g 为双线性群 $\mathbb{G}$ 的生成元，给定 $g^a,g^b,g^c\in\mathbb{G}$，计算 $e(g,g)^{abc}\in\mathbb{G}_T$，其中 a,b,c 是 Z_p^* 中的元素且未知。

定理 2.1 假设哈希函数 H_1、H_2 为随机谕言机，如果 BDH 问题是困难的，则 Boneh-Franklin 方案满足 IND-CPA 安全性。

证明：假设在 IND-CPA 安全模型下，存在多项式敌手 $\mathcal{A}$ 以不可忽略的优势（概率）ε 破解 Boneh-Franklin 方案，则可以构造一个模拟算法 $\mathcal{S}_1$，通过与 $\mathcal{A}$ 交互，能以不可忽略的概率解决 BDH 问题，具体分析如下。

设模拟算法 S_1 以要解决的 BDH 问题的实例（g^a,g^b,g^c）$\in\mathbb{G}^3$ 为输入，目标是输出 $e(g,g)^{abc}$，其中 $\mathbb{G}$ 为双线性群、g 为 $\mathbb{G}$ 的生成元、p 为 $\mathbb{G}$ 的阶且 $a,b,c\in Z_p^*$，S_1 模拟游戏 IND-CPA 中的挑战者与敌手 $\mathcal{A}$ 运行如下，其中 S_1 和 $\mathcal{A}$ 都以消息长度 n 为输入。

- **系统建立**：首先，S_1 选取双线性群 $\text{BP}=\{\mathbb{G},\mathbb{G}_T,g,p,e\}$。然后，基于 BDH 问题的输入，设 $A=g^a=g^a$，其中 a 是未知的。最后，S_1 设定系统参数 $\text{param}=\{\mathbb{G}_1,\mathbb{G}_2,e,n,g,p,A\}$ 并将 param 发送给敌手 $\mathcal{A}$。其中 H_1,H_2 是由 S_1 控制的随机谕言机，因此没有出现在公共参数列表中。与哈希函数有关的计算，$\mathcal{A}$ 可以通过下文中的哈希询问获得。
- **H_1 询问**：敌手在此阶段针对 H_1 的计算进行询问。首先，S_1 创建空的哈希列表 L_1 并随机选取 $i^*\in[1,q_{H_1}]$，其中 q_{H_1} 是 $\mathcal{A}$ 在此阶段的询问次数；然后，针对 $\mathcal{A}$ 在此阶段的每次询问输入 ID_i，S_1 按如下规划回复。如果 $i\neq i^*$，随机选取 $x_i\in Z_p^*$，令 $H_1(\text{ID}_i)=g^{x_i}$，否则令 $H_1(\text{ID}_i)=g^b$；最后，S_1 将 $H_1(\text{ID}_i)$ 的值发送给 $\mathcal{A}$ 并将（$i,\text{ID}_i,x_i,H_1(\text{ID}_i)$）加入 L_1。
- **H_2 询问**：敌手在此阶段针对 H_2 的计算进行询问。首先，S_1 创建空的哈希列表 L_2，针对 $\mathcal{A}$ 在此阶段的每次询问输入 y_i，如果 y_i 已经出现在哈希列表中，S_1 从列表中取出相应数据作为应答，否则 S_1 随机选取 $Y_i\in\{0,1\}^n$ 并设定 $H_2(y_i)=Y_i$；最后，S_1 将 Y_i 发送给 $\mathcal{A}$ 并将（y_i,Y_i）加入 L_2。
- **询问 1**：$\mathcal{A}$ 自适应地选择 $\text{ID}_1,\cdots,\text{ID}_m$ 作为私钥询问输入发送给 S_1，针对每次询问输入 ID_i，如果 $i=i^*$，则输出失败；否则，S_1 计算 $\text{sk}_{\text{ID}_i}=(g^a)^{x_i}$ 并发送给 $\mathcal{A}$。
- **挑战**：$\mathcal{A}$ 选择等长的两段明文 $M_0,M_1\in\mathcal{M}$ 和一个用户标识 ID^* 作为挑战数据，但 ID^* 必须是没有在第一阶段私钥询问中出现过的。如果 $i\neq i^*$，则输出失败。否则，S_1 随机选择 $R\in\{0,1\}^n$ 并计算挑战密文 $C_1^*=g^c$、$C_2^*=R$，其中 g^c 是 BDH 问题的输入。此时的挑战密文可以看出是对消息 M_{coin} 利用随机数 c 加密得到的，即 $C_2^*=R=H_2(e(H_1(\text{ID}^*),g_1^c))\oplus M_{\text{coin}}$，其中 $\text{coin}\in\{0,1\}$ 是随机选取的。
- **询问 2**：$\mathcal{A}$ 继续自适应地选择 $\text{ID}_{m+1},\cdots,\text{ID}_k$ 作为询问输入发送给挑战者，要求 $\text{ID}_i\neq\text{ID}^*$，$S_1$ 根据询问 1 回答 $\mathcal{A}$。
- **猜测**：$\mathcal{A}$ 输出 coin'。

根据假设，$\mathcal{A}$能以不可忽略的优势ε攻破方案，则$\mathcal{A}$在H_2询问阶段必然询问了$Q^* = e(H_1(\mathrm{ID}^*), A)^c = e(g,g)^{abc}$的值。$S_1$从$L_2$中随机选取$y_i$作为BDH问题的解，即成功解决BDH问题的概率为$\varepsilon / q_{H_2}$，其中$q_{H_2}$为询问$H_2$的次数。 ■

2.4.3 满足CCA安全性的改进设计

虽然Boneh-Franklin方案的初始构造仅满足CPA安全性要求，但Boneh-Franklin方案的安全性分析基于随机谕言机模型，我们可以采用Fujisaki-Okamoto方法对方案构造进行转换，使其满足IND-CCA安全性，本节给出方案的调整设计。

假设$\mathcal{E}$是公钥加密方案，r是随机数，$\mathcal{E}_{\mathrm{pk}}(M, r)$表示利用算法$\mathcal{E}$对$M$进行加密，Fujisaki-Okamoto方法定义如下混合加密算法：

$$\mathcal{E}_{\mathrm{pk}}^{\mathrm{hy}}(M) = (\mathcal{E}_{\mathrm{pk}}(r, H_3(r, M)), H_4(r) \oplus M)$$

上式中H_3、H_4是哈希函数，且假设$\mathcal{E}$在随机谕言机模型下满足IND-CCA安全性。利用Fujisaki-Okamoto方法调整后的Boneh-Franklin方案构造如下：

- **Setup**：算法输入安全参数λ，输出系统公开参数param以及系统主密钥msk。
  1) 选择双线性群$\mathrm{BP} = \{\mathbb{G}, \mathbb{G}_T, g, p, e\}$和非负整数$n$，其中$n$表示消息长度；
  2) 选取随机数$\alpha \in Z_p^*$，计算$A = g^\alpha$；
  3) 选择哈希函数$H_1: \{0,1\}^* \to \mathbb{G}$以及$H_2: \mathbb{G}_T \to \{0,1\}^n$；
  4) 选择哈希函数$H_3: \{0,1\}^n \times \{0,1\}^n \to Z_p^*$以及$H_4: \{0,1\}^n \to \{0,1\}^n$；
  5) 设置系统公开参数$\mathrm{param} = \{\mathbb{G}_1, \mathbb{G}_2, e, n, g, p, A, H_1, H_2, H_3, H_4\}$以及$\mathrm{msk} = \alpha$；
  6) 返回param和msk。
- **Extract**：算法输入公开参数param、系统主密钥msk和用户标识ID，输出用户私钥$\mathrm{sk}_{\mathrm{ID}}$。
  1) 基于用户标识$\mathrm{ID} \in \{0,1\}^*$，计算$Q_{\mathrm{ID}} = H_1(\mathrm{ID}) \in \mathbb{G}$；
  2) 计算$\mathrm{sk}_{\mathrm{ID}} = Q_{\mathrm{ID}}^\alpha$；
  3) 返回$\mathrm{sk}_{\mathrm{ID}}$。
- **Encrypt**：算法输入公开参数param、用户标识ID以及明文消息$M \in \mathcal{M}$，输出密文$\mathrm{CT} \in \mathcal{C}$。

1）基于用户标识 $ID\in\{0,1\}^*$，计算 $Q_{ID}=H_1(ID)\in\mathbb{G}$；

2）随机选取 $r\in\{0,1\}^n$ 并计算 $h=H_3(M,r)$；

3）计算 $C_1=g^h$、$C_2=r\oplus H_2(e(H_1(ID),A)^h)$ 以及 $C_3=M\oplus H_4(r)$；

4）返回 $CT=(C_1,C_2,C_3)$。

- **Decrypt**：算法输入公开参数 param、用户私钥 sk_{ID} 以及密文 $CT\in\mathcal{C}$，输出明文消息 $M\in\mathcal{M}$。

1）计算 $r=H_2(e(C_1,sk_{ID}))\oplus C_2$；

2）计算 $M=C_2\oplus H_4(r)$；

3）计算 $h=H_3(M,r)$，如果 $C_1=g^h$，输出 M，否则，拒绝密文。

定理 2.2 假设哈希函数 H_1、H_2、H_3、H_4 均为随机谕言机，如果 BDH 问题是困难的，则上述改进后的 Boneh-Franklin 方案满足 IND-CCA 安全性。

证明略。 ■

2.5 Waters 方案

2.5.1 方案构造

- **Setup**：算法输入安全参数 λ，输出系统公私钥对（mpk,msk）。

1）选择双线性群 $BP=(\mathbb{G},\mathbb{G}_T,g,p,e)$；

2）选取随机数 $g_2,u_0,u_1,u_2,\cdots,u_n\in\mathbb{G}$ 以及 $\alpha\in Z_p$，并计算 $g_1=g^\alpha$；

3）设置 $mpk=(BP,g_1,g_2,u_0,u_1,\cdots,u_n)$ 以及 $msk=\alpha$；

4）返回 mpk 和 msk。

- **KeyGen**：算法输入用户标识 $ID\in\{0,1\}^n$ 和系统公私钥对（mpk,msk），输出用户 ID 的私钥 sk_{ID}。

1）令 $ID[i]$ 表示 ID 的第 i 位；

2）选取随机数 $r\in Z_p$，计算 $sk_{ID}=(d_1,d_2)=\left(g_2^\alpha\left(u_0\prod_{i=1}^{n}u_i^{ID[i]}\right)^r,g^r\right)$；

3）返回 sk_{ID}。

- **Encrypt**：算法输入明文消息 $M\in\mathbb{G}_T$、用户标识 ID 和系统公钥 mpk，输出密文 CT。

1）选取随机数 $s\in Z_p$；

2）计算 $CT=(C_1,C_2,C_3)=\left(\left(u_0\prod_{i=1}^{n}u_i^{ID[i]}\right)^s,g^s,e(g_1,g_2)^s\cdot M\right)$；

3）返回 CT。

- **Decrypt**：算法输入密文 CT、用户私钥 sk_{ID} 和系统公钥 mpk，输出明文消息 M。

1）解密计算：$M=\dfrac{e(C_1,d_2)}{e(C_2,d_1)}\cdot C_3$；

2）返回明文消息 M。

方案正确性：若 $CT=(C_1,C_2,C_3)$ 是正确的密文，则

$$\frac{e(C_1,d_2)}{e(C_2,d_1)}\cdot C_3=\frac{e\left(\left(u_0\prod_{i=1}^{n}u_i^{ID[i]}\right)^s,g^r\right)}{e\left(g^s,g_2^a\left(u_0\prod_{i=1}^{n}u_i^{ID[i]}\right)^r\right)}\cdot C_3$$
$$=e(g_1,g_2)^{-s}\cdot e(g_1,g_2)^s\cdot M=M$$

2.5.2 安全性分析

Waters 方案的安全性基于判定性 BDH 问题的困难性假设，记为 DBDH，我们首先给出 DBDH 问题的定义。

定义 2.4（DBDH 问题） 设 g 为双线性群 $\mathbb{G}$ 的生成元，双线性映射 $e:\mathbb{G}\times\mathbb{G}\rightarrow\mathbb{G}_T$，给定 $g,g^a,g^b,g^c\in\mathbb{G}$ 和 $Z\in\mathbb{G}_T$，判断 Z 是否等于 $e(g,g)^{abc}$，其中 a,b,c 属于 Z_p^* 且未知。

定理 2.3 如果 DBDH 问题是困难的，则 Waters 方案满足 IND-CPA 安全性。

证明：假设在 IND-CPA 安全模型中，存在多项式敌手 $\mathcal{A}$ 以不可忽略的概率（优势）攻破 Waters 方案的安全性，则可以构造一个模拟算法 $\mathcal{S}$，通过与 $\mathcal{A}$ 交互，能以不可忽略的优势解决 DBDH 问题，具体分析如下，设模拟算法 $\mathcal{S}$ 以 DBDH 问题实例 (g,g^a,g^b,g^c,Z) 为输入，目标是判定 $Z\stackrel{?}{=}e(g,g)^{abc}$，其中 $\mathbb{G}$ 为双线性群、g 为 $\mathbb{G}$ 的生成元，且 $Z\in\mathbb{G}_T$。$\mathcal{S}$ 模拟游戏 IND-CPA 中的挑战者与敌手 $\mathcal{A}$ 的交互如下。

- **系统建立**：首先，$\mathcal{S}$ 设置 $q=2q_k$，其中 q_k 是私钥询问次数。选择随机数 $k,x_0,x_1,\cdots,x_n,y_0,y_1,\cdots,y_n$ 满足 $k\in[0,n]$，$x_0,x_1,\cdots,x_n\in[0,q-1]$

及 $y_0, y_1, \cdots, y_n \in Z_p$。接着设置系统公钥为 $g_1 = g^a$，$g_2 = g^b$，$u_0 = g^{-kqa + x_0 a + y_0}$，$u_i = g^{x_i a + y_i}$，其中 $\alpha = a$。因此，可以从问题实例和设置的参数计算出系统公钥。定义 $F(\mathrm{ID}), J(\mathrm{ID}), K(\mathrm{ID})$ 为

$$F(\mathrm{ID}) = -kq + x_0 + \sum_{i=1}^{n} \mathrm{ID}[i] \cdot x_i$$

$$J(\mathrm{ID}) = y_0 + \sum_{i=1}^{n} \mathrm{ID}[i] \cdot y_i$$

$$K(\mathrm{ID}) = \begin{cases} 0 & \text{若 } x_0 + \sum_{i=1}^{n} \mathrm{ID}[i] \cdot x_i = 0 \pmod q \\ 1 & \text{其他} \end{cases}$$

那么，有 $u_0 \prod_{i=1}^{n} u_i^{\mathrm{ID}[i]} = g^{F(\mathrm{ID})a + J(\mathrm{ID})}$。

- **询问 1**：敌手在此阶段进行私钥询问。首先，对 ID 进行私钥询问，若 $K(\mathrm{ID})=0$，则本次模拟失败；否则，$\mathcal{S}$ 随机选择 $r' \in Z_p$ 并计算 $\mathrm{sk_{ID}} = (d_1, d_2) = \left(g_2^{-\frac{J(\mathrm{ID})}{F(\mathrm{ID})}} \left(u_0 \prod_{i=1}^{n} u_i^{\mathrm{ID}[i]} \right)^{r'}, g_2^{-\frac{1}{F(\mathrm{ID})}} g^{r'} \right)$。因为 $g, g_1, F(\mathrm{ID}), J(\mathrm{ID}), r'$, ID 和系统公钥是已知的，所以 $\mathrm{sk_{ID}}$ 是可计算的。正确性验证如下，令 $r = -\frac{b}{F(\mathrm{ID})} + r'$，那么

$$g_2^a \left(u_0 \prod_{i=1}^{n} u_i^{\mathrm{ID}[i]} \right)^r = g^{ab} \left(g^{F(\mathrm{ID})a + J(\mathrm{ID})} \right)^{-\frac{b}{F(\mathrm{ID})} + r'} = g^{ab} \cdot g^{-ab + r'F(\mathrm{ID})a - \frac{J(\mathrm{ID})}{F(\mathrm{ID})}b + J(\mathrm{ID})r'}$$

$$= g^{-\frac{J(\mathrm{ID})}{F(\mathrm{ID})}b} g^{r'(F(\mathrm{ID})a + J(\mathrm{ID}))} = g_2^{-\frac{J(\mathrm{ID})}{F(\mathrm{ID})}} \left(u_0 \prod_{i=1}^{n} u_i^{\mathrm{ID}[i]} \right)^{r'}$$

$g^r = g^{-\frac{b}{F(\mathrm{ID})} + r'} = g_2^{-\frac{1}{F(\mathrm{ID})}} g^{r'}$，因此 $\mathrm{sk_{ID}}$ 是有效的私钥。

- **挑战**：敌手在此阶段输出两个不同的消息 $M_0, M_1 \in \mathbb{G}_T$ 和用于挑战的用户 $\mathrm{ID}^* \in \{0,1\}^n$，$\mathrm{ID}^*$ 的私钥没有被询问过。若 $F(\mathrm{ID}^*) \neq 0$，则模拟失败。否则，有 $F(\mathrm{ID}^*) = 0$ 和 $u_0 \prod_{i=1}^{n} u_i^{\mathrm{ID}^*[i]} = g^{F(\mathrm{ID}^*)a + J(\mathrm{ID}^*)} = g^{J(\mathrm{ID}^*)}$。$\mathcal{S}$ 随机选择 $\mathrm{coin} \in \{0,1\}$ 并设置挑战密文为 $\mathrm{CT}^* = (C_1^*, C_2^*, C_3^*) = ((g^c)^{J(\mathrm{ID}^*)}, g^c, Z \cdot M_{\mathrm{coin}})$，这里 g^c，Z 来自问题实例。令 $s = c$，若 $Z = e(g,g)^{abc}$，则 $\left(u_0 \prod_{i=1}^{n} u_i^{\mathrm{ID}^*[i]} \right)^s = (g^{J(\mathrm{ID}^*)})^c =$

$(g^c)^{J(\mathrm{ID}^*)}$，$g^s=g^c$，$e(g_1,g_2)^s\cdot M_{\mathrm{coin}}=Z\cdot M_{\mathrm{coin}}$。因此，$\mathrm{CT}^*$是用户$\mathrm{ID}^*$加密消息$M_{\mathrm{coin}}$的正确密文。

- **询问2**：$\mathcal{A}$允许继续询问私钥，$\mathcal{S}$按照询问1回答敌手的询问，要求敌手不能询问用户ID^*的私钥。
- **猜测**：$\mathcal{A}$输出coin的猜测$\mathrm{coin}'\in\{0,1\}$。如果$\mathrm{coin}=\mathrm{coin}'$，则$\mathcal{S}_1$输出Yes；否则，输出No。 ■

2.6 Gentry方案

前面描述的方案要么只能满足CPA安全，要么安全性分析基于随机谕言机模型。Gentry于2006年提出了一个高效且在标准模型下满足CCA安全的标识加密方案，方案的构造如下。

2.6.1 方案构造

- **Setup**：算法输入安全参数λ，执行以下运算步骤输出系统主公私钥对（mpk，msk）。
  1）选择双线性群$\mathrm{BP}=(\mathbb{G},\mathbb{G}_T,g,p,e)$；
  2）选择哈希函数$H:\{0,1\}^*\to Z_p$；
  3）选取随机数$\alpha,\beta_1,\beta_2,\beta_3\in Z_p$，计算$g_1=g^\alpha,h_1=g^{\beta_1},h_2=g^{\beta_2},h_3=g^{\beta_3}$；
  4）设置$\mathrm{mpk}=(\mathrm{BP},g_1,h_1,h_2,h_3,H)$；
  5）设置$\mathrm{msk}=(\alpha,\beta_1,\beta_2,\beta_3)$；
  6）返回mpk和msk。
- **KeyGen**：算法输入用户标识$\mathrm{ID}\in Z_p$和系统主公私钥对（mpk，msk），输出用户ID私钥$\mathrm{sk_{ID}}$。
  1）选取随机数$r_1,r_2,r_3\in Z_p$；
  2）计算：$\mathrm{sk_{ID}}=(d_1,d_2,d_3,d_4,d_5,d_6)=(r_1,g^{\frac{\beta_1-r_1}{\alpha-\mathrm{ID}}},r_2,g^{\frac{\beta_2-r_2}{\alpha-\mathrm{ID}}},r_3,g^{\frac{\beta_3-r_3}{\alpha-\mathrm{ID}}})$；
  3）返回$\mathrm{sk_{ID}}$。
- **Encrypt**：算法输入明文消息$M\in\mathbb{G}_T$、用户标识ID和系统公钥mpk，输出密文CT。
  1）选取随机数$s\in Z_p$；

2）计算：$\mathrm{CT}=(C_1,C_2,C_3,C_4)=((g_1g^{-\mathrm{ID}})^s,\ e(g,g)^s, e(h_3,g)^s\cdot M,$ $e(h_1,g)^s e(h_2,g)^{sw})$，其中 $w=H(C_1,C_2,C_3)$；

3）返回 CT。

- **Decrypt**：算法输入密文 CT、用户私钥 sk_{ID} 和系统公钥 mpk，输出明文消息 M。

1）计算：$w=H(C_1,C_2,C_3)$；

2）验证：$e(C_1,d_2d_4^w)\cdot C_2^{d_1+d_3w}=e\left(g^{(\alpha-\mathrm{ID})s},g^{\frac{\beta_1-r_1+w(\beta_2-r_2)}{\alpha-\mathrm{ID}}}\right)\cdot e(g,g)^{s(r_1+r_2w)}=C_4$；

3）计算：$M=\dfrac{C_3}{e\ (C_1,d_6)\cdot C_2^{d_5}}$；

4）返回明文消息 M。

方案正确性分析：若 $\mathrm{CT}=(C_1,C_2,C_3,C_4)$ 是正确密文，则

$$\frac{C_3}{e(C_1,d_6)\cdot C_2^{d_5}}=\frac{e(h_3,g)^s\cdot M}{e\left(g^{(\alpha-\mathrm{ID})s},g^{\frac{\beta_3-r_3}{\alpha-\mathrm{ID}}}\right)\cdot e(g,g)^{sr_3}}=\frac{e(g^{\beta_3},g)^s\cdot M}{e(g,g)^{s\beta_3-sr_3}\cdot e(g,g)^{sr_3}}=M$$

2.6.2 安全性分析

Gentry 加密方案的安全性基于 q-Decisional Augmented Bilinear Diffie-Hellman Exponent（q-DABDHE）问题的困难性假设，我们首先给出 q-DABDHE 问题的定义。

定义 2.5（q-DABDHE 问题） 设 g 为双线性群 $\mathbb{G}$ 的生成元，给定 $g,g^a,g^{a^2},\cdots,g^{a^q},h,h^{a^{q+2}}\in\mathbb{G}$ 以及 $Z\in\mathbb{G}_T$，判断 $Z\overset{?}{=}e(g,h)^{a^{q+1}}$，其中 a 属于 Z_p 且未知。

定理 2.4 如果 q-DABDHE 问题是困难的，则 Gentry 方案满足 IND-CCA 安全性。

证明：假设在 IND-CCA 安全模型下，存在多项式敌手 $\mathcal{A}$ 以不可忽略的概率攻破方案的安全性，则可以构造一个模拟算法 $\mathcal{S}$，通过与 $\mathcal{A}$ 交互，能以不可忽略的优势解决 q-DABDHE 问题，具体分析如下。

设模拟算法 $\mathcal{S}$ 以要解决的 q-DABDHE 问题的实例 $(g,g^a,g^{a^2},\cdots,g^{a^q},h,h^{a^{q+2}},Z)$ 作为输入，目标是正确判定 $Z\overset{?}{=}e(g,h)^{a^{q+1}}$，其中 $\mathbb{G}$ 为双线性群，g 为 $\mathbb{G}$ 的生成

元，$e:\mathbb{G}\times\mathbb{G}\to\mathbb{G}_T$ 为双线性映射，$\mathcal{S}$ 模拟游戏 IND-CCA 中的挑战者与敌手 $\mathcal{A}$ 进行如下交互：

- **系统建立**：首先，$\mathcal{S}$ 在 $Z_p[x]$ 选取 q 阶多项式 $F_1(x)$、$F_2(x)$ 和 $F_3(x)$；然后，$\mathcal{S}$ 隐含地设置 $\alpha=a$ 并设定系统公钥 $h_1=g^{F_1(a)}$，$h_2=g^{F_2(a)}$，$g_1=g^a$ 以及 $h_3=g^{F_3(a)}$，保存系统私钥 $\beta=F_1(a)$，$\beta_3=F_3(\alpha)$ 以及 $\beta_2=F_2(\alpha)$。此处要求 $q=q_k+1$，其中 q_k 是私钥询问次数。以上系统参数均可以通过困难问题实例计算得出。
- **询问 1**：敌手在此阶段进行私钥和解密询问。首先，令多项式 $f_{\mathrm{ID},i}(x)=\dfrac{F_i(x)-F_i(\mathrm{ID})}{x-\mathrm{ID}}$，其中 $i\in\{1,2,3\}$。然后，$\mathcal{S}$ 通过 $\{g,g^a,g^{a^2},\cdots,g^{a^q},f_{\mathrm{ID},1}(x),f_{\mathrm{ID},2}(x),f_{\mathrm{ID},3}(x)\}$ 计算出 ID 的有效私钥 $\mathrm{sk}_{\mathrm{ID}}=(F_1(\mathrm{ID}),g^{f_{\mathrm{ID},1}(a)},F_2(\mathrm{ID}),g^{f_{\mathrm{ID},2}(a)},F_3(\mathrm{ID}),g^{f_{\mathrm{ID},3}(a)})$，令 $r_1=F_1(\mathrm{ID})$，$r_2=F_2(\mathrm{ID})$ 以及 $r_3=F_3(\mathrm{ID})$，即 $r_i=F_i(\mathrm{ID})$，其中 $g^{\frac{\beta_i-r_i}{\alpha-\mathrm{ID}}}=g^{\frac{F_i(\alpha)-F_i(\mathrm{ID})}{\alpha-\mathrm{ID}}}=g^{f_{\mathrm{ID},i}(a)}$ 且 $i\in\{1,2,3\}$。针对（ID,CT）解密询问时，$\mathcal{S}$ 只需要计算 ID 的私钥 $\mathrm{sk}_{\mathrm{ID}}$，使用 $\mathrm{sk}_{\mathrm{ID}}$ 运行 Decrypt 算法解密 CT。
- **挑战**：敌手输出两个等长明文 $M_0,M_1\in\mathbb{G}_T$ 和用于挑战的用户标识 $\mathrm{ID}^*\in\{0,1\}^n$。令用户 ID^* 的私钥 $\mathrm{sk}_{\mathrm{ID}^*}=(d_1^*,d_2^*,d_3^*,d_4^*,d_5^*,d_6^*)$。$\mathcal{S}$ 随机地选择一个比特 $c\in\{0,1\}$，并设置挑战密文 $\mathrm{CT}^*=(C_1^*,C_2^*,C_3^*,C_4^*)$，其中 $C_1^*=g_0^{a^{q+2}-(\mathrm{ID}^*)^{q+2}}$，$C_2^*=Z\cdot e\left(g_0,\prod_{i=0}^{q}g^{f_i a_i}\right)$，$C_3^*=e(C_1^*,d_6^*)\cdot(C_2^*)^{d_5^*}\cdot M_c$ 以及 $C_4^*=e(C_1^*,d_2^*(d_4^*)^{w^*})\cdot(C_2^*)_1^{d_1^*}+d_3^*w^*$，其中 $w^*=H(C_1^*,C_2^*,C_3^*)$ 且 f_i 是多项式 $\dfrac{x^{q+2}-(\mathrm{ID}^*)^{q+2}}{x-\mathrm{ID}^*}$ 中 x^i 的系数。

令 $s=(\log_g g_0)\cdot\dfrac{a^{q+2}-(\mathrm{ID}^*)^{q+2}}{a-\mathrm{ID}^*}$。若 $Z=e(g_0,g)^{a^{q+1}}$，则有

$$(g_1g^{-\mathrm{ID}^*})^s=(g^{a-\mathrm{ID}^*})^{(\log_g g_0)\cdot\frac{a^{q+2}-(\mathrm{ID}^*)^{q+2}}{a-\mathrm{ID}^*}}=g_0^{a^{q+2}-(\mathrm{ID}^*)^{q+2}}$$

$$\begin{aligned}e(g,g)^s&=e(g,g)^{(\log_g g_0)\cdot\frac{a^{q+2}-(\mathrm{ID}^*)^{q+2}}{a-\mathrm{ID}^*}}=e(g_0,g)^{a^{q+1}}\prod_{i=0}^{q}e(g_0,g)^{f_i a^i}\\&=Z\cdot e\left(g_0,\prod_{i=0}^{q}g^{f_i a^i}\right)\end{aligned}$$

$$e(h_3,g)^s \cdot M_c = e(g^{(\alpha-\mathrm{ID}^*)s}, g^{\frac{\beta_3-d_5^*}{\alpha-\mathrm{ID}^*}}) \cdot (e(g,g)^s)^{d_5^*} \cdot M_c$$

$$= e(C_1^*, d_6^*) \cdot (C_2^*)^{d_5^*} \cdot M_c$$

$$e(h_1,g)^s e(h_2,g)^{sw^*} = e(g^{(\alpha-\mathrm{ID}^*)s}, g^{\frac{\beta_1-d_1^*+w^*(\beta_2-d_3^*)}{\alpha-\mathrm{ID}^*}}) \cdot (e(g,g)^s)^{(d_1^*+d_3^*w^*)}$$

$$= e(C_1^*, d_2^*(d_4^*)^{w^*}) \cdot (C_2^*)^{d_1^*+d_3^*w^*}$$

因此，CT^* 是用户 ID^* 加密消息 M_c 的正确密文。

- **询问 2**：敌手可以继续发起私钥询问和解密询问，要求敌手不能询问用户 ID^* 的私钥和询问挑战密文（ID^*,CT^*）的解密。
- **猜测**：$\mathcal{A}$ 输出 c 的猜测 c'。如果 $c=c'$，则 $\mathcal{S}$ 输出 Yes；否则，输出 No 作为 q-DABDHE 问题的解。 ■

2.7 SM9 标识加密方案

本节给出我国商用密码 SM9 标识加密方案。SM9 是一种基于标识的密码算法，已成为我国的商用密码行业标准和国家标准，在区块链、物联网等新型应用中广泛使用。本节主要描述 SM9 标识加密方案的构造，其构造基于非对称群，方案描述如下：

- **Setup**：算法输入安全参数 λ，输出系统主公私钥对（mpk,msk）。
  1）选择双线性群 $BP=(\mathbb{G}_1,\mathbb{G}_2,\mathbb{G}_T,e,N)$，其中 N 为大素数且 $N>2^\lambda$，g_1 是 N 阶循环子群 $\mathbb{G}_1$ 的生成元，g_2 是 N 阶循环子群 $\mathbb{G}_2$ 的生成元；
  2）随机选取 $\alpha\in[1,N-1]$，计算群 $\mathbb{G}_1$ 中的元素 $P_{\mathrm{pub}}=g_1^\alpha$，选择并公开一个字节识别符 hid；
  3）设置 $\mathrm{mpk}=(BP,P_{\mathrm{pub}},\mathrm{hid},H_1,\mathrm{KDF})$ 以及 $\mathrm{msk}=\alpha$，其中 H_1 为密码函数，KDF 为密钥生成函数；
  4）输出 mpk 和 msk。
- **KeyGen**：算法输入用户标识 ID 和系统主公私钥对（mpk,msk），输出用户 ID 私钥 sk_{ID}。
  1）计算 $t_1=H_1(\mathrm{ID}\|\mathrm{hid},N)+\alpha \bmod N$，若 $t_1=0$ 则需重新产生加密主私钥和主公钥，并更新已有用户的加密私钥；否则计算 $t_2=\alpha\cdot t_1^{-1}$，然后计算 $sk_{\mathrm{ID}}=g_2^{t_2}$；

2）返回 sk_{ID}。

- **Encrypt**：算法输入长度为 mlen 的明文消息比特串 M、用户标识 ID 和系统公钥 mpk，输出密文 C。

1）计算 $s=H_1(\text{ID}\|\text{hid},N)$；

2）计算群 $\mathbb{G}_1$ 中的元素 $Q=g_1^s\cdot P_{pub}$；

3）产生随机数 $r\in[1,N-1]$；

4）计算群 $\mathbb{G}_1$ 中的元素 $C_1=Q^r$，并将 C_1 的数据类型转换为比特串；

5）计算群 $\mathbb{G}_T$ 中的元素 $w=e(P_{pub},g_2)^r$，并将 w 的数据类型转换为比特串；

6）设 K_len 为函数 $\text{MAC}(K_2,Z)$ 中密钥 K_2 的比特长度，计算 $\text{klen}=\text{mlen}+K\_\text{len}$ 和 $K=\text{KDF}(C_1\|w\|\text{ID},\text{klen})$，其中 KDF() 为密钥生成函数。令 K_1 为 K 最左边的 mlen 比特，K_2 为剩下的 K_len 比特，若 K_1 为全 0 比特串，则返回步骤 3；

7）计算 $C_2=M\oplus K_1$；

8）计算 $C_3=\text{MAC}(K_2,C_2)$；

9）输出密文 $C=C_1\|C_3\|C_2$。

- **Decrypt**：算法输入密文 C、用户私钥 sk_{ID} 和系统主公钥 mpk，输出明文消息 M。

1）从 C 中取出比特串 C_1，将 C_1 的数据类型转换为椭圆曲线上的点，验证 $C_1\in\mathbb{G}_1$ 是否成立，若不成立则报错并退出；

2）计算群 $\mathbb{G}_T$ 中的元素 $w'=e(C_1,sk_{ID})$，将 w' 的数据类型转换为比特串；

3）设 mlen 为密文 $C=C_1\|C_3\|C_2$ 中 C_2 的比特长度，K_len 为函数 $\text{MAC}(K_2,Z)$ 中密钥 K_2 的比特长度，计算 $\text{klen}=\text{mlen}+K\_\text{len}$ 以及 $K'=\text{KDF}(C_1\|w'\|\text{ID},\text{klen})$。令 K_1' 为 K' 最左边的 mlen 比特，K_2' 为剩下的 K_len 比特，若 K_1' 为全 0 比特串，则报错并退出；

4）计算 $M'=C_2\oplus K_1'$；

5）计算 $u=\text{MAC}(K_2',C_2)$，从 C 中取出比特串 C_3，若 $u\neq C_3$，则报错并退出；

6）输出明文 $M=M'$。

2.8 本章小结

本章简要介绍了标识加密技术产生的背景及应用，给出了标识加密的定义及主要安全模型，并介绍了四个具有代表性的经典标识加密方案——Boneh-Franklin 方案、Waters 方案、Gentry 方案和我国商用密码 SM9 标识加密方案——及相应的安全性分析。读者可根据以上标识加密方案的设计和证明技巧，掌握标识加密方案设计和安全性证明的核心。目前存在很多功能和安全性不同的标识加密方案，感兴趣的读者可自行扩展阅读。

习题

1. 请简述标识密码体制以及标识加密的形式化定义。
2. 标识加密与传统公钥加密的区别是什么?
3. 标识加密需要解决哪些主要问题? 它有哪些应用方向?
4. 请列举三种以上 IBE 标识加密的扩展。

参考文献

[1] SHAMIR A. Identity-based cryptosystems and signature schemes [C]// CRYPTO. 1984.

[2] BONEH D, FRANKLIN M. Identity-based encryption from the weil pairing [C]// CRYPTO. 2001.

[3] WATERS B. Efficient identity-based encryption without random oracles [C]// Annual International Conference on the Theory and Applications of Cryptographic Techniques. 2005.

[4] GENTRY C. Practical identity-based encryption without random oracles [C]// Annual International Conference on the Theory and Applications of Cryptographic Techniques. 2006.

Chapter 3

第3章 属性基加密

3.1 引言

随着云计算、大数据、物联网、区块链等新型网络形态与服务环境的兴起，人们对加密数据访问控制的灵活性提出了更高的要求，而传统公钥加密机制所提供的访问控制能力已不能满足人们日益增长的实际需求。为了实现灵活的加密数据访问控制，Sahai 和 Water 在 2005 年提出了属性基加密（Attribute-Based Encryption，ABE）。如图 3-1 所示，在属性基加密中，加密者（即数据拥有者）先将数据加密后发送至存储服务器中，用户（即数据使用者）随后访问存储服务器并（根据其访问权限）解密得到明文消息。鉴于共享加密数据访问控制的重要性，属性基加密近年来吸引了学术界和产业界的共同关注，并得到了快速发展。

属性基加密可分为密文策略属性基加密（Ciphertext-Policy ABE，CP-ABE）与密钥策略属性基加密（Key-Policy ABE，KP-ABE）两大类。在密文策略属性基加密系统中，每个用户被密钥分发机构（也就是权威机构）分配一个与其自身相关的属性集合，并获得与其属性集合相对应的一个解密密钥。加密者加密时指定一个访问结构来加密明文，当用户进行解密操作时，当且仅当该用户所拥有（被分配）的属性集合满足密文上的访问结构，该用户才能够执行正确的解密操作。密钥策略属性基加密系统恰好相反，密钥分发机构根据用户的访问结构向每个用户分发相应的解

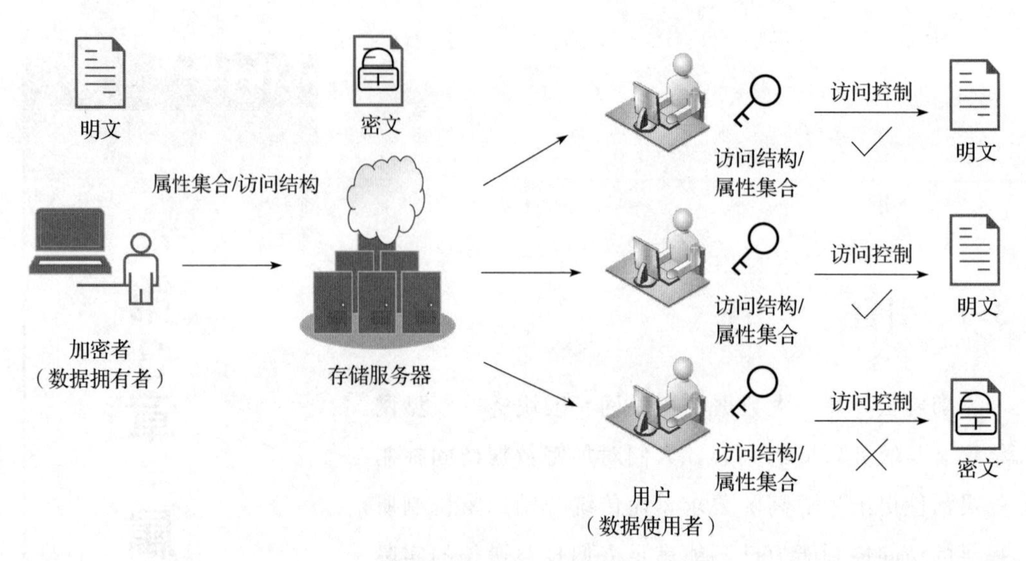

图 3-1　属性基加密概图

密密钥，加密者加密时指定一个属性集合来加密明文，当用户进行解密操作时，当且仅当密文上相关联的属性集合满足该用户解密密钥上的访问结构，该用户才能执行正确的解密操作。

密文策略属性基加密系统和密钥策略属性基加密系统都有各自的实际应用场景。在密文策略属性基加密系统中，密钥分发机构仅仅是管理用户的属性并给用户分发系统中与其属性相对应的密钥，用户能否解开密文，是由其属性和密文上被加密者指定的访问结构所决定的，即加密者决定“拥有哪些属性的用户可以解开该密文”。而在密钥策略属性基加密系统中，密钥分发机构决定用户密钥的访问结构，即由密钥分发机构来决定“该用户可以解开具有哪些属性的密文”。密文策略属性基加密系统与传统的基于角色的访问控制在概念上更相似。相比之下，密文策略属性基加密系统实现了对共享加密数据的更为灵活的访问控制机制，允许每一个加密者决定自己所共享的加密数据的访问结构。

3.2　属性基加密的定义及安全模型

本节首先介绍访问结构和线性秘密共享方案的定义，并在此基础上分别介绍密文策略属性基加密和密钥策略属性基加密的定义及安全模型。

3.2.1　访问结构

一般地，访问结构定义如下所示：

定义 3.1（访问结构） 假设 $\{P_1,P_2,\cdots,P_n\}$ 表示一个参与者的集合。对于集合 $\mathbb{A}\subseteq 2^{\{P_1,P_2,\cdots,P_n\}}$，如果 $\forall B,C\subseteq\{P_1,P_2,\cdots,P_n\}$，$B\in\mathbb{A}$，$B\subseteq C\Rightarrow C\in\mathbb{A}$，则称 $\mathbb{A}$ 为单调的。一个非空子集的（单调）集合 $\mathbb{A}\subseteq 2^{\{P_1,P_2,\cdots,P_n\}}$ 是一个（单调）访问结构，$\mathbb{A}$ 中的集合称为授权集合，不在 $\mathbb{A}$ 中的集合称为非授权集合。

3.2.2 线性秘密共享方案

定义 3.2（线性秘密共享方案，简称 LSSS） 令 S 表示属性空间，p 表示一个素数。一个秘密共享方案 Π 被称为秘密域 Z_p 实现 S 上访问结构的（Z_p 上的）线性秘密共享方案，如果：

1）秘密 $s\in Z_p$ 针对每个属性的秘密碎片构成 $\mathbb{Z}_p$ 上的一个向量。

2）对于每个 S 上的访问结构 $\mathbb{A}$，存在一个 l 行 n 列大小的矩阵 $\boldsymbol{M}$ 被称为 Π 的秘密生成矩阵。对于 $i=1,\cdots,l$，我们定义映射 ρ 将矩阵 $\boldsymbol{M}$ 中的第 i 行映射到属性空间 S 的属性 $\rho(i)$ 上。考虑向量 $\vec{v}=(s,r_2,\cdots,r_n)$，其中 $s\in Z_p$ 为被分享的秘密，$r_2,\cdots,r_n\in Z_p$ 为随机选取用于隐藏 s 的随机数。那么，$\boldsymbol{M}\cdot\vec{v}\in Z_p^{l\times 1}$ 是 s 根据 Π 所产生的 l 个秘密碎片所形成的向量。碎片 $(\boldsymbol{M}\cdot\vec{v})_j$ “属于” $\rho(j)$，其中 $j\in[l]$。

每一个依据上述定义的线性秘密共享方案都具有线性秘密恢复的性质，其定义如下：我们假设 Π 是访问结构 $\mathbb{A}$ 上的线性秘密共享方案，$S'\in\mathbb{A}$ 是其上的一个授权集合，并令 $I\subset\{1,2,\cdots,l\}$ 按照如下定义 $I=\{i\in[l]\wedge\rho(i)\in S'\}$。那么，存在常数集合 $\{\omega_i\in Z_p\}_{i\in I}$，对任意关于 Π 中 s 的有效分享 $\{\lambda_i=(\boldsymbol{M}\cdot\vec{v})_i\}_{i\in I}$，我们有 $\sum_{i\in I}\omega_i\cdot\lambda_i=s$。以上所描述的常数集合 $\{\omega_i\}_{i\in I}$ 可在秘密生成矩阵 $\boldsymbol{M}$ 大小的多项式时间内被计算出。但对于任意未被授权的集合 S''，如上所描述的常数集合 $\{\omega_i\}$ 并不存在。

3.2.3 密文策略属性基加密

密文策略属性基加密系统通常由如下四个算法构成（如图 3-2 所示）：

- Setup$(\lambda)\rightarrow(\mathrm{pk},\mathrm{msk})$，系统初始化算法。该算法由一个可信的密钥分发机构（即权威机构）运行，该算法的输入为安全参数 λ，输出为系统公开参数 pk 与系统主私钥 msk。
- KeyGen$(\mathrm{pk},\mathrm{msk},S)\rightarrow\mathrm{sk}_S$，密钥生成算法。该算法的输入为系统公开参数

pk、系统主私钥 msk 和一个属性集合 S，其输出为对应于属性集合 S 的解密密钥 sk_S。

- $\text{Encrypt}(pk, m, \mathbb{A}) \to ct$，加密算法。该算法的输入为系统公开参数 pk、明文 m 和一个访问结构 $\mathbb{A}$，其输出为密文 ct。
- $\text{Decrypt}(pk, sk_S, ct) \to m$ 或者 $\perp$，解密算法。该算法的输入为系统公开参数 pk、解密密钥 sk_S 和密文 ct。如果密文关联的访问结构 $\mathbb{A}$ 能够被用户密钥的属性集合 S 所满足，则该算法输出一个明文 m，否则输出“$\perp$”表明无法解密。

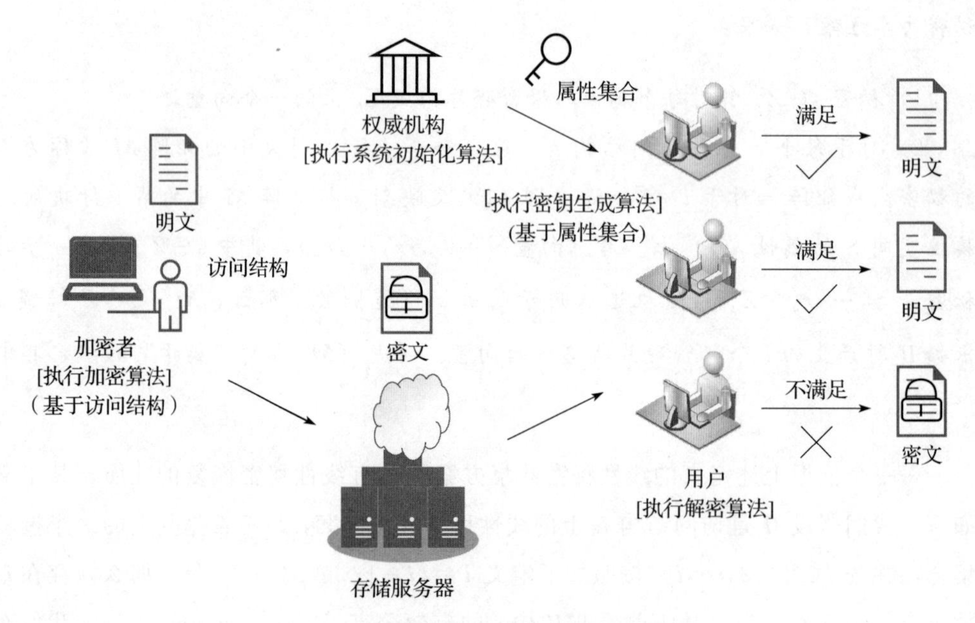

图 3-2　密文策略属性基加密算法示例图

密文策略属性基加密系统的首要要求是能够抗合谋攻击。其要求存在一组用户，如果这组用户中的任一用户的属性集合都不能满足某个密文上的访问结构，那么即使在将这些用户的属性集合合并起来的新集合能够满足该密文的访问结构的情况下，这些用户进行合谋操作仍然无法对该密文执行正确解密操作。

密文策略属性基加密系统的安全性通常通过一个挑战者和一个攻击者间的安全交互游戏来描述，具体描述如下：

- **初始化**：挑战者运行系统初始化算法，并将系统公开参数 pk 发送给攻击者。
- **询问 1**：攻击者适应性地向挑战者提供一系列关于属性集合 $S_1, \cdots, S_{q_1}$ 的密钥询问，对于每个 S_i，挑战者运行密钥生成算法并提供给攻击者相应的解密

密钥 sk_{S_i}。

- **挑战**：攻击者提供两个长度相等的消息 m_1、m_2 和一个访问结构（策略）$\mathbb{A}^*$ 给挑战者。挑战者随机选择比特 $\beta \in \{0,1\}$，并加密消息 m_β，把密文 $ct^* \leftarrow Encrypt(pk, m_\beta, \mathbb{A}^*)$ 给攻击者。
- **询问2**：攻击者适应性地向挑战者提供一系列关于属性集合 $S_{q_1+1}, \cdots, S_q$ 的密钥询问，对于每个 S_i 挑战者运行密钥生成算法并提供给攻击者相应的解密密钥 sk_{S_i}。
- **猜测**：攻击者输出 $\beta' \in \{0,1\}$ 给挑战者作为对 β 的猜测。

在上述交互游戏中，攻击者不能询问能满足 $\mathbb{A}^*$ 的属性集合，即对于任何 $1 \leqslant i \leqslant q$，$S_i$ 不满足 $\mathbb{A}^*$。如果 $\beta' = \beta$，那么我们称攻击者在上述游戏中获胜。我们定义攻击者 $\mathcal{A}$ 在上述交互游戏中的优势为 $Adv_{\mathcal{A}} = \left| Pr[\beta' = \beta] - \frac{1}{2} \right|$。

定义 3.3 如果任意多项式时间的攻击者在上述交互游戏当中至多仅有可忽略的优势，我们则称该密文策略属性基加密系统是安全的。

3.2.4 密钥策略属性基加密

密钥策略属性基加密系统通常由如下四个算法构成（如图3-3所示）：

- $Setup(\lambda) \rightarrow (pk, msk)$，系统初始化算法。该算法由一个可信的密钥分发机构（即权威机构）运行，该算法的输入为安全参数 λ，算法的输出为系统公开参数 pk 与系统主私钥 msk。
- $KeyGen(pk, msk, \mathbb{A}) \rightarrow sk_{\mathbb{A}}$，密钥生成算法。该算法的输入为系统公开参数 pk、系统主私钥 msk 和一个访问结构 $\mathbb{A}$，其输出为对应于访问策略 $\mathbb{A}$ 的解密密钥 $sk_{\mathbb{A}}$。
- $Encrypt(pk, m, S) \rightarrow ct$，加密算法。该算法的输入为系统公开参数 pk、明文 m 和一个属性集合 S，其输出为密文 ct。
- $Decrypt(pk, sk_{\mathbb{A}}, ct) \rightarrow m$ 或者 $\perp$，解密算法。该算法的输入为系统公开参数 pk、解密密钥 $sk_{\mathbb{A}}$ 和密文 ct。如果访问策略 $\mathbb{A}$ 能够被密文关联的属性集合 S 所满足，则该算法输出一个明文 m，否则输出"$\perp$"表明无法解密。

密钥策略属性基加密系统的安全性通常通过一个挑战者和一个攻击者间的安全交互游戏来描述，其具体描述如下：

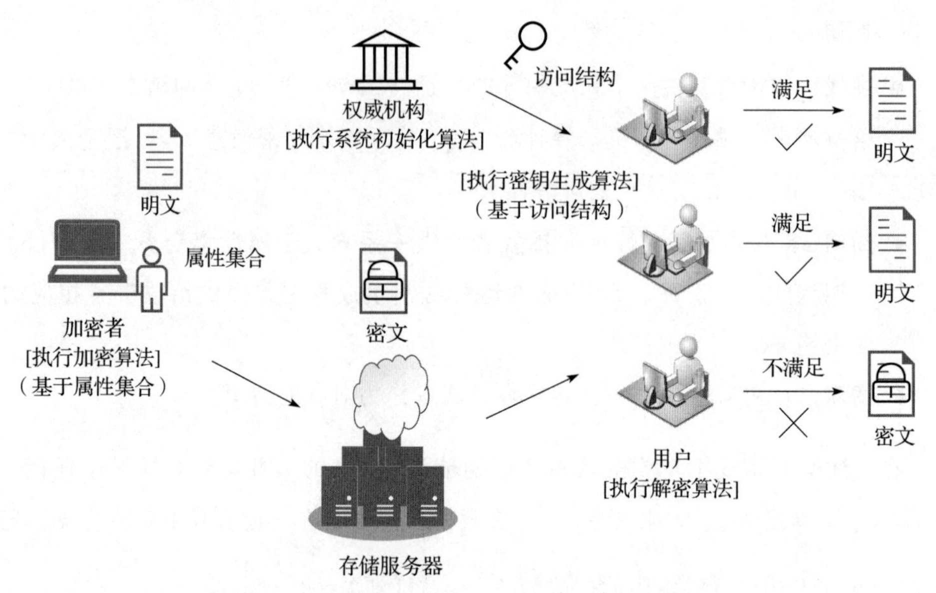

图 3-3　密钥策略属性基加密算法示例图

- **初始化**：挑战者运行系统初始化算法，并将系统公开参数 pk 发送给攻击者。
- **询问 1**：攻击者适应性地向挑战者提供一系列关于访问策略 $\mathbb{A}_1,\cdots,\mathbb{A}_{q_1}$ 的密钥询问，对于每个 $\mathbb{A}_i$，挑战者运行密钥生成算法并提供给攻击者相应的解密密钥 $\mathrm{sk}_{\mathbb{A}_i}$。
- **挑战**：攻击者提供两个长度相等的消息 m_1、m_2 和一个属性集合 S^* 给挑战者。挑战者随机选择比特 $\beta\in\{0,1\}$，并加密消息 m_β，把密文 $\mathrm{ct}^*\leftarrow\mathrm{Encrypt}(\mathrm{pk},m_\beta,S^*)$ 发送给攻击者。
- **询问 2**：攻击者适应性地向挑战者提供一系列关于访问策略 $\mathbb{A}_{q_1+1},\cdots,\mathbb{A}_q$ 的密钥询问，对于每个 $\mathbb{A}_i$ 挑战者运行密钥生成算法并提供给攻击者相应的解密密钥 $\mathrm{sk}_{\mathbb{A}_i}$。
- **猜测**：攻击者输出 $\beta'\in\{0,1\}$ 给挑战者作为对 β 的猜测。

在上述交互游戏中，攻击者不能询问能被 S^* 满足的访问策略，即对于任何 $1\leqslant i\leqslant q$，S^* 不满足 $\mathbb{A}_i$。如果 $\beta'=\beta$，那么我们称攻击者 $\mathcal{A}$ 在上述游戏中获胜。攻击者在交互游戏当中的优势定义为 $\mathrm{Adv}_{\mathcal{A}}=\left|\Pr[\beta'=\beta]-\frac{1}{2}\right|$。

定义 3.4　如果任意多项式时间的攻击者在上述交互游戏当中至多仅有可忽略的优势，我们则称该密钥策略属性基加密方案是安全的。

注意，在上述安全交互游戏定义中，我们定义的是选择明文攻击（Chosen-

Plaintext Attack，CPA）安全性，如果在**询问1**和**询问2**中允许敌手进行解密询问，则上述游戏被扩展到选择密文攻击（Chosen-Ciphertext Attack，CCA）安全性。一般来说，选择明文安全的属性基加密系统可以通过使用相关文献中标准的转换技术转换成选择密文安全的属性基加密系统。此外，如果在系统初始化阶段之前，存在一个预备阶段，其中攻击者需要声明其欲攻击的访问结构（或属性集合），我们称满足相关定义的密文（或密钥）策略属性基加密是选择性安全的。

3.3 模糊标识加密方案

Sahai 和 Waters 于 2005 年首次提出了一种对标识信息具备容错能力的模糊标识加密方案，称为 Fuzzy Identity-Based Encryption（简称 Fuzzy IBE）。该标识加密系统要求解密密钥的属性集合与密文的属性集合的共有属性需要达到一个（预先设定的）门限值才能够正确解密，因此，人们也将该类系统称为门限属性基加密系统，其给出了现代属性基加密系统的雏形。

3.3.1 安全模型

Fuzzy IBE 的安全性主要是在模糊选择标识模型上构建的，该模型与基于标识的标准模型相似，不同之处在于仅允许敌手询问与目标标识在某个距离范围外的标识的密钥，其中距离度量取集合差。ω 和 ω' 为两个集合，其对称差是集合 $\omega\Delta\omega'=\{x\in\omega\cup\omega' \mid x\notin\omega\cap\omega'\}$，集合差定义为 $|\omega\Delta\omega'|$。为使集合差大于某个门限值，$|\omega\cap\omega'|$ 必须小于某个给定值，这样集合差就能转化为集合交来描述。

令 Π 表示一个 Fuzzy IBE 方案，Π 的安全性通过一个挑战者和一个攻击者之间的安全交互游戏来描述。令 $\mathcal{A}$ 为攻击者，$\mathcal{A}$ 可对任一标识进行密钥产生询问，其约束条件是该标识与欲攻击的标识交集大小小于 d。上述安全游戏的具体描述如下：

- **预备阶段**：$\mathcal{A}$ 声明其欲挑战的标识 α。
- **初始化**：挑战者运行算法生成公开参数 pk 和主私钥 msk。
- **询问 1**：$\mathcal{A}$ 对满足 $|\gamma_j\cap\alpha|<d$ 的标识 γ_j 发起密钥询问。
- **挑战**：$\mathcal{A}$ 提交两个等长的消息 M_0 和 M_1。挑战者选择随机比特 $\upsilon\in\{0,1\}$，用 α 加密 M_υ，得到密文 C^* 并将 C^* 发送给 $\mathcal{A}$。
- **询问 2**：重复询问 1。
- **猜测**：$\mathcal{A}$ 输出猜测 $\upsilon'\in\{0,1\}$，如果 $\upsilon'=\upsilon$，则 $\mathcal{A}$ 攻击成功。

安全游戏中 $\mathcal{A}$ 的优势定义为关于安全参数 λ 的函数：

$$\mathrm{Adv}_{\Pi,\mathcal{A}}(\lambda)=\left|\Pr[\beta'=\beta]-\frac{1}{2}\right|$$

定义 3.5　如果对任何多项式时间的攻击者 $\mathcal{A}$ 在上述游戏中的优势是可忽略的，则称 Π 是安全的。

本节给出的 Fuzzy IBE 方案的安全性基于修改版本的判定性的双线性 Diffie-Hellman（Modified Bilinear Diffie-Hellman）假设，记为判定性 MBDH 假设。

3.3.2　困难性假设

判定性 BDH 假设及其修改版本的定义如下。

定义 3.6（判定性 BDH 假设）：假定挑战者随机选择 $a,b,c,z\in Z_p$，不存在多项式时间的攻击者能够以不可忽略的优势区分 $P_{\mathrm{BDH}}=\{(A=g^a,B=g^b,C=g^c,Z=e(g,g)^{abc})\}$ 与 $R_{\mathrm{BDH}}=\{(A=g^a,B=g^b,C=g^c,Z=e(g,g)^z)\}$。

定义 3.7（判定性 MBDH 假设）：假定挑战者随机选择 $a,b,c,z\in Z_p$，不存在多项式时间的攻击者能够以不可忽略的优势区分元组 $P_{\mathrm{MBDH}}=\left\{\left(A=g^a,B=g^b,C=g^c,Z=e(g,g)^{\frac{ab}{c}}\right)\right\}$ 和 $R_{\mathrm{MBDH}}=\left\{\left(A=g^a,B=g^b,C=g^c,Z=e(g,g)^z\right)\right\}$。

3.3.3　方案构造

Fuzzy IBE 方案包含四个算法，其参数设置和算法描述如下：令 $\mathbb{G}$ 为阶是素数 p 的群，g 为 $\mathbb{G}$ 的生成元，$e:\mathbb{G}\times\mathbb{G}\rightarrow\mathbb{G}_T$ 表示双线性映射，λ 为安全参数（其决定群的大小）。对于 $i\in Z_p$ 和集合 S（集合元素取自 Z_p），定义拉格朗日系数 $\Delta_{i,S}(x)=\prod_{j\in S,j\neq i}\frac{x-j}{i-j}$。令 $\mathcal{U}$ 表示方案的属性空间，属性空间的大小记为 $|\mathcal{U}|$，将每个属性与 Z_p^* 中不同且唯一的元素进行关联。

- **Setup**：系统初始化算法。该算法输入门限值 d，输出系统公开参数 pk 和主私钥 msk。首先，定义属性空间 $\mathcal{U}$，为简单起见，令 Z_p^* 中前 $|\mathcal{U}|$ 个元素作为属性全集，即 $1,\cdots,|\mathcal{U}|$。随后从 Z_p^* 中随机选择 $t_1,\cdots,t_{|\mathcal{U}|}$ 和 y，公开参数 pk 设置为

$$T_1=g^{t_1},\cdots,T_{|\mathcal{U}|}=g^{t_{|\mathcal{U}|}},\quad Y=e(g,g)^y,$$

主私钥 msk 设置为 $t_1,\cdots,t_{|\mathcal{U}|}$，$y$。

- **KeyGen**：密钥生成算法。算法输入用户标识 $\omega \subseteq \mathcal{U}$ 和主私钥 msk，输出对应于标识 ω 的 sk。算法随机选定一个 $d-1$ 次多项式 q，其中 $q(0)=y$，并输出私钥 $\mathrm{sk}=(D_i)_{i\in\omega}$，其中 $D_i=g^{\frac{q(i)}{t_i}}, i\in\omega$。
- **Encrypt**：加密算法。算法输入公钥（即接收方标识集合）ω' 和明文消息 $M\in\mathbb{G}_T$，选择一个随机值 $s\in\mathbb{Z}_p$，输出密文 $E=(\omega', E'=MY^s, \{E_i=T_i^s\}_{i\in\omega'})$，其中接收方标识属性 ω' 包含在密文中。
- **Decrypt**：解密算法。算法输入对应于标识 ω' 的密文 E 和对应于标识 ω 的解密密钥 sk（其中 $|\omega\cap\omega'|\geqslant d$），输出消息 M 或 $\perp$。在 $\omega\cap\omega'$ 选取任意一个包含 d 个元素的子集 S，解密过程如下。

$$
\begin{aligned}
& E' \Big/ \prod_{i\in S}(e(D_i,E_i))^{\Delta_{i,S}(0)} \\
&= Me(g,g)^{sy} \Big/ \prod_{i\in S}\left(e\left(g^{\frac{q(i)}{t_i}}, g^{st_i}\right)\right)^{\Delta_{i,S}(0)} \\
&= Me(g,g)^{sy} \Big/ \prod_{i\in S}(e(g,g)^{sq(i)})^{\Delta_{i,S}(0)} \\
&= M
\end{aligned}
$$

其中，最后一个等式由指数上的拉格朗日插值法得到。

定理 3.1 在模糊选择标识模型下，如果存在一个多项式时间的敌手可以攻破上述方案，则存在一个模拟算法能以不可忽略的优势解决判定性 MBDH 问题。

证明：假定存在一个多项式时间的敌手 $\mathcal{A}$ 在模糊选择标识模型下可以以 ε 的优势攻破上述方案，则可以构造一个模拟算法 $\mathcal{B}$ 能用 $\varepsilon/2$ 的优势解决判定性 MBDH 问题。模拟过程如下。

挑战者首先做如下设置：选取生成元为 g 的群 $\mathbb{G}$、$\mathbb{G}_T$ 和双线性映射 $e:\mathbb{G}\times\mathbb{G}\to\mathbb{G}_T$。随机选取 $\mu\in\{0,1\}$。若 $\mu=0$，设置 $(A,B,C,Z)=\left(g^a,g^b,g^c,e(g,g)^{\frac{ab}{c}}\right)$；否则（即若 $\mu=1$），设置 $(A,B,C,Z)=(g^a,g^b,g^c,e(g,g)^z)$，其中 a,b,c,z 均为随机数。$\mathcal{B}$ 收到 (A,B,C,Z) 后与敌手 $\mathcal{A}$ 进行以下游戏，以判断 $(A,B,C,Z)\in P_{\mathrm{MBDH}}$ 还是 $(A,B,C,Z)\in R_{\mathrm{MBDH}}$，假定属性空间 $\mathcal{U}$ 已定义好并且是公开的。

- **预备阶段**：$\mathcal{B}$ 运行 $\mathcal{A}$ 并收到挑战标识 α。

- **初始化**：$\mathcal{B}$ 按照以下步骤设置公开参数。设置 $Y=e(g,A)=e(g,g)^a$。对于任意 $i\in\alpha$，随机选取 $\beta_i\in Z_p$ 并设置 $T_i=C^{\beta_i}=g^{c\beta_i}$。对于任意 $i\in\mathcal{U}-\alpha$，随机选取 $\omega_i\in Z_p$ 并设定 $T_i=g^{\omega_i}$。随后，$\mathcal{B}$ 将上述公开参数发送给 $\mathcal{A}$。注意从 $\mathcal{A}$ 的视角来看，方案构造中的所有参数都是随机的。
- **询问 1**：敌手 $\mathcal{A}$ 对私钥发起请求，每个请求中的标识和挑战标识 α 的交集元素个数应小于 d。假定敌手 $\mathcal{A}$ 对标识 γ 发起私钥询问，其中 $|\gamma\cap\alpha|<d$。按如下方式定义集合 Γ,Γ',S：$\Gamma=\gamma\cap\alpha$，Γ' 是满足 $\Gamma\subseteq\Gamma'\subseteq\gamma$ 且 $|\Gamma'|=d-1$ 的任意集合，$S=\Gamma'\cup\{0\}$。对任意 $i\in\Gamma'$，设置解密密钥中 D_i 为

$$D_i=\begin{cases} g^{s_i} & i\in\Gamma \\ g^{\frac{\lambda_i}{w_i}} & i\in\Gamma'-\Gamma \end{cases}$$

其中 s_i 与 λ_i 分别随机选取于 $\mathbb{Z}_p$。

上述设置隐式地设置了一个随机的 $d-1$ 次多项式 $q(x)$，其中 $q(0)=a$。对于 $i\in\Gamma$，满足 $q(i)=c\beta_i s_i$，对于 $i\in\Gamma'-\Gamma$，满足 $q(i)=\lambda_i$，即

$$q(i)=\begin{cases} a & i=0 \\ c\beta_i s_i & i\in\Gamma \\ \lambda_i & i\in\Gamma'-\Gamma \end{cases}$$

对于 $i\notin\alpha$，$\mathcal{B}$ 已知 T_i 的离散对数，则对 $i\notin\Gamma'$，$\mathcal{B}$ 可计算其他 D_i 个值：

$$D_i=\left(\prod_{j\in\Gamma}C^{\frac{\beta_j s_j\Delta_{j,S}(i)}{w_i}}\right)\left(\prod_{j\in\Gamma'-\Gamma}g^{\frac{\lambda_j\Delta_{j,S}(i)}{w_i}}\right)Y^{\frac{\Delta_{0,S}(i)}{w_i}},i\notin\Gamma'$$

通过拉格朗日插值，对 $i\notin\Gamma'$，$\mathcal{B}$ 能够计算 $D_i=g^{\frac{q(i)}{t_i}}$，其中 $q(x)$ 由随机分配的其他 $d-1$ 个变量 $D_i\in\Gamma'$ 和变量 Y 隐含定义。综上，$\mathcal{B}$ 可为标识 γ 构造一个私钥，并且该私钥的分布与真实方案中私钥的分布相同。

- **挑战**：提交两个挑战消息 M_1 和 M_0 给 $\mathcal{B}$。$\mathcal{B}$ 随机选取比特 $\upsilon\in\{0,1\}$ 并返回关于 M_υ 的密文，密文设置为

$$E=(\alpha,E'=M_\upsilon Z,\{E_i=B^{\beta_i}\}_{i\in\alpha})$$

其中，当 $\mu=0$ 时，$Z=e(g,g)^{\frac{ab}{c}}$。若设 $r'=\dfrac{b}{c}$，则 $E_0=M_\upsilon Z=M_\upsilon e(g,g)^{\frac{ab}{c}}=$

$M_v e(g,g)^{ar'}=M_v Y^{r'}$，$E_i=B^{\beta_i}=g^{b\beta_i}=g^{\frac{b}{c}c\beta_i}=g^{r'c\beta_i}=(T_i)^{r'}$。因此，该密文是消息在公钥 α 下的加密结果。否则，即当 $\mu=1$ 时，则 $Z=g^z$，$E'=M_v e(g,g)^z$。因为 z 是随机的，在攻击者的视角下 E'是 $\mathbb{G}_T$ 中的一个随机元素，此时其中不包含任何关于 M_v 的信息。

- **询问2**：重复询问1。
- **猜测**：$\mathcal{A}$ 输出对 v 的猜测 v'。如果 $v=v'$，$\mathcal{B}$ 输出 $\mu'=0$ 表示给定的元组为 MBDH 元组，否则其输出 $\mu'=1$ 表示给定的元组为一个随机的四元组。

当 $\mu=1$ 时，$\mathcal{A}$ 不能得到任何关于 v 的信息，故 $\Pr[v\neq v'|\mu=1]=1/2$。因为 $\mathcal{B}$ 在 $v\neq v'$的情况下猜测 $\mu'=1$，故 $\Pr[\mu'=\mu|\mu=1]=1/2$。当 $\mu=0$ 时，$\mathcal{A}$ 得到关于 M_v 的密文，由于 $\mathcal{A}$ 优势为 ε，故 $\Pr[v=v'|\mu=0]=1/2+\varepsilon$。当 $v=v'$时，$\mathcal{B}$ 猜测 $\mu'=0$，故 $\Pr[\mu'=\mu|\mu=0]=1/2+\varepsilon$。综上，$\mathcal{B}$ 的整体优势为：

$$\frac{1}{2}\Pr[\mu'=\mu|\mu=0]+\frac{1}{2}\Pr[\mu'=\mu|\mu=1]-\frac{1}{2}=\frac{1}{2}\left(\frac{1}{2}+\varepsilon\right)+\frac{1}{2}\times\frac{1}{2}-\frac{1}{2}=\frac{1}{2}\varepsilon \quad \blacksquare$$

3.4 支持大属性集合的模糊标识加密方案

上述构造存在的一个缺点是，其公开参数随着属性集合的大小呈线性增长。本节将介绍一个支持大属性空间性质的 Fuzzy IBE 方案，将 Z_p^* 作为属性空间，公开参数仅仅关于 n 呈线性增长，其中 n 为可以加密的最大标识长度。除了降低公开参数长度外，大属性空间的性质允许应用一个抗碰撞哈希函数 $H:\{0,1\}^*\rightarrow Z_p^*$ 把任意字符串作为属性映射到 Z_p^* 上。因此，在系统公开参数初始化阶段，无须考虑属性的设定。

方案构造

该方案的构造思想与上一节中的方案类似。方案的安全性归约到判定性 BDH 难题。方案的参数设置如下：

设定 $\mathbb{G}$ 是阶为素数 p 的群，g 为 $\mathbb{G}$ 的生成元，$e:\mathbb{G}\times\mathbb{G}\rightarrow\mathbb{G}_T$ 代表双线性映射，规定加密标识长度为 n。对于 $i\in Z_p$ 和集合 S（元素取自 Z_p），定义拉格朗日系数 $\Delta_{i,S}(x)=\prod_{j\in S,\ j\neq i}\frac{x-j}{i-j}$，将每个属性与 Z_p^* 中不同且唯一的元素进行关联。标识为

Z_p^* 中 n 个元素的集合，也可以把标识看成 n 个任意长度的字符串集合并利用一个抗碰撞哈希函数 H 把字符串映射到 Z_p^* 上。方案具体构造如下。

- **Setup**：系统初始化算法。算法输入加密的最大标识长度 n 和安全参数 d，输出公开参数 pk 和主私钥 msk。首先选择 $g_1=g^y$，$g_2\in\mathbb{G}$，然后在 $\mathbb{G}$ 中随机选择 $t_1,\cdots,t_{n+1}$。令 N 为集合 $\{1,\cdots,n+1\}$，定义函数 T 为 $T(x)=g_2^{x^n}\prod_{i=1}^{n+1}t_i^{\Delta_{i,N}(x)}$（$T(x)$ 可看作基于某个 n 次多项式 $h(x)$ 的函数 $g_2^{x^n}g^{h(x)}$）。设置公开参数 $\text{pk}=(g_1,g_2,t_1,\cdots,t_{n+1})$ 和主私钥 $\text{msk}=y$。
- **KeyGen**：密钥生成算法。算法输入主私钥 msk 和标识属性 ω（$\omega\subseteq\mathcal{U}$），输出关于标识属性 ω 的私钥。算法首先随机选取一个 $d-1$ 次多项式 q，其中 $q(0)=y$。解密密钥包含两个集合 $\{D_i\}_{i\in\omega}$ 和 $\{d_i\}_{i\in\omega}$。设置第一个集合 $\{D_i\}_{i\in\omega}$：$D_i=g_2^{q(i)}T(i)^{r_i}$，其中 r_i 随机取自 Z_p，$i\in\omega$。设置第二个集合 $\{d_i\}_{i\in\omega}:d_i=g^{r_i}$，其中 $i\in\omega$。
- **Encrypt**：加密算法。算法输入接收方的标识属性 ω' 和待加密的消息 $M\in\mathbb{G}_T$，输出密文 E。算法首先选择一个随机值 $s\in Z_p$，密文设置为

$$E=(\omega',E'=Me(g_1,g_2)^s,E''=g^s,\{E_i=T(i)^s\}_{i\in\omega'})$$

- **Decrypt**：解密算法。算法输入对应于标识属性 ω' 的密文 E 和对应于标识 ω 的解密密钥，输出消息 M，其中 $|\omega\cap\omega'|\geqslant d$。在 $\omega\cap\omega'$ 选择中随机选择一个包含 d 个元素的子集 S，解密过程如下。

$$\begin{aligned}
&E'\prod_{i\in S}\left(\frac{e(d_i,E_i)}{e(D_i,E'')}\right)^{\Delta_{i,S}(0)}\\
&=Me(g_1,g_2)^s\prod_{i\in S}\left(\frac{e(g^{r_i},T(i)^s)}{e(g_2^{q(i)}T(i)^{r_i},g^s)}\right)^{\Delta_{i,S}(0)}\\
&=Me(g_1,g_2)^s\prod_{i\in S}\left(\frac{e(g^{r_i},T(i)^s)}{e(g_2^{q(i)},g^s)e(T(i)^{r_i},g^s)}\right)^{\Delta_{i,S}(0)}\\
&=Me(g,g_2)^{ys}\prod_{i\in S}\frac{1}{e(g,g_2)^{q(i)s\Delta_{i,S}(0)}}\\
&=M
\end{aligned}$$

其中，最后一个等式由指数上的拉格朗日插值法得到。

定理 3.2 在模糊选择标识模型下，如果存在一个多项式时间的敌手攻破上述方案，则存在一个模拟算法可以以不可忽略的优势解决判定性 BDH 问题。

证明：假定存在一个多项式时间的攻击者 $\mathcal{A}$ 在模糊选择标识模型下可以以 ε 的优势攻破上述方案，则可以构造一个模拟算法 $\mathcal{B}$ 能以 $\frac{\varepsilon}{2}$ 的优势解决判定性 BDH 问题。模拟过程如下。

挑战者首先做如下设置：选定群 $\mathbb{G}$（生成元为 g）、$\mathbb{G}_T$ 和双线性映射 $e:\mathbb{G}\times\mathbb{G}\rightarrow\mathbb{G}_T$。随机选取 $\mu\in\{0,1\}$。若 $\mu=0$，设置 $(A,B,C,Z)=(g^a,g^b,g^c,e(g,g)^{abc})$；否则（即若 $\mu=1$），设置 $(A,B,C,Z)=(g^a,g^b,g^c,e(g,g)^z)$，其中 a,b,c,z 均为随机数。$\mathcal{B}$ 收到 (A,B,C,Z) 后与 $\mathcal{A}$ 展开以下交互游戏，以判断 $(A,B,C,Z)\in P_{\text{BDH}}$ 还是 $(A,B,C,Z)\in R_{\text{BDH}}$。

- **预备阶段**：$\mathcal{B}$ 运行敌手 $\mathcal{A}$ 并收到挑战标识 α，即一个包含 n 个元素（取自 $\mathbb{Z}_p$）的集合。
- **初始化**：$\mathcal{B}$ 按照以下步骤设置相关参数。首先设置 $g_1=A$，$g_2=B$。然后随机选取一个 n 次多项式 $f(x)$，并计算一个 n 次多项式 $u(x)$ 使得当 $x\in\alpha$ 时 $u(x)=-x^n$（当 $x\notin\alpha$ 时 $u(x)\neq-x^n$）。因为 $-x^n$ 和 $u(x)$ 是两个 n 次多项式，所以这两个多项式要么最多在 n 个点保持一致要么是完全一样的多项式。本节的方案构造保证对任意的 x，当且仅当 $x\in\alpha$ 时 $u(x)=-x^n$。对于 $i=1,\cdots,n+1$，令 $t_i=g_2^{u(i)}g^{f(i)}$。注意因为 $f(x)$ 是随机选取的 n 次多项式，所有 t_i 会像构造中一样进行随机独立选取，故有 $T(x)=g_2^{i^n+u(i)}g^{f(i)}$。

询问 1：$\mathcal{A}$ 发起密钥询问，其中每个询问中的标识和挑战标识 α 的交集元素个数小于 d。假定 $\mathcal{A}$ 对标识 γ 发起私钥询问，其中 $|\gamma\cap\alpha|<d$。按如下方式定义集合 Γ，Γ'，S：$\Gamma=\gamma\cap\alpha$，Γ' 为满足 $\Gamma\subseteq\Gamma'\subseteq\gamma$ 且 $|\Gamma'|=d-1$ 的任意集合，$S=\Gamma'\cup\{0\}$。对任意 $i\in\Gamma'$，设置解密密钥中 $D_i=g_2^{\lambda_i}T(i)^{r_i}$（其中 r_i 和 λ_i 随机选取自 Z_p），$d_i=g^{r_i}$。

上述设置隐式地设置了一个随机的 $d-1$ 次多项式 $q(x)$，其中 $q(0)=a$。对于 $i\in\Gamma$，满足 $q(i)=\lambda_i$，即

$$q(i)=\begin{cases}a & i=0\\ \lambda_i & i\in\Gamma\end{cases}$$

当 $i\in\gamma-\Gamma'$，随机选取 $r_i'\in Z_p$ 及 $\lambda_j\in Z_p$（对所有 $d-1$ 有 $j\in\Gamma'$），解密密钥

D_i 和 d_i 计算方式如下：

$$D_i=\left(\prod_{j\in\Gamma'}g_2^{\lambda_j\Delta_{j,\ S(i)}}\right)\left(g_1^{\frac{-f(i)}{i^n+u(i)}}(g_2^{i^n+u(i)}g^{f(i)})^{r'_i}\right)^{\Delta_{0,\ S(i)}}$$

$$d_i=\left(g_1^{\frac{-1}{i^n+u(i)}}g^{r'_i}\right)^{\Delta_{0,\ S(i)}}$$

对于所有 $i\notin\alpha$（包括 $i\in\gamma-\Gamma'$），$i^n+u(i)\neq 0$。

令 $r_i=\left(r'_i-\dfrac{a}{i^n+u(i)}\right)\Delta_{0,S}(i)$，$q(x)$ 定义如上，解密密钥 D_i 与 d_i 分别为：

$$\begin{aligned}D_i&=\left(\prod_{j\in\Gamma'}g_2^{\lambda_j\Delta_{j,S}(i)}\right)\left(\left(g_1^{\frac{-f(i)}{i^n+u(i)}}\right)(g_2^{i^n+u(i)}g^{f(i)})^{r'_i}\right)^{\Delta_{0.S}(i)}\\&=\left(\prod_{j\in\Gamma'}g_2^{\lambda_j\Delta_{j,S}(i)}\right)\left(\left(g^{\frac{-af(i)}{i^n+u(i)}}\right)(g_2^{i^n+u(i)}g^{f(i)})^{r'_i}\right)^{\Delta_{0.S}(i)}\\&=\left(\prod_{j\in\Gamma'}g_2^{\lambda_j\Delta_{j,S}(i)}\right)\left(\left(g_2^a(g_2^{i^n+u(i)}g^{f(i)})^{\frac{-a}{i^n+u(i)}}\right)(g_2^{i^n+u(i)}g^{f(i)})^{r'_i}\right)^{\Delta_{0.S}(i)}\\&=\left(\prod_{j\in\Gamma'}g_2^{\lambda_j\Delta_{j,S}(i)}\right)\left(g_2^a(g_2^{i^n+u(i)}g^{f(i)})^{r'_i-\frac{a}{i^n+u(i)}}\right)^{\Delta_{0.S}(i)}\\&=\left(\prod_{j\in\Gamma'}g_2^{\lambda_j\Delta_{j,S}(i)}\right)g_2^{a\Delta_{0,S}(i)}(T(i))^{r_i}\\&=g_2^{q(i)}T(i)^{r_i}\end{aligned}$$

$$d_i=\left(g_1^{\frac{-1}{i^n+u(i)}}g^{r'_i}\right)^{\Delta_{0,S}(i)}=\left(g^{r'_i-\frac{a}{i^n+u(i)}}\right)^{\Delta_{0,S}(i)}=g^{r_i}$$

综上，$\mathcal{B}$ 可为标识 γ 构造一个私钥，并且该私钥的分布与真实方案中私钥的分布相同。

- **挑战**：$\mathcal{A}$ 提交两个挑战消息 M_0 和 M_1 给 $\mathcal{B}$。$\mathcal{B}$ 随机选择 $\upsilon\in\{0,1\}$ 并返回关于 M_υ 的密文，密文设置如下：

$$E=(\alpha,E'=M_\upsilon Z,E''=C,\{E_i=C^{f(i)}\}_{i\in\alpha})$$

其中，当 $\mu=0$ 时，$Z=e(g,g)^{abc}$，则 $E=(\alpha,E'=M_\upsilon e(g,g)^{abc},E''=g^c,\{E_i=(g^c)^{f(i)}=T(i)^c\}_{i\in\alpha})$，这是一个针对标识 α 关于消息 M_υ 的有效密文。否则，即 $\mu=1$ 时，$Z=e(g,g)^z$，$E'=M_\upsilon e(g,g)^z$，因为 z 是随机的，E'则在攻击者的视角下是 $\mathbb{G}_T$ 中的一个随机元素，此时其不包含任何关于 M_υ 的信息。

- **询问 2**：与询问 1 类似。
- **猜测**：$\mathcal{A}$ 输出对 υ 的猜测 υ'。如果 $\upsilon=\upsilon'$，$\mathcal{B}$ 输出 $\mu'=0$ 表示给定的元组为有效的 BDH 元组，否则其输出 $\mu'=1$ 表示给定的元组为一个随机的四元组。

在 $\mu=1$ 时，$\mathcal{A}$ 不能得到任何关于 υ 的信息，故 $\Pr[\upsilon\neq\upsilon'|\mu=1]=1/2$。因为 $\mathcal{B}$ 在 $\upsilon\neq\upsilon'$ 的情况下猜测 $\mu'=1$，故 $\Pr[\mu'=\mu|\mu=1]=1/2$。当 $\mu=0$ 时，$\mathcal{A}$ 能得到关于 M_υ 的密文，由于 $\mathcal{A}$ 优势为 ε，故 $\Pr[\upsilon=\upsilon'|\mu=0]=1/2+\varepsilon$。当 $\upsilon=\upsilon'$ 时，$\mathcal{B}$ 猜测 $\mu'=0$，故 $\Pr[\mu'=\mu|\mu=0]=1/2+\varepsilon$。综上，$\mathcal{B}$ 的整体优势为：

$$\frac{1}{2}\Pr[\mu'=\mu|\mu=0]+\frac{1}{2}\Pr[\mu'=\mu|\mu=1]-\frac{1}{2}=\frac{1}{2}\left(\frac{1}{2}+\varepsilon\right)+\frac{1}{2}\times\frac{1}{2}-\frac{1}{2}=\frac{1}{2}\varepsilon$$

■

3.5　密钥策略属性基加密方案

Goyal 等人于 2006 年首次提出密文策略和密钥策略属性基加密系统的概念，并首次给出了支持任意单调访问结构的密钥策略属性基加密系统。本节主要介绍该方案的构造及其证明方法。该方案中的访问结构采用树结构，简称访问树。

3.5.1　访问树结构

访问树结构是属性基加密机制中用来表示访问控制策略的一种常见结构。在密钥策略属性基加密系统中，用户密钥用访问树表示，用树的内部节点表示门限结构（“与门”或者“或门”），叶节点表示属性。

令 $\mathcal{T}$ 为一个访问树。$\mathcal{T}$ 中每个内部节点 x 表示一个门限结构，用 (k_x, num_x) 描述，其中 num_x 表示 x 的子节点的个数，k_x 表示门限值，$0<k_x\leqslant\mathrm{num}_x$。$k_x=1$ 表示或门，$k_x=\mathrm{num}_x$ 表示与门。叶节点 x 用来描述属性，其门限值 $k_x=1$。在访问树结构上定义如下三个函数：

1）$\mathrm{parent}(x)$：返回节点 x 的父节点；
2）$\mathrm{attr}(x)$：仅当 x 是叶节点时，返回该节点描述的属性；
3）$\mathrm{index}(x)$：返回 x 在其兄弟节点中的编号。

令 $\mathcal{T}$ 是以 r 为根节点的访问树，用 $\mathcal{T}_x$ 表示以 x 为根的子树（即 $\mathcal{T}_r$ 就是 $\mathcal{T}$）。如果一个属性集合满足访问树 $\mathcal{T}_x$，记为 $\mathcal{T}_x(\gamma)=1$。可通过如下递归方式计算：

1）若 x 是非叶子节点，对 x 的所有子节点 x' 计算 $\mathcal{T}_{x'}(\gamma)$。当且仅当至少有 k_x 个子节点 x' 返回 1 时，$\mathcal{T}_x(\gamma)=1$；

2）若 x 是叶子节点，当且仅当 x 表示的属性 $\mathrm{attr}(x)$ 是属性集合 γ 中的元素，即 $\mathrm{attr}(x)\in\gamma$ 时，$\mathcal{T}_x(\gamma)=1$。

给定访问树 $\mathcal{T}$ 和属性集合 γ，可通过上述递归算法验证 γ 是否满足 $\mathcal{T}$。若满足，则 γ 为授权集合，否则 γ 为非授权集合。

3.5.2　选择属性集合安全模型

密钥策略属性基加密方案（记为 Π）的安全模型通过以下在敌手与挑战者之间运行的交互游戏来定义，其具体定义如下：

- **预备阶段**：敌手宣称将要挑战的属性集合 γ。
- **初始化**：挑战者运行初始化算法生成公开参数 pk 和主私钥 msk。
- **询问 1**：敌手对满足 $\gamma\notin\mathbb{A}_j$ 的标识 γ 发起密钥询问。
- **挑战**：敌手提交两个等长的消息 M_0 和 M_1。挑战者选择随机数 $\upsilon\in\{0,1\}$，并用标识 γ 加密 M_υ，将密文 C^* 传递给敌手。
- **询问 2**：重复询问 1。
- **猜测**：敌手输出猜测 $\upsilon'\in\{0,1\}$，如果 $\upsilon'=\upsilon$，则敌手攻击成功。

上述安全游戏中敌手的优势定义为关于安全参数 λ 的函数：

$$\mathrm{Adv}_{\Pi,\mathcal{A}}(\lambda)=\left|\Pr[\upsilon'=\upsilon]-\frac{1}{2}\right|$$

定义 3.8　如果对任何多项式时间的攻击者 $\mathcal{A}$ 在上述游戏中的优势是可忽略的，则称 Π 在选择属性集合安全模型下是安全的。

3.5.3　方案构造

方案包含四个算法，其参数设置和算法描述如下：令群 $\mathbb{G}$ 为阶是素数 p 的双线性群，其生成元为 g，$e:\mathbb{G}\times\mathbb{G}\rightarrow\mathbb{G}_T$ 代表双线性映射，安全参数 λ 决定双线性群的大小。对于 $i\in Z_p$ 和集合 S（集合元素取自 Z_p），定义拉格朗日系数 $\Delta_{i,S}(x)=\prod_{j\in S,\ j\neq i}\frac{x-j}{i-j}$。将每个属性与 Z_p^* 中不同且唯一的元素进行关联。

- **Setup**：系统初始化算法。该算法输入安全参数 λ，输出公开参数 pk 和主私钥 msk。定义属性空间 $\mathcal{U}=\{1,2,\cdots,n\}$。对每个属性 $i\in\mathcal{U}$，从 Z_p 随机选择 t_i。最后，随机选取 $y\in\mathbb{Z}_p$，输出公开参数 $\text{pk}=(T_1=g^{t_1},\cdots,T_{|u|}=g^{t_{|u|}},Y=e(g,g)^y)$ 和主私钥 $\text{msk}=(t_1,\cdots,t_{|u|},y)$。
- **Encrypt**：加密算法。该算法输入待加密的消息 $M\in\mathbb{G}_T$、属性集合 γ。算法选择随机数 $s\in Z_p$，输出密文 $E=(\gamma,E'=MY^s,\{E_i=T_i^s\}_{i\in\gamma})$。
- **KeyGen**：密钥生成算法。该算法输入访问树 $\mathcal{T}$ 和主私钥 msk，输出解密密钥 D。该解密密钥使得当属性集合 γ 满足 $\mathcal{T}(\gamma)=1$ 时，其能解密由 γ 加密的密文。算法过程如下。首先从根节点 r 开始采用自顶向下方式遍历访问树 $\mathcal{T}$。为每一个节点 x（包括叶子节点）随机选择一个多项式 q_x，多项式次数为 $d_x=k_x-1$，其中 k_x 为节点 x 的门限值，x 的子节点数用 num_x 来表示，则 $0<k_x\leqslant\text{num}_x$。多项式中 d_x 个非常数项系数随机选择，而常数项 $q_x(0)$ 按如下方式设定：

$$q_x(0)=\begin{cases} y & x=r \\ q_{\text{parent}(x)}(\text{index}(x)) & x\neq r \end{cases}$$

当所有节点的多项式定义完成后，对于每个叶子节点 x，按如下方式计算相对应的秘密值：$D_x=g^{\frac{q_x(0)}{t_i}}$，其中 $i=\text{attr}(x)$。最后，输出解密密钥 $D=\{D_x\}$。
- **Decrypt**：解密算法。算法输入密文 E 和解密密钥 D（包含访问树 $\mathcal{T}$），输出消息 M 或 $\perp$。定义一个递归算法 DecryptNode(E,D,x)，其输入密文 $E=(\gamma,E',\{E_i\}_{i\in\gamma})$、解密密钥 $D=\{D_x\}$（访问树为 $\mathcal{T}$）、$\mathcal{T}$ 的节点 x，输出群 $\mathbb{G}_T$ 上的元素或 $\perp$。

如果 $i=\text{attr}(x)$，如果 x 为叶子节点，计算：

$$\text{DecryptNode}(E,D,x)=\begin{cases} e(D_x,E_i)=e\left(g^{\frac{q_x(0)}{t_i}},g^{s\cdot t_i}\right)=e(g,g)^{s\cdot q_x(0)}, & \text{当 } i\in\gamma \\ \perp & \text{其他} \end{cases}$$

如果 x 为非叶子节点，对 x 的每个子节点 z，调用算法 DecryptNode(E,D,z)，算法输出记为 F_z。定义以下两个集合：

1) S_x：任意一个大小为 k_x 且使得 $F_z \neq \perp$ 的子节点 z 的集合；

2) $S'_x = \{\text{index}(z): z \in S_x\}$。

若不存在满足上述条件的 S_x，则输出“$\perp$”；否则，计算

$$\begin{aligned} F_x &= \prod_{z \in S_x} F_z^{\Delta_{i,S'_x}(0)}, i = \text{index}(z) \\ &= \prod_{z \in S_x} (e(g,g)^{s \cdot q_z(0)})^{\Delta_{i,S'_x}(0)} \\ &= \prod_{z \in S_x} (e(g,g)^{s \cdot q_{\text{parent}(z)}(\text{index}(z))})^{\Delta_{i,S'_x}(0)} \\ &= \prod_{z \in S_x} e(g,g)^{s \cdot q_x(i) \cdot \Delta_{i,S'_x}(0)} \\ &= e(g,g)^{s \cdot q_x(0)} \end{aligned}$$

解密算法从根节点开始调用上述函数，当且仅当密文满足访问树时可得 $\text{DecryptNode}(E, D, r) = e(g,g)^{ys} = Y^s$。最后，计算 E'/Y^s 得到明文 M。

定理 3.3 如果存在一个多项式时间的敌手可以在选择属性集合安全模型下攻破上述方案，则存在一个模拟算法能以不可忽略的优势解决判定性 BDH 问题。

证明：假定存在一个多项式时间的敌手 $\mathcal{A}$，其可以在选择属性集合模型下以 ε 的优势攻破上述方案，则可以构造一个模拟器 $\mathcal{B}$ 能用 $\varepsilon/2$ 的优势解决判定性 BDH 问题。模拟过程如下：

挑战者首先选取群 $\mathbb{G}$（生成元为 g）、群 $\mathbb{G}_T$ 和双线性映射 $e: \mathbb{G} \times \mathbb{G} \to \mathbb{G}_T$，并随机选取 $\mu \in \{0,1\}$。若 $\mu = 0$，设定 $(A,B,C,Z) = (g^a, g^b, g^c, e(g,g)^{abc})$。否则，设定 $(A,B,C,Z) = (g^a, g^b, g^c, e(g,g)^z)$，其中 a,b,c,z 均为随机数。$\mathcal{B}$ 收到 (A,B,C,Z) 后与 $\mathcal{A}$ 展开如下交互游戏，以判断 $(A,B,C,Z) \in P_{\text{BDH}}$ 还是 $(A,B,C,Z) \in R_{\text{BDH}}$，假定属性空间 $\mathcal{U}$ 已定义好并已公开。

- **预备阶段**：$\mathcal{B}$ 运行 $\mathcal{A}$，$\mathcal{A}$ 选择其欲挑战的属性集合 γ，并发送给 $\mathcal{B}$。
- **初始化**：$\mathcal{B}$ 设定参数 $Y = e(A,B) = e(g,g)^{ab}$。对任意 $i \in \mathcal{U}$，按如下方式设定 T_i，若 $i \in \gamma$，随机选择 $r_i \in Z_p$，并令 $T_i = g^{r_i}$（因此，$t_i = r_i$）；否则，随机选择 $\beta_i \in Z_p$ 并令 $T_i = g^{b\beta_i} = B^{\beta_i}$（因此，$t_i = b\beta_i$）。最后，发送公开参数至 $\mathcal{A}$。

- **询问 1**：$\mathcal{A}$ 适应性地对访问结构 $\mathcal{T}$ 发起私钥询问请求，其中 $\mathcal{T}$ 不能被挑战属性集合 γ 所满足。假定 $\mathcal{A}$ 在 $\mathcal{T}(\gamma)=0$ 的前提下对任意访问结构 $\mathcal{T}$ 发起私钥请求。为生成私钥，$\mathcal{B}$ 为访问树 $\mathcal{T}$ 上的每个节点指定一个 d_x 次多项式 Q_x。首先定义两个过程 PolySat 和 PolyUnsat，其描述如下。

$\mathrm{PolySat}(\mathcal{T}_x,\gamma,\lambda_x)$ 为以 x 为根节点且满足 $\mathcal{T}_x(\gamma)=1$ 的访问子树 $\mathcal{T}_x$ 的每一节点创建多项式。该过程的输入为 $\mathcal{T}_x$、属性集合 γ 和 $\lambda_x \in Z_p$，其运行步骤如下。

1）为根节点 x 选定一个 d_x 次多项式 q_x，其中 $q_x(0)=\lambda_x$，其余 d_x 个系数取为随机数；

2）调用过程 $\mathrm{PolySat}(\mathcal{T}_{x'},\gamma,q_x(\mathrm{index}(x')))$ 为 x 的每个子节点 x' 设置多项式，其中 $q_{x'}(0)=q_x(\mathrm{index}(x'))$。

$\mathrm{PolyUnsat}(\mathcal{T}_x,\gamma,g^{\lambda_x})$ 为以 x 为根节点且满足 $\mathcal{T}_x(\gamma)=0$ 的访问子树 $\mathcal{T}_x$ 的每一节点创建多项式。该过程的输入为访问子树 $\mathcal{T}_x$、属性集合 γ 和群元素 $g^{\lambda_x}\in\mathbb{G}$（其中 $\lambda_x\in Z_p$）。首先，为根节点 x 选定一个 d_x 次多项式 q_x，其中 $q_x(0)=\lambda_x$。由于 $\mathcal{T}_x(\gamma)=0$，因此不超过 d_x 个 x 的子节点满足条件。令 $h_x\leqslant d_x$ 为 x 的子节点中满足条件的个数。对于每一个满足条件的子节点 x'，随机选取 $\lambda_{x'}\in Z_p$，并设定 $q_x(\mathrm{index}(x'))=\lambda_{x'}$。然后，随机选定 q_x 剩余的 d_x-h_x 个点来确定 q_x。最后，对访问树中剩余节点递归定义多项式 q_x。对于每一个根节点 x 的子节点 x'，算法调用过程如下。

1）若 $\mathcal{T}_{x'}(\gamma)=1$，$\mathrm{PolySat}(\mathcal{T}_{x'},\gamma,q_x(\mathrm{index}(x')))$，其中 $q_x(\mathrm{index}(x'))$ 是已知的；

2）若 $\mathcal{T}_{x'}(\gamma)=0$，$\mathrm{PolyUnsat}(\mathcal{T}_{x'},\gamma,g^{q_x(\mathrm{index}(x'))})$。在该情况下，由于仅有 $g^{q_x(0)}$ 是已知的，因此只有 $g^{q_x(\mathrm{index}(x'))}$ 可被计算。

同样在这种情况下，对 x 的每个子节点 x' 都隐含地有 $q_{x'}(0)=q_x(\mathrm{index}(x'))$。针对访问树 $\mathcal{T}$ 的密钥生成过程如下：

1）$\mathcal{B}$ 首先运行 $\mathrm{PolyUnsat}(\mathcal{T},\gamma,A)$ 来为 $\mathcal{T}$ 的每个节点 x 定义一个多项式 q_x，其隐含地有 $q_\gamma(0)=a$；

2）$\mathcal{B}$ 为访问树 $\mathcal{T}$ 上的每个节点 x' 定义多项式 $Q_x(\cdot)=bq_x(\cdot)$，其隐含地有 $y=Q_\gamma(0)=ab$。对于每个叶子节点 x，令 $i=\mathrm{attr}(x)$，设定：

$$D_x=\begin{cases} g^{\frac{Q_x(0)}{t_i}}=g^{\frac{bq_x(0)}{r_i}}=B^{\frac{q_x(0)}{r_i}}, & i\in\gamma \\ g^{\frac{Q_x(0)}{t_i}}=g^{\frac{bq_x(0)}{b\beta_i}}=g^{\frac{q_x(0)}{\beta_i}}, & \text{其他} \end{cases}$$

综上，$\mathcal{B}$可按上述方式为访问树$\mathcal{T}$生成私钥，其分布与原方案相同。

- **挑战**：$\mathcal{A}$发送两个消息m_0和m_1给$\mathcal{B}$。$\mathcal{B}$随机选取$\upsilon\in\{0,1\}$，并返回关于m_υ的密文$E=(\gamma,E'=m_\upsilon Z,\{E_i=C^{r_i}\}_{i\in\gamma})$。若$\mu=0$，则$Z=e(g,g)^{abc}$。如果令$s=c$，则$Y^s=(e(g,g)^{ab})^c=e(g,g)^{abc}$，$E_i=(g^{r_i})^c=C^{r_i}$，因此，该密文是关于消息$m_\upsilon$的合法密文。否则，即$\mu=1$时，则$Z=e(g,g)^z$，$E'=m_\upsilon e(g,g)^z$。由于$z$是随机的，因此从$\mathcal{A}$的视角来看$E'$是$\mathbb{G}_T$中的一个随机元素，其不包含任何关于$m_\upsilon$的信息。
- **询问2**：与询问1类似。
- **猜测**：$\mathcal{A}$输出关于υ的猜想υ'。如果$\upsilon'=\upsilon$，则$\mathcal{B}$输出$\mu'=0$，表示其给定的是一个有效的BDH元组。否则，$\mathcal{B}$输出$\mu'=1$，表示其给定的是一个随机的四元组。

当$\mu=1$时，敌手得不到任何关于υ的信息，故$\Pr[\upsilon\neq\upsilon'|\mu=1]=1/2$。由于$\mathcal{B}$在$\upsilon\neq\upsilon'$的情况下猜测$\mu'=1$，故$\Pr[\mu=\mu'|\mu=1]=1/2$。当$\mu=0$时，敌手获得关于$m_\upsilon$的密文，根据定义在此情况下敌手的优势为$\varepsilon$，故$\Pr[\upsilon=\upsilon'|\mu=0]=1/2+\varepsilon$。由于$\mathcal{B}$在$\upsilon=\upsilon'$情况下猜测$\mu'=0$，故$\Pr[\mu=\mu'|\mu=0]=1/2+\varepsilon$。综上，$\mathcal{B}$的整体优势为：

$$\frac{1}{2}\Pr[\mu'=\mu|\mu=0]+\frac{1}{2}\Pr[\mu'=\mu|\mu=1]-\frac{1}{2}=\frac{1}{2}\left(\frac{1}{2}+\varepsilon\right)+\frac{1}{2}\times\frac{1}{2}-\frac{1}{2}=\frac{1}{2}\varepsilon$$

■

3.6　支持大属性集合的密钥策略属性基加密方案

在上一节的方案构造中，方案的公开参数的大小随属性数量线性增长，因此该方案仅适用于小属性集合的应用场景。本节将介绍一种支持大属性集合的密钥策略属性基加密方案。该方案与大属性集模糊标识加密方案类似，取Z_p^*为属性总体，构造中的公开参数随n线性增长，n是加密时最大属性集γ的大小。大属性集合的性质允许通过一个抗碰撞的哈希函数$H:\{0,1\}^*\rightarrow Z_p^*$把任意串映射到$Z_p^*$上，使得在系统初始化阶段无须考虑属性的设定。方案的参数设置和算法描述如下：

令 $\mathbb{G}$ 是素数阶为 p 的双线性群，g 是 $\mathbb{G}$ 的生成元。此外，$e:\mathbb{G}\times\mathbb{G}\rightarrow\mathbb{G}_T$ 表示双线性映射，安全参数 λ 决定双线性群的大小。对于 $i\in Z_p$ 和集合 S（集合元素取自 Z_p），定义拉格朗日系数 $\Delta_{i,S}(x)=\prod_{j\in S,\ j\neq i}\frac{x-j}{i-j}$。将每个属性与 Z_p^* 中不同且唯一的元素进行关联。

- **Setup**：系统初始化算法。该算法输入安全参数 λ，输出公开参数 pk 和主私钥 msk。算法选择一个随机值 $y\in Z_p$，令 $g_1=g^y$。随机选择 $g_2\in\mathbb{G}$。随后，从 $\mathbb{G}$ 中随机选择 $t_1,\cdots,t_{n+1}$，并令 $N=\{1,2,\cdots,n+1\}$。定义函数 $T(X)=g_2^{X^n}\prod_{i=1}^{n+1}t_i^{\Delta_{i,N}(X)}$，函数 $T(X)$ 可以看作存在某个 n 次多项式 $h(X)$ 使得 $T(x)=g_2^{X^n}g^{h(X)}$。输出公开参数 $\mathrm{pk}=(g_1,g_2,t_1,\cdots,t_{n+1})$，主私钥 $\mathrm{msk}=y$。
- **Encrypt**：加密算法。算法输入消息 m、属性集 γ 和公开参数 pk，输出密文为 E。算法随机选择 $s\in Z_p$，输出密文

$$E=(\gamma,E'=me(g_1,g_2)^s,E''=g^s,\{E_i=T(i)^s\}_{i\in\gamma})$$

- **KeyGen**：密钥生成算法。算法输入访问树 $\mathcal{T}$、公开参数 pk 和主私钥 msk，输出解密密钥 D。该解密密钥使得当属性集合 γ 满足 $\mathcal{T}(\gamma)=1$ 时，其能解密由 γ 加密的密文。算法过程如下。首先从根节点 r 开始以自顶向下方式遍历访问树 $\mathcal{T}$。为每一个节点 x（包括叶子节点）随机选择一个多项式 q_x，多项式次数为 $d_x=k_x-1$，其中 k_x 为节点 x 的门限值，x 的子节点数用 num_x 来表示，则 $0<k_x\leqslant\mathrm{num}_x$。多项式中 d_x 个非常数项系数随机选择，而常数项 $q_x(0)$ 按如下方式设定：

$$q_x(0)=\begin{cases}y & x=r\\ q_{\mathrm{parent}(x)}(\mathrm{index}(x)) & x\neq r\end{cases}$$

当所有节点的多项式定义完成后，对于每个叶子节点 x，随机选取 $r_x\in Z_p$，并按如下方式计算：$D_x=g_2^{q_x(0)}\cdot T(i)^{r_x}$，$R_x=g^{r_x}$，其中 $i=\mathrm{attr}(x)$。最后，输出解密密钥 $D=(D_x,R_x)$。
- **Decrypt**：解密算法。算法输入密文 E 和解密密钥 D，输出消息 M。首先定义一个递归算法 DecryptNode(E,D,x)，其输入是密文 $E=(\gamma,E',E'',\{E_i\}_{i\in\gamma})$、解密密钥 $D=\{D_x\}$（访问树为 $\mathcal{T}$）、$\mathcal{T}$ 的节点 x，输出为 $\mathbb{G}_T$ 上的群元素或者为 $\perp$。

令 $i=\text{attr}(x)$，若 x 是叶子节点，计算

$$\text{DecryptNode}(E,D,x)=\begin{cases}\dfrac{e(D_x,E'')}{e(R_x,E_i)}=\dfrac{e(g_2^{q_x(0)}\cdot T(i)^{r_x},g^s)}{e(g^{r_x},T(i)^s)} \\ \qquad =\dfrac{e(g_2^{q_x(0)},g^s)\cdot e(T(i)^{r_x},g^s)}{e(g^{r_x},T(i)^s)} \\ \qquad =e(g,g_2)^{s\cdot q_x(0)} & i\in\gamma \\ \perp & \text{其他情况}\end{cases}$$

如果 x 为非叶子节点，对 x 的每个子节点 z，调用算法 $\text{DecryptNode}(E,D,z)$，算法输出记为 F_z。定义以下两个集合：

1）S_x：任意一个大小为 k_x 且使得 $F_z\neq\perp$ 的子节点 z 的集合；

2）$S'_x=\{\text{index}(z):z\in S_x\}$。

若不存在满足上述条件的 S_x，则输出“$\perp$”；否则，计算

$$\begin{aligned}F_x&=\prod_{z\in S_x}F_z^{\Delta_{i,S'_x}(0)},i=\text{index}(z)\\&=\prod_{z\in S_x}(e(g,g_2)^{s\cdot q_z(0)})^{\Delta_{i,S'_x}(0)}\\&=\prod_{z\in S_x}(e(g,g_2)^{s\cdot q_{\text{parent}(z)}(\text{index}(z))})^{\Delta_{i,S'_x}(0)}\\&=\prod_{z\in S_x}e(g,g_2)^{s\cdot q_x(i)\cdot\Delta_{i,S'_x}(0)}\\&=e(g,g_2)^{s\cdot q_x(0)}\end{aligned}$$

解密算法从根节点开始调用上述函数，当且仅当密文满足访问树时可得 $\text{DecryptNode}(E,D,r)=e(g,g_2)^{ys}=e(g_1,g_2)^s$。最后，计算 $E'/e(g_1,g_2)^s$ 得到明文 M。

定理 3.4 如果存在一个多项式时间的敌手可以在选择属性集合模型下攻破上述方案，则存在一个模拟算法能以不可忽略的优势解决判定性 BDH 问题。

证明：假定存在一个多项式时间的敌手 $\mathcal{A}$，其可以在选择属性集合模型下以 ε

的优势攻破上述方案，则可以构造一个模拟器 $\mathcal{B}$ 能用 $\varepsilon/2$ 的优势解决判定性 BDH 问题。模拟过程如下。

挑战者首先做如下设置：选定群 $\mathbb{G}$（生成元为 g）、$\mathbb{G}_T$ 和双线性映射 $e:\mathbb{G}\times\mathbb{G}\rightarrow\mathbb{G}_T$。随机选取 $\mu\in\{0,1\}$。若 $\mu=0$，设置 $(A,B,C,Z)=(g^a,g^b,g^c,e(g,g)^{abc})$；否则，即若 $\mu=1$，设置 $(A,B,C,Z)=(g^a,g^b,g^c,e(g,g)^z)$，其中 a,b,c,z 均为随机数。$\mathcal{B}$ 收到 (A,B,C,Z) 后与敌手 $\mathcal{A}$ 进行以下交互游戏，以判断 $(A,B,C,Z)\in P_{\mathrm{BDH}}$ 还是 $(A,B,C,Z)\in R_{\mathrm{BDH}}$，假定属性空间 $\mathcal{U}$ 已定义好并已公开。

- **预备阶段**：$\mathcal{B}$ 运行 $\mathcal{A}$。$\mathcal{A}$ 选择其欲挑战的属性集合 γ，并发送给 $\mathcal{B}$。
- **初始化**：$\mathcal{B}$ 设置公开参数 $g_1=A$ 和 $g_2=B$，随机选择一个 n 次多项式 $f(X)$，并按如下方式构造另一个 n 次多项式 $u(X)$。

$$u(X)=\begin{cases}-X^n & X\in\gamma\\ \perp & X\notin\gamma\end{cases}$$

  其中，$-X^n$ 和 $u(X)$ 为两个 n 次多项式，其要么至多有 n 个点取值相同，要么完全相同，此种构造确保了当且仅当 $X\in\gamma$ 时，$\forall X$ 有 $u(X)=-X^n$。对于 $i\in[1,n+1]$，$\mathcal{B}$ 设置 $t_i=g_2^{u(i)}g^{f(i)}$。因为 $f(X)$ 为随机选取的 n 次多项式，故 t_i 是独立且随机的，由此隐含地有 $T(i)=g_2^{i^n+u(i)}g^{f(i)}$。

- **询问 1**：$\mathcal{A}$ 自适应性地对访问结构 $\mathcal{T}$ 发起私钥询问请求，其中 $\mathcal{T}$ 不能被挑战属性集合 γ 所满足。假定 $\mathcal{A}$ 在 $\mathcal{T}(\gamma)=0$ 的情况下对访问结构 $\mathcal{T}$ 发起私钥询问请求。$\mathcal{B}$ 需为访问树 $\mathcal{T}$ 上的每一个非叶子节点指定一个 d_x 次多项式 Q_x。与上一节中支持小属性集合的方案类似，$\mathcal{B}$ 先定义 PolySat 和 PolyUnsat 两个函数，并运行 PolyUnsat$(\mathcal{T},\gamma,A)$ 来为 $\mathcal{T}$ 的每个节点 x 定义一个多项式 q_x，其隐含地有 $q_r(0)=a$。对于 $\mathcal{T}$ 的每个叶子节点 x，如果 x 满足条件（即 $\mathcal{T}_x(\gamma)=1$），则 q_x 已知；如果 x 不满足条件，则至少 $g^{q_x(0)}$ 是已知的。

  对于每个叶子节点 x，令 $i=\mathrm{attr}(x)$，设置 x 对应的密钥组成部分为：

$$(D_x,R_x)=\begin{cases}D_x=g_2^{Q_x(0)}T(i)^{r_x}=g_2^{q_x(0)}T(i)^{r_x},R_x=g^{r_x} & i\in\gamma\\ D_x=g_3^{\frac{-f(i)}{i^n+u(i)}}(g_2^{i^n+u(i)}g^{f(i)})^{r'_x},R_x=g_3^{\frac{-1}{i^n+u(i)}}g^{r'_x} & \text{其他情况}\end{cases}$$

  其中，当 $i\notin\gamma$ 时，有 $g_3=g^{Q_x(0)}=g^{q_x(0)}$，$r'_x$ 随机选取自 Z_p。对于所有的

$i \notin \gamma$，$i^n + u(i)$ 为非零值。如果设定 $r_x = r'_x - \frac{q_x(0)}{i^n + u(i)}$，则上述所设定的密钥成分是合法的，则有

$$
\begin{aligned}
D_x &= g_3^{\frac{-f(i)}{i^n+u(i)}} (g_2^{i^n+u(i)} g^{f(i)})^{r'_x} \\
&= g^{\frac{-q_x(0)f(i)}{i^n+u(i)}} (g_2^{i^n+u(i)} g^{f(i)})^{r'_x} \\
&= g_2^{q_x(0)} (g_2^{i^n+u(i)} g^{f(i)})^{\frac{-q_x(0)f(i)}{i^n+u(i)}} (g_2^{i^n+u(i)} g^{f(i)})^{r'_x} \\
&= g_2^{q_x(0)} (g_2^{i^n+u(i)} g^{f(i)})^{r'_x - \frac{q_x(0)}{i^n+u(i)}} \\
&= g_2^{q_x(0)} (T(i))^{r_x} \\
&= g_2^{Q_x(0)} T(i)^{r_x}
\end{aligned}
$$

$$
R_x = g_3^{\frac{-1}{i^n+u(i)}} g^{r'_x} = g^{r'_x - \frac{q_x(0)}{i^n+u(i)}} = g^{r_x}
$$

综上，$\mathcal{B}$ 能为访问结构 $\mathcal{T}$ 构造私钥，其分布与原方案是相同的。

- **挑战**：$\mathcal{A}$ 发送两个挑战消息 m_0 和 m_1 给 $\mathcal{B}$。$\mathcal{B}$ 随机选取比特 $\upsilon \in \{0,1\}$，并返回关于 m_υ 的密文 $E = (\gamma, E' = m_\upsilon Z, E'' = C, \{E_i = C^{f(i)}\}_{i \in \gamma})$。如果 $\mu = 0$，则 $Z = e(g,g)^{abc}$，对应密文为：$E = (\gamma, E' = m_\upsilon e(g,g)^{abc}, E'' = g^c, \{E_i = (g^c)^{f(i)} = T(i)^c\}_{i \in \gamma})$，因此，密文 E 是关于消息 m_υ 的合法密文。否则，即 $\mu = 1$ 时，$Z = e(g,g)^z$，$E' = m_\upsilon e(g,g)^z$。由于 z 是随机的，从 $\mathcal{A}$ 的视角来看 E' 是 $\mathbb{G}_T$ 中的一个随机元素，其不包含任何关于 m_υ 的信息。
- **询问 2**：与询问 1 类似。

  猜测：$\mathcal{A}$ 输出关于 υ 的猜想 υ'，如果 $\upsilon' = \upsilon$，则 $\mathcal{B}$ 会输出 $\mu' = 0$，表示其给定的是一个有效的 BDH 元组。否则，$\mathcal{B}$ 输出 $\mu' = 1$，表示其给定的是一个随机的四元组。

当 $\mu = 1$ 时，$\mathcal{A}$ 得不到任何关于 υ 的信息，故 $\Pr[\upsilon \neq \upsilon' | \mu = 1] = 1/2$。由于 $\mathcal{B}$ 在 $\upsilon' \neq \upsilon$ 的情况下猜测 $\mu' = 1$，故 $\Pr[\mu = \mu' | \mu = 1] = 1/2$。当 $\mu = 0$ 时，$\mathcal{A}$ 得到关于 m_υ 的密文，由于 $\mathcal{A}$ 优势为 ε，故 $\Pr[\upsilon = \upsilon' | \mu = 0] = 1/2 + \varepsilon$。当 $\upsilon = \upsilon'$时，$\mathcal{B}$ 猜测 $\mu' = 0$，故 $\Pr[\mu = \mu' | \mu = 0] = 1/2 + \varepsilon$。

综上，$\mathcal{B}$ 的整体优势为：

$$\frac{1}{2}\Pr[\mu'=\mu\mid\mu=0]+\frac{1}{2}\Pr[\mu'=\mu\mid\mu=1]-\frac{1}{2}=\frac{1}{2}\left(\frac{1}{2}+\varepsilon\right)+\frac{1}{2}\times\frac{1}{2}-\frac{1}{2}=\frac{1}{2}\varepsilon$$

■

3.7 基于密文策略的属性基加密方案

Waters 于 2011 年给出了首个在标准模型下可证明安全、高效、表达能力强（支持任意单调访问结构）的密文策略属性基加密系统。本节主要介绍该方案的构造及证明方法。

3.7.1 困难问题假设

判定性并行双线性 Diffie-Hellman 指数问题（Decisional q-parallel Bilinear Diffie-Hellman Exponent，q-parallel BDHE）：定义 $\mathbb{G}$ 是阶为素数 p 的群，g 为 $\mathbb{G}$ 的生成元，双线性映射 $e:\mathbb{G}\times\mathbb{G}\to\mathbb{G}_T$。随机选择 $a,s,b_1,\cdots,b_q\in Z_p$，发送如下参数给敌手：

$$P=\left\{\begin{array}{l} g,g^s,g^a,\cdots,g^{a^q},,g^{a^{q+2}},\cdots,g^{a^{2q}}, \\ \forall_{1\leqslant j\leqslant q} g^{s\cdot b_j},g^{a/b_j},\cdots,g^{a^q/b_j},\cdots,g^{a^{q+2}/b_j},\cdots,g^{a^{2q}/b_j} \\ \forall_{1\leqslant j,k\leqslant q,k\neq j} g^{a\cdot s\cdot b_k/b_j},\cdots,g^{a^q\cdot s\cdot b_k/b_j} \end{array}\right\}$$

判定性 q-parallel BDHE 假设是指不存在多项式时间的算法可以以不可忽略的优势区分 $P_{q\text{-parallel BDHE}}=\{(P,T=e(g,g)^{a^{q+1}s})\}$ 和 $R_{q\text{-parallel BDHE}}=\{(P,T=R)\}$，其中 R 为 $\mathbb{G}_T$ 中的一个随机元素。

3.7.2 CP-ABE 安全模型

密文策略属性基加密方案（记为 IV）的安全模型通过以下在敌手 $\mathcal{A}$ 与挑战者之间运行的交互游戏来定义，其具体定义如下：

- **初始化阶段**：挑战者运行初始化算法并将公开参数 pk 发送给敌手。
- **询问 1**：敌手发起一系列对应于属性集合 $S_1,\cdots,S_{q_1}$ 的密钥询问。
- **挑战**：敌手提交两个等长的消息 M_0 和 M_1。此外敌手提交一个挑战访问结构 $\mathbb{A}^*$，其不能被询问 1 中任何一个属性集合 $S_1,\cdots,S_{q_1}$ 所满足。挑战者随机选择 $b\in\{0,1\}$，并在访问结构 $\mathbb{A}^*$ 下加密 M_b，将生成的密文 CT^* 发送给敌手。
- **询问 2**：类似于询问 1，其约束条件所提交的密钥询问所对应的属性集合

$S_{q_1+1},\cdots,S_q$ 不能满足挑战访问结构 $\mathbb{A}^*$。

- **猜测**：敌手输出猜测 $b'\in\{0,1\}$，如果 $b'=b$，则敌手攻击成功。

上述安全游戏中敌手的优势定义为关于安全参数 λ 的函数：

$$\mathrm{Adv}_{\mathrm{IV},\mathcal{A}}(\lambda)=\left|\Pr[b'=b]-\frac{1}{2}\right|$$

定义 3.9 如果对任何多项式时间的敌手 $\mathcal{A}$ 在上述游戏中的优势是可忽略的，则称 IV 是一个安全的密文策略属性基加密方案。

在上述交互游戏中，如果在初始化阶段前需加上一个预备阶段，敌手需在此阶段声明其欲挑战访问结构 $\mathbb{A}^*$，则称 IV 是选择安全的。

3.7.3 方案构造

本节所介绍方案的参数设置和算法描述如下：令 $\mathbb{G}$ 是阶为素数 p 的群，g 为 $\mathbb{G}$ 的生成元，$e:\mathbb{G}\times\mathbb{G}\to\mathbb{G}_T$ 表示双线性映射，$\mathcal{U}$ 为属性空间，其大小记为 $|\mathcal{U}|$。下述构造的加密算法将输入一个 LSSS 访问矩阵 $\boldsymbol{M}$，并根据 $\boldsymbol{M}$ 共享一个随机指数 $s\in Z_p$。

- **Setup**：系统初始化算法。该算法输入系统中的属性个数，输出公开参数 pk 和主私钥 msk。算法选择一个阶为素数 p 的群 $\mathbb{G}$（生成元为 g）和 U 个随机群元素 $h_1,\cdots,h_U\in\mathbb{G}$ 以对应于系统中的 U 个属性。此外，算法选取随机数 $\alpha,a\in Z_p$。最后，输出公开参数 $\mathrm{pk}=(g,e(g,g)^{\alpha},g^{a},h_1,\cdots,h_U)$ 和主私钥 $\mathrm{msk}=g^{\alpha}$。
- **Encrypt**：加密算法。该算法输入公开参数 pk、待加密的消息 m 以及一个 LSSS 结构访问策略 $(\boldsymbol{M},\rho)$（其中 $\boldsymbol{M}$ 是一个 $l\times n$ 矩阵，函数 ρ 为 $\boldsymbol{M}$ 的每一行指定一个属性），输出密文 CT。算法首先选择一个随机向量 $\vec{v}=(s,y_2,\cdots,y_n)\in Z_p^n$，这些值被用来分享指数 s。对于 $i=1$ 到 l，计算 $\lambda_i=\vec{v}\cdot\boldsymbol{M}_i$，其中 $\boldsymbol{M}_i$ 为矩阵 $\boldsymbol{M}$ 的第 i 行值。此外，算法随机选择 $r_1,\cdots,r_l\in Z_p$，输出密文为

$$\mathrm{CT}=(C=me(g,g)^{\alpha s},C'=g^{s},(C_1=g^{a\lambda_1}h_{\rho(1)}^{-r_1},D_1=g^{r_1}),\cdots,(C_l=g^{a\lambda_l}h_{\rho(l)}^{-r_n},D_l=g^{r_l}))$$

  其中 $(\boldsymbol{M},\rho)$ 包含于密文中。
- **KeyGen**：密钥生成算法。该算法输入主私钥 msk 和属性集合 S，输出解密密钥 sk。算法选择一个随机数 $t\in Z_p$，输出解密密钥 $\mathrm{sk}=(K=g^{\alpha}g^{at},L=g^{t},K_x=h_x^{t})$，其中 $x\in S$。

- **Decrypt**：解密算法。该算法输入访问结构（$\boldsymbol{M},\rho$）对应的密文CT、属性集合S对应的私钥sk，输出消息m或“⊥”。假设S满足访问结构，并定义$I\subset\{1,2,\cdots,l\}$为$I=\{i:\rho(i)\in S\}$。令$\{\omega_i\in Z_p|i\in I\}$为满足如下条件的常数集合。如果$\{\lambda_i\}$是秘密$s$的有效秘密分享，则有$\sum_{i\in I}\omega_i\lambda_i=s$（注意$\omega_i$值的选择不唯一）。算法计算

$$e(C',K)\Big/\Big(\prod_{i\in I}(e(C_i,L)e(D_i,K_{\rho(i)}))^{\omega_i}\Big)=e(g,g)^{\alpha s}e(g,g)^{ast}\Big/\Big(\prod_{i\in I}e(g,g)^{ta\lambda_i\omega_i}\Big)$$
$$=e(g,g)^{\alpha s}$$

最后，计算$C/e(g,g)^{\alpha s}$得到消息m。

定理 3.5 假设判定性q-parallel BDHE假设成立，那么针对$l^*\times n^*$（$l^*,n^*\leqslant q$）挑战矩阵，不存在一个多项式时间算法的敌手可以在选择性安全模型中攻破上述方案。

证明：在选择性安全模型下，假设存在多项式时间的敌手$\mathcal{A}$能以ε的优势攻破该方案。假设$\mathcal{A}$欲挑战的矩阵的两个维数最多为q，则可以构造一个模拟算法$\mathcal{B}$能以不可忽略的优势解决判定性q-parallel BDHE问题。

- **预备阶段**：$\mathcal{B}$首先获得q-parallel BDHE的挑战实例P，T。$\mathcal{A}$发送其欲挑战的访问结构（$\boldsymbol{M}^*,\rho^*$）给$\mathcal{B}$，其中$\boldsymbol{M}^*$有n^*列。
- **初始化**：$\mathcal{B}$随机选取$\alpha'\in Z_p$，通过设定$e(g,g)^{\alpha}=e(g^a,g^{a^q})e(g,g)^{\alpha'}$隐式地设置$\alpha=\alpha'+a^{q+1}$。$\mathcal{B}$按以下方式“编码”群元素$h_1,h_2,\cdots,h_{|\mathcal{U}|}$。对任意$x(1\leqslant x\leqslant|\mathcal{U}|)$，选择随机数$z_x$。令$X$为使得$\rho^*(i)=x$的指标$i$的集合。设置$h_x$为

$$h_x=g^{z_x}\prod_{i\in X}g^{aM^*_{i,1}/b_i}\cdot g^{a^2M^*_{i,2}/b_i}\cdots g^{a^{n^*}M^*_{i,n^*}/b_i}$$

注意，若$X=\varnothing$，则$h_x=g^{z_x}$。同时，鉴于g^{z_x}的随机性，上述设置的参数都是随机分布的。

- **询问1**：$\mathcal{A}$对不满足矩阵$\boldsymbol{M}^*$的集合S发起密钥询问。$\mathcal{B}$首先选择随机数$r\in Z_p$，求向量$\vec{w}=(w_1,\cdots,w_n^*)\in Z_p^n$使得$w_1=-1$且对所有满足$\rho^*(i)\in S$的$i$，

有 $\vec{w} \cdot \boldsymbol{M}_i^* = 0$。由 LSSS 的定义可知满足上述条件的向量一定存在，否则向量 $(1,0,0,\cdots,0)$ 在 S 的张成空间中。$\mathcal{B}$ 随后通过设置 $L = g^r \prod_{i=1,\cdots,n^*} (g^{a^{q+1-i}})^{w_i} = g^t$ 以隐式地设定 $t = r + w_1 a^q + w_2 a^{q-1} + \cdots + w_{n^*} a^{q-n^*+1}$。通过上述对 t 的设定，使得 g^{at} 包含项 $g^{-a^{q+1}}$，其在构造 K 时可消掉未知项 g^α。$\mathcal{B}$ 随后计算 $K = g^{\alpha'} g^{ar} \prod_{i=2,\cdots,n^*} (g^{a^{q+2-i}})^{w_i}$。同时，对 $\forall x \in S$，需计算 K_x。首先考虑 $x \in S$，不存在 i 使得 $\rho^*(i) = x$ 的情况。在该种情况下，可以简单地令 $K_x = L^{z_x}$。当 $x \in S$ 时，由于 $\mathcal{B}$ 无法模拟 g^{a^{q+1}/b_i}，因此必须保证 K_x 的表达式中没有包含形如 g^{a^{q+1}/b_i} 的项。然而，由于 $\boldsymbol{M}_i^* \cdot \vec{w} = 0$，故这种形式的所有式子都能被消掉。再次令 X 表示使得 $\rho^*(i) = x$ 的所有指标 i 的集合，$\mathcal{B}$ 按照如下方式设置 K_x：

$$K_x = L^{z_x} \prod_{i \in X} \prod_{j=1,\cdots,n^*} \left(g^{(a^j/b_i)r} \prod_{k=1,\cdots,n^*, k \neq j} \left(g^{a^{q+1+j-k}/b_i} \right)^{w_k} \right)^{M_{i,j}^*}$$

- **挑战**：$\mathcal{A}$ 向 $\mathcal{B}$ 提交两个挑战消息 m_0 和 m_1。$\mathcal{B}$ 随机选取比特 $\beta \in \{0,1\}$，计算 $C = m_\beta \cdot Z \cdot e(g^s, g^{\alpha'})$ 和 $C' = g^s$。在求 (C_i, D_i) 时（其中 $(i=1,2,\cdots,l)$），$\mathcal{B}$ 选择随机数 $y_2', \cdots, y_{n^*}'$，并使用下面的向量对 s 进行秘密分割：$\vec{v} = (s, sa + y_2', sa^2 + y_3', \cdots, sa^{n-1} + y_{n^*}') \in Z_p^{n^*}$。此外，$\mathcal{B}$ 选择随机数 $r_1', \cdots, r_l'$。对于 $i = 1, \cdots, n^*$，定义 R_i 为满足 $k \neq i$ 并使得 $\rho^*(i) = \rho^*(k)$ 的所有 k 的集合，即与第 i 行具有相同属性的其他行的行指标集合。$\mathcal{B}$ 按如下方式设置挑战密文中的 (C_i, D_i)：

$$C_i = h_{\rho^*(i)}^{r_i'} \left(\prod_{j=2,\cdots,n^*} (g^a)^{M_{i,j}^* y_j'} \right) (g^{b_i \cdot s})^{-z_{\rho^*(i)}} \cdot \left(\prod_{k \in R_i} \prod_{j=1,\cdots,n^*} \left(g^{a^j \cdot s \cdot (b_i/b_k)} \right)^{M_{k,j}^*} \right),$$

$$D_i = g^{-r_i'} g^{-sb_i}$$

- **询问 2**：与询问 1 类似。
- **猜测**：$\mathcal{A}$ 输出对 β 的猜测 β'。若 $\beta = \beta'$，$\mathcal{B}$ 输出 0 以猜测 $T = e(g,g)^{a^{q+1}s}$；否则，$\mathcal{B}$ 输出 1 以表示 T 是 $\mathbb{G}_T$ 的一个随机群元素。

当 T 是一个有效元组时，$\mathcal{B}$ 完美地模拟上述游戏，故 $\Pr[\mathcal{B}(P, T = e(g,g)^{a^{q+1}s}) = 0] = 1/2 + \mathrm{Adv}_\mathcal{A}$。当 T 是一个随机群元素时，消息 m_β 对敌手而言是完全隐藏的，故 $\Pr[\mathcal{B}(P, T = R) = 0] = 1/2$。因此，$\mathcal{B}$ 能以不可忽略的优势解决判定性 q-parallel BDHE 问题。 ■

3.8 本章小结

本章简要介绍了属性基加密相关背景和构造，分别给出了密文策略属性基加密和密钥策略属性基加密的算法定义及安全模型，并介绍了五个较为经典的属性基加密方案——模糊标识基加密方案、支持大属性集合的模糊标识加密方案、密钥策略属性基加密方案、支持大属性集合的密钥策略属性基加密方案和密文策略属性基加密方案及相应的安全性分析。本章通过对五种经典属性基加密方案构造的介绍和安全性证明，向初学者展示了属性基加密的构造技巧和证明方法，具有一定的借鉴意义。近年来，越来越多支持不同安全级别、不同功能的属性基加密被不断提出，感兴趣的读者可自行扩展阅读。

习题

1. 属性基加密系统通常分为哪些种类？
2. 密文策略属性基加密系统的主要特点是什么？
3. 密钥策略属性基加密系统的主要特点是什么？
4. 访问结构的定义是什么？
5. 线性秘密共享方案的定义是什么？
6. 请简述密文策略属性基加密的定义。
7. 请简述密钥策略属性基加密的定义。

参考文献

[1] 宁建廷．可追踪与解密外包属性基加密研究［D］．上海：上海交通大学，2016：31-34.
[2] SAHAI A，WATERS B. Fuzzy identity-based encryption［C］// EUROCRYPT. 2005：457-473.
[3] 杨波．密码学中的可证明安全性［M］．北京：清华大学出版社，2017：185-213.
[4] GOYAL V，PANDEY O，SAHAI A，et al. Attribute-based encryption for fine-grained access control of encrypted data［C］// CCS. 2006：89-98.
[5] WATERS B. Ciphertext-policy attribute-based encryption：an expressive，efficient，and provably secure realization［J］. Public key cryptography，2011：53-70.

4 Chapter

第4章 门限加密

4.1 引言

门限加密（Threshold Encryption，TE）的概念由 Yvo G. Desmedt 于 1994 年提出，该方法通过将解密私钥分发给多个解密服务器以实现解密权的分享。在解密过程中，解密服务器独立生成各自的解密份额。密文持有者通过收集门限值数目的解密份额，恢复完整明文。一方面，门限加密系统中每一次关键信息的计算都必须由至少门限值数目的实体合作，避免了单一私钥持有者滥用权力。另一方面，当少于门限值数目的参与实体发生故障时，关键信息的计算不受影响。门限加密保证了关键信息的安全生成、保存和使用，已被广泛地应用于分布式系统中。

门限加密的具体流程如图 4-1 所示，参与成员（解密服务器）协作完成系统初始化，其中系统参数公开而秘密信息（私钥）为所有成员协作保存。数据拥有者借助系统公开参数对消息执行加密算法并将密文发送给各参与成员。大于门限值数目的成员诚实执行解密算法能够有效恢复出被分享的数据信息。

当前大多门限加密的应用都需要方案满足选择密文安全。换句话说，门限加密方案在允许敌手询问解密谕言机的情况下依然安全。本章首先回顾了门限加密的形式化定义及选择密文攻击下的安全模型。随后，介绍了两个典型的选择密文安全门限加密方案，并分别在随机谕言机模型下和标准模型下讨论了它们

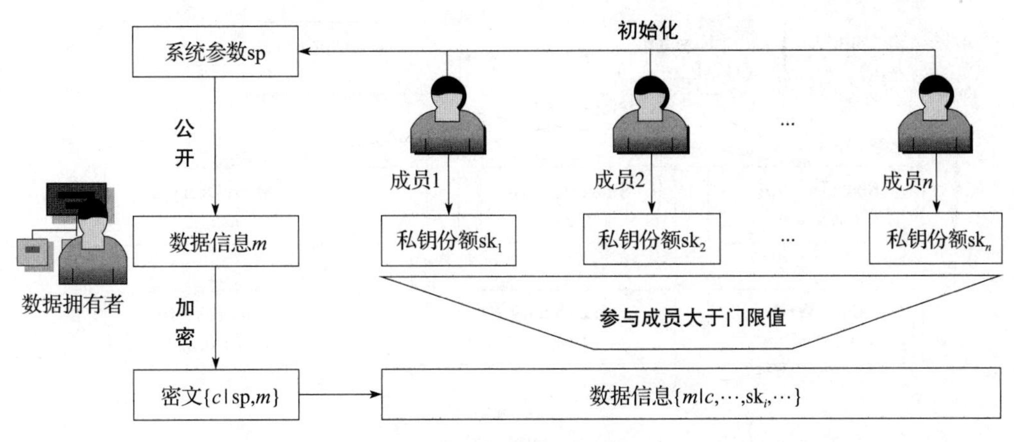

图 4-1　门限加密流程图

在选择密文攻击时的安全性论证。最后，介绍了将门限加密及其安全性推广至标识公钥密码体系的通用设计，该设计在随机谕言机模型下是可证明安全的。

4.2　门限加密方案

门限加密（TE）由以下五个多项式时间算法组成，算法流程如图 4-2 所示。

- 密钥生成算法 $(\mathrm{pk},\mathrm{vk},\overrightarrow{\mathrm{sk}})\leftarrow\mathrm{KeyGen}(\Lambda,n,t)$：算法输入系统安全参数 Λ、解密服务器数量 n 及门限值 $t(1\leqslant t\leqslant n)$，输出三元组 $(\mathrm{pk},\mathrm{vk},\overrightarrow{\mathrm{sk}})$，其中 pk 表示公钥、vk 表示验证密钥、$\overrightarrow{\mathrm{sk}}=(\mathrm{sk}_1,\cdots,\mathrm{sk}_n)$ 表示系统私钥份额的向量。解密服务器 Γ_i 接收私钥份额 (i,sk_i) 并利用其基于给定密文提取解密份额。验证密钥 vk 被用来校验解密服务器返回解密份额的有效性。
- 加密算法 $c\leftarrow\mathrm{Encrypt}(\mathrm{pk},m)$：算法输入公钥 pk 及明文消息 m，输出密文 c。
- 部分解密算法 $(i,\mu_i/\perp)\leftarrow\mathrm{ShareDecrypt}(\mathrm{pk},i,\mathrm{sk}_i,c)$：算法输入公钥 pk、密文 c 及第 i 个私钥份额 sk_i，输出加密消息的解密份额 (i,μ_i) 或特殊符号 $(i,\perp)$。
- 份额验证算法 $1/0\leftarrow\mathrm{ShareVerify}(\mathrm{pk},\mathrm{vk},c,\mu_i)$：算法输入公钥 pk、验证密钥 vk、密文 c 及解密份额 μ_i，当 μ_i 是密文 c 的有效份额时则输出“1”，否则输出“0”。
- 份额联合算法 $m/\perp\leftarrow\mathrm{ShareCombine}(\mathrm{pk},\mathrm{vk},c,\{\mu_1,\cdots,\mu_t\})$：算法输入公钥 pk、验证密钥 vk、密文 c 及 t 个解密份额 $\{\mu_1,\cdots,\mu_t\}$，输出消息 m 或失败符号“$\perp$”。

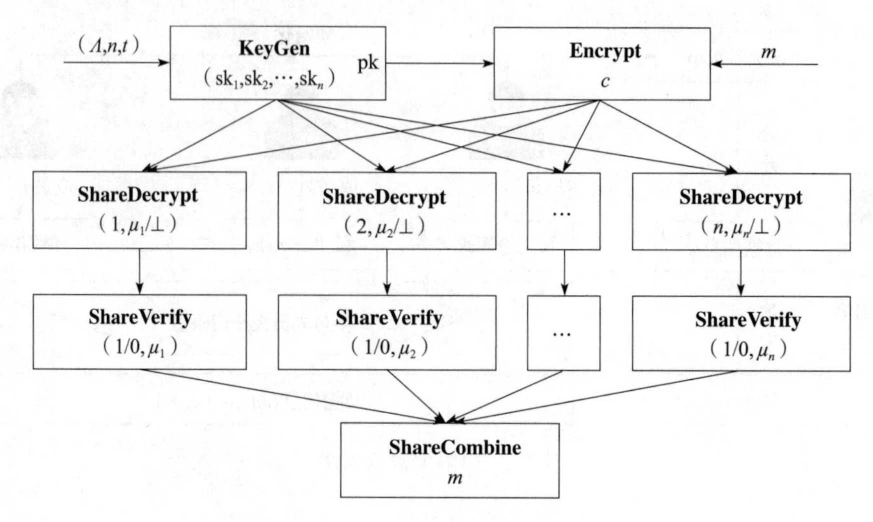

图 4-2 门限加密算法流程图

TE 方案正确性要求：

1）对任意密文 c，如果 $(i, \mu_i) \leftarrow \text{ShareDecrypt}(\text{pk}, i, \text{sk}_i, c)$，其中 sk_i 是私钥的第 i 个份额，那么

$$\text{ShareVerify}(\text{pk}, \text{vk}, c, \mu_i) = 1$$

2）如果 c 是 $\text{Encrypt}(\text{pk}, m)$ 的输出且 $\{\mu_1, \cdots, \mu_t\}$ 是基于 t 个不同解密服务器生成的有效解密份额集 $(i, \mu_i) \leftarrow \text{ShareDecrypt}(\text{pk}, i, \text{sk}_i, c)$，那么

$$m \leftarrow \text{ShareCombine}(\text{pk}, \text{vk}, c, \{\mu_1, \cdots, \mu_t\})$$

4.3 安全模型

标准 TE 方案应满足两个安全要求——选择密文安全和解密一致性，本节将详细阐释这两种安全特性的定义。

4.3.1 选择密文安全

该安全模型由挑战者 $\mathcal{C}$ 和敌手 $\mathcal{A}$ 之间的模拟游戏来刻画，其中安全参数为 Λ，解密服务器数量为 n 及门限值为 t。具体来说，游戏共分为以下六个阶段：

- **阶段一**：敌手选定 $t-1$ 个被勾结的解密服务器的集合 $\Gamma \subset \{\Gamma_1, \cdots, \Gamma_n\}$。
- **阶段二**：挑战者运行 KeyGen（Λ, n, t）以生成系统参数的一个随机实例

$(\mathrm{pk},\mathrm{vk},\overrightarrow{\mathrm{sk}})$，其中$\overrightarrow{\mathrm{sk}}=(\mathrm{sk}_1,\cdots,\mathrm{sk}_n)$。同时，将 pk、vk 及 sk_j 发送给敌手 Γ_j，其中 $\Gamma_j\in\Gamma$。

- **阶段三**：敌手适应性地发起关于 (c,i) 的解密询问，其中 $c\in\{0,1\}^*$ 且 $i\subset\{1,\cdots,n\}$。挑战者通过运行 $\mathrm{ShareDecrypt}(\mathrm{pk},i,\mathrm{sk}_i,c)$ 响应询问。
- **阶段四**：上一阶段询问结束后，敌手选定两个等长的消息 m_0、m_1 并将其发送给挑战者。挑战者随机选取一个比特 $b\in\{0,1\}$，计算 $c^*=\mathrm{Encrypt}(\mathrm{pk},m_b)$ 并将 c^* 发送给敌手。
- **阶段五**：敌手以自适应的方式继续进行解密询问 (c,i)，其中 $c\neq c^*$。挑战者按照阶段三的方式响应询问。
- **阶段六**：敌手输出 1 比特的猜测结果 $b'\in\{0,1\}$。如果 $b=b'$，则敌手获胜。

以上游戏中，敌手获胜的优势定义为

$$\mathrm{AdvTE}_{\mathcal{A}\,\mathrm{CCA}}^{n,t}(\Lambda)=\left|\Pr[b=b']-\frac{1}{2}\right|$$

4.3.2 解密一致性

解密一致性同样由挑战者 $\mathcal{C}$ 和敌手 $\mathcal{A}$ 之间的模拟游戏来刻画，游戏具体分为以下四个阶段：

- **阶段一**：敌手选定 $t-1$ 个被勾结的解密服务器的集合 $\Gamma\subset\{\Gamma_1,\cdots,\Gamma_n\}$。
- **阶段二**：挑战者运行 $\mathrm{KeyGen}(\Lambda,n,t)$ 以生成系统参数的一个随机实例 $(\mathrm{pk},\mathrm{vk},\overrightarrow{\mathrm{sk}})$，其中$\overrightarrow{\mathrm{sk}}=(\mathrm{sk}_1,\cdots,\mathrm{sk}_n)$。同时，将 pk、vk 及 sk_j 发送给敌手 Γ_j，其中 $\Gamma_j\in\Gamma$。
- **阶段三**：敌手适应性地发起关于 (c,i) 的解密询问，其中 $c\in\{0,1\}^*$ 且 $i\subset\{1,\cdots,n\}$。挑战者通过运行 $\mathrm{ShareDecrypt}(\mathrm{pk},i,\mathrm{sk}_i,c)$ 响应询问。
- **阶段四**：上一阶段结束后，敌手输出一个密文 c、两个元素个数为 t 的解密份额集 $\mu=(\mu_1,\cdots,\mu_t)$ 及 $\mu'=(\mu_1',\cdots,\mu_t')$。如果以下条件满足，则敌手获胜：

1）解密份额集 μ 和 μ' 是密文 c 在验证密钥 vk 下的有效解密份额集；

2）解密份额集 μ 和 μ' 中的元素源自 t 个不同的解密服务器；

3）$\mathrm{ShareCombine}(\mathrm{pk},\mathrm{vk},c,\mu)\neq\mathrm{ShareCombine}(\mathrm{pk},\mathrm{vk},c,\mu')$。

敌手获胜的优势表示为 $\mathrm{AdvTE}_{\mathcal{A}\,\mathrm{CD}}^{n,t}(\Lambda)$。

定义 4.1　在上述游戏中，对于满足 $0<t\leqslant n$ 的任意 n 和 t，如果对任何一个多项式时间的敌手，其获胜的优势 $\mathrm{AdvTE}_{\mathcal{A}\,\mathrm{CCA}}^{n,t}(\Lambda)$ 和 $\mathrm{AdvTE}_{\mathcal{A}\,\mathrm{CD}}^{n,t}(\Lambda)$ 都是可忽略的，则称门限加密方案 TE 是安全的。

4.4　Shoup-Gennaro 方案

本节给出由 Victor Shoup 和 Rosario Gennaro 于 1998 年提出的门限加密方案，方案在保证解密一致性的同时实现了随机谕言机模型下的选择密文安全性。

4.4.1　方案描述

方案的构造基于 q 阶循环群 $\mathbb{G}$ 且其生成元为 g。方案具体执行涉及四个密码学哈希函数：$H_1:\mathbb{G}\to\{0,1\}^l$，$H_2:\{0,1\}^l\times\{0,1\}^l\times\mathbb{G}\times\mathbb{G}\to\mathbb{G}$，$H_3,H_4:\mathbb{G}\times\mathbb{G}\times\mathbb{G}\to Z_q$，其中 q 为素数，l 为消息及标签的比特串长度。方案的具体表述如下：

- 密钥生成算法 $(\mathrm{pk},\mathrm{vk},\overrightarrow{\mathrm{sk}})\leftarrow\mathrm{KeyGen}(\Lambda,n,t)$：基于安全参数 Λ，针对 (t,n) 门限方案，随机挑选 $f_0,\cdots,f_{t-1}\in Z_q$ 并定义多项式 $F(X)=\sum_{j=0}^{t-1}f_jX^j\in Z_q[X]$。设置 $x_i=F(i)\in Z_q$ 和 $h_i=g^{x_i}$。为了表述一致性，本方案中令 $x_0=F(0)$ 和 $h=h_0=g^x$。在此，公钥 pk 包含群 $\mathbb{G}$、生成元 g 及元素 h。验证密钥 vk 涉及公钥 pk、群元素集合 $(h_1,\cdots,h_n)$。对每一个私钥份额 sk_i 包含公钥 pk、索引 i 及元素 $x_i\in Z_q$。
- 加密算法 $c\leftarrow\mathrm{Encrypt}(\mathrm{pk},m)$：给定公钥 pk、明文消息 $m\in\{0,1\}^l$ 及相应标签 $L\in\{0,1\}^l$，随机选取 $r,s\in Z_q$ 并计算 $\bar{c}=H_1(h^r)\oplus m$，$u=g^r$，$w=g^s$，$\bar{g}=H_2(\bar{c},L,u,w)$，$\bar{u}=\bar{g}^r$，$\bar{w}=\bar{g}^s$，$e=H_3(\bar{g},\bar{u},\bar{w})$，$f=s+re$。至此，密文被设置为 $c=(\bar{c},L,u,\bar{u},e,f)$，其中密文含有关于离散对数的零知识证明 $\log_g u=\log_{\bar{g}}\bar{u}$。
- 部分解密算法 $(i,\mu_i/\perp)\leftarrow\mathrm{ShareDecrypt}(\mathrm{pk},i,\mathrm{sk}_i,c)$：给定公钥 pk 及密文 c，解密服务器 Γ_i 运行校验等式 $e=H_3(\bar{g},\bar{u},\bar{w})$，其中 $w=g^f/u^e$，$\bar{g}=H_2(\bar{c},L,u,w)$，$\bar{w}=\bar{g}^f/\bar{u}^e$。如果等式不成立，则输出 $(i,\perp)$。否则随机选择 $s_i\in Z_q$ 且基于自身拥有的私钥份额 sk_i 计算 $u_i=u^{x_i}$，$\hat{u}_i=u^{s_i}$，$\hat{h}_i=g^{s_i}$，$e_i=H_4(u_i,\hat{u}_i,\hat{h}_i)$，$f_i=s_i+x_ie_i$ 并最终输出 $\mu_i=(i,u_i,e_i,f_i)$。在此，基于

已知 vk、c 及 μ_i，提取出 Diffie-Hellman 元组（u, h_i, u_i）且满足 $u_i = u^{x_i}$ 以保证解密的一致性。

- 份额验证算法 $1/0 \leftarrow$ ShareVerify(pk, vk, c, μ)：给定验证密钥 vk、密文 c 及解密份额 μ_i，在校验等式验证通过后，如果份额满足形式（i, u_i, e_i, f_i）且 $e_i = H_4(u_i, \hat{u}_i, \hat{h}_i)$，其中 $\hat{u}_i = u^{f_i}/u_i^{e_i}$ 和 $\hat{h}_i = g^{f_i}/h_i^{e_i}$，那么份额有效并输出“1”，否则份额无效并输出“0”。
- 份额联合算法 $m/\perp \leftarrow$ ShareCombine(pk, vk, c, $\{\mu_1, \cdots, \mu_t\}$)：给定验证密钥 vk、密文 c 及 t 个解密份额 $\{\mu_1, \cdots, \mu_t\}$，其中 $\mu_i = (i, u_i, e_i, f_i)$。在份额都通过 ShareVerify(pk, vk, c, μ_i) 验证情况下，计算并输出消息 $m = H_1\left(\prod_{i \in \Gamma} u_i^{\lambda_{0i}^{\Gamma}}\right) \oplus c$，其中 Γ 为 $\{1, \cdots, n\}$ 中 t 个元素构成的有效集而 λ_{0i}^{Γ} 为元素对应的拉格朗日系数。

4.4.2 安全性分析

分析方案安全性之前，我们给出离散对数（Discrete Logarithm，DL）问题和计算型 Diffie-Hellman 问题（Computational Diffie-Hellman Problem，CDH）的定义。

DL 问题：给定（g, g^a）$\in \mathbb{G}$，求解 $a \in Z_p^*$。如果不存在一个有效的算法能够在多项式时间内解决 DL 问题，则称 DL 问题是困难的。

CDH 问题：给定（g, g^a, g^b）$\in \mathbb{G}$，求解 $C = g^{ab} \in \mathbb{G}$。如果不存在一个有效的算法能够在多项式时间内解决 CDH 问题，则称 CDH 问题是困难的。

本小节从选择密文安全和解密一致性两个方面对上述门限加密方案进行安全性分析，并有如下定理。

定理 4.1 假定基于群 $\mathbb{G}$ 的 CDH 问题是困难的，则门限加密方案 TE 在随机谕言机模型下是可证明选择密文安全的。

证明：证明思路为借助敌手在选择密文攻击的安全模型中猜对 b 的能力来解决计算型 Diffie-Hellman 难题。如果敌手在选择密文攻击下能够猜对 b，那么他肯定会涉及询问加密谕言机及 H_1 处的哈希值。为此，我们维护一个关于哈希函数 H_1

的询问列表，应答敌手的哈希询问。

假定试图解决的计算型 Diffie-Hellman 难题实例源自生成元为 g 的群 $\mathbb{G}$，存在随机元素 α，$\beta \in \mathbb{G}$ 并刻画难题实例为 $\gamma = \alpha^{\log_g \beta}$。在模拟过程中，敌手会询问任一随机谕言机的哈希值。模拟者首先询问列表以确定敌手先前是否询问过该点的哈希值。如果询问过则直接返回该点在列表中记录的哈希值，否则定义该点的哈希值并将其存于列表中，同时将该值返回给敌手。

游戏中敌手最多可以勾结 $t-1$ 个解密服务器。不失一般性，假设被勾结的服务器为前 $t-1$ 个，即索引号为 $1,\cdots,t-1$。令 $S=\{0,\cdots,t-1\}$ 并简记 λ_{ij}^{S} 为 λ_{ij}。随后，随机挑选 $x_1,\cdots,x_{t-1} \in Z_q$ 并设置 $h=\alpha$。显然，$h=1$ 的概率是可忽略的。针对 $t \leqslant i \leqslant n$，进一步计算 $h_i = h^{\lambda_{i0}} \prod_{j=1}^{t-1} g^{x_j \lambda_{ij}}$。

关于加密谕言机的模拟：敌手发送一个标签 L' 与两个等长消息 m_0 和 m_1 到加密谕言机。模拟者独立于两个消息随机选取 $\bar{c}' \in \{0,1\}^l$ 和 $k',e',f' \in Z_q$，并计算 $u'=\beta$，$\bar{g}'=g^{k'}$，$\bar{u}'=(u')^{k'}$，$w'=g^{f'}/(u')^{e'}$，$\bar{w}'=(\bar{g}')^{f'}/(\bar{u}')^{e'}$。之后设置哈希函数值 $H_2(\bar{c}',L',u',w')=\bar{g}'$和 $H_3(\bar{g}',\bar{u}',\bar{w}')=e'$。最终加密谕言机的模拟输出为 $c=(\bar{c}',L',u',\bar{u}',e'f')$。

关于未被勾结解密谕言机的模拟：敌手发起关于哈希函数 H_2 的询问，模拟者随机挑选 $k \in Z_q^*$ 并计算 $\bar{g}=h^k$。显然，模拟者掌握 $\log_h \bar{g}$，但该值对敌手保密。假定敌手提供了一个密文 $c \neq c'$，其中 $c=(\bar{c},L,u,\bar{u},e,f)$。该密文的有效性通过 $e=H_3(\bar{g},\bar{u},\bar{w})$ 来验证，其中 $w=g^f/u^e$，$\bar{g}=H_2(\bar{c},L,u,w)$，$\bar{w}=\bar{g}^f/\bar{u}^e$。

这里，论证 $(\bar{c},L,u,w) \neq (\bar{c}',L',u',w')$。反证法：假定 $(\bar{c},L,u,w)=(\bar{c}',L',u',w')$，那么 $\bar{g}=\bar{g}'$。显然以不可忽略概率存在 $(\bar{u},\bar{w})=(\bar{u}',\bar{w}')$ 及 $e=H(\bar{g},\bar{u},\bar{w})=e'$。一旦 w、u 和 e 确定，因为 $w=g^f/u^e$，所以 $f=f'$。显然，这与假设 $c \neq c'$矛盾。

当 $(\bar{c},L,u,w) \neq (\bar{c}',L',u',w')$ 时，假定敌手已经询问了点 $(\bar{c},L,u,w)$ 关于 H_2 的哈希值，那么存在 $\bar{g}=H_2(\bar{c},L,u,w)=h^k$ 且模拟者已经掌握了变量 k 的相关信息。因为 u 源自群 $\mathbb{G}$，因此可形式化为 g^r 且基于离散对数困难所以模拟者无法获得 r。基于 $\log_g u = \log_{\bar{g}} \bar{u}$ 的零知识证明，$\bar{u} \in \mathbb{G}$ 可形式化为 $\bar{g}^r$，则 $(\bar{u})^{1/k} = (\bar{g})^{r/k} = h^r$。

基于已知 vk、c 及模拟解密份额 μ_i 能够提取出 Diffie-Hellman 元组（u, h_i, u_i）且满足 $u_i = u^{x_i} = h_i^r$ 以保证解密一致性。模拟者计算 h^r 及 $u_i = (\bar{u})^{\lambda_{i0}/k} \prod_{j=1}^{t-1} u^{x_j \lambda_{ij}}$ 并基于此构建出符合要求的（u, h_i, u_i）。■

定理 4.2　假定基于群 $\mathbb{G}$ 的 DL 问题是困难的，则门限加密方案在随机谕言机模型下满足解密一致性。

证明：定义 $\mathrm{EDLog}_{g,\bar{g}}$ 为对（$u, \bar{u}$）$\in \mathbb{G}^2$ 的语言且满足 $\log_g u = \log_{\bar{g}} \bar{u}$。上述 TE 方案的解密一致性依赖语言 $\mathrm{EDLog}_{g,\bar{g}}$ 中成员的零知识证明。给定（$u, \bar{u}$）$\in \mathrm{EDLog}_{g,\bar{g}}$，则存在 $r \in Z_q$ 满足 $u = g^r$ 和 $\bar{u} = \bar{g}^r$，具体细节如下：

1）证明者随机选择 $s \in Z_q$，计算 $w = g^s$ 和 $\bar{w} = \bar{g}^s$，并将其发送给验证者；

2）验证者随机选择 $e \in Z_q$ 并将其发送给证明者；

3）证明者发送 $f = s + re$ 给验证者。随后验证者检查 $g^f = wu^e$ 和 $\bar{g}^f = \bar{w}\,\bar{u}^e$ 的合法性。

显然，证明系统的稳定性表明验证者被欺骗接收一个非法语言对的概率最大为 $1/q$。就完备性而言，如果（$u, \bar{u}$）$\notin \mathrm{EDLog}_{g,\bar{g}}$，则意味着 $u = g^r$ 和 $\bar{u} = \bar{g}^{r'}$，其中 $r \neq r'$。恶意证明者发送（$u, \bar{u}$）和（$w, \bar{w}$）给验证者，其中 $w = g^s$ 且 $\bar{w} = \bar{g}^s$。显然，在 $r \neq r'$ 条件下，证明者发送信息通过验证者校验的概率为 $1/q$。显然，证明系统的强稳定性保证了在（$u, \bar{u}$）$\notin \mathrm{EDLog}_{g,\bar{g}}$ 或（$w, \bar{w}$）$\notin \mathrm{EDLog}_{g,\bar{g}}$ 的条件下，验证者接收的概率最多为 $1/q$。此外。通过设置 e 为（$u, w, \bar{u}, \bar{w}$）的哈希值，该系统演变为随机谕言机模型下针对语言成员的非交互式零知识证明系统。即使 $\bar{g}$ 不是群 $\mathbb{G}$ 的生成元，即 $\bar{g} = 1$，上述证明系统依然可确保 $\bar{u} = 1$。因此，离散对数的零知识证明系统可保证上述方案中（$\bar{g}, u, \bar{u}$）和（$\bar{g}, w, \bar{w}$）都是一个有效的 Diffie-Hellman 元组。■

4.5　Boneh-Boyen-Halevi 方案

本方案由 Dan Boneh、Xavier Boyen 和 Shai Halevi 于 2006 年提出，给出了从具有门限式密钥生成的标识加密方案到门限解密方案的通用构造方法，并在标准模型下论证了方案具有选择密文的安全性。

4.5.1 通用构造

本小节介绍通过具有门限式密钥生成的标识加密（Identity-Based Encryption with Threshold Key Generation，IETKG）方案构造选择密文安全 TE 方案的一般方法。在此，用 E_{IETKG} 表示任一 IETKG 方案，具体涉及 7 个多项式时间算法：初始化算法 $Setup_{IETKG}$、密钥份额生成算法 $ShareKeyGen_{IETKG}$、密钥份额验证算法 $ShareVerify_{IETKG}$、密钥合成算法 $ShareCombine_{IETKG}$、加密算法 $Encrypt_{IETKG}$、密文有效性验证算法 $ValidateCT_{IETKG}$ 及解密算法 $Decrypt_{IETKG}$。S 表示任一数字签名系统，包含 3 个多项式时间算法：密钥生成算法 SigKeyGen、签名算法 Sign 及签名验证算法 SigVerify。方案的具体构造如下：

- 密钥生成算法 $(\mathrm{pk},\mathrm{vk},\overrightarrow{\mathrm{sk}})\leftarrow \mathrm{KeyGen}(\Lambda,n,k)$：为了生成 TE 系统的密钥集，执行 IETKG 系统的初始化算法 $Setup_{IETKG}$ 并输出 $(\mathrm{pk},\mathrm{vk},\overrightarrow{\mathrm{sk}})$。
- 加密算法 $c\leftarrow \mathrm{Encrypt}(\mathrm{pk},m)$：为在公钥 pk 下加密消息 m，首先，运行签名系统的密钥生成算法 SigKeyGen 以生成签名/验证密钥对（SigK, VerK）。其次，以 VerK 作为标识运行 IETKG 系统的加密算法 $Encrypt_{IETKG}$ 以生成密文 c_0。随后，执行签名算法 Sign 以生成临时密文 c_0 的签名 σ。最终输出元组 $c=(c_0,\mathrm{VerK},\sigma)$ 作为完整密文。
- 部分解密算法 $(i,\mu_i/\perp)\leftarrow \mathrm{ShareDecrypt}(\mathrm{pk},i,\mathrm{sk}_i,c)$：给定公钥 pk 及密文 c，解密服务器 Γ_i 基于自身私钥份额 sk_i 执行如下操作：
  1）基于 $(c_0,\mathrm{VerK},\sigma)$ 运行签名验证算法 SigVerify。如果验证失败，则输出 $(i,\perp)$ 并终止；
  2）基于 $(\mathrm{pk},\mathrm{VerK},c_0)$ 运行密文有效性验证算法 $ValidateCT_{IETKG}$，如果验证失败，则输出 $(i,\perp)$ 并终止；
  3）基于 $(\mathrm{pk},i,\mathrm{sk}_i,\mathrm{VerK})$ 运行密钥份额生成算法 $ShareKeyGen_{IETKG}$ 以生成 IETKG 系统针对身份 VerK 的私钥份额 μ_i 并将其作为解密份额输出。
- 份额验证算法 $1/0\leftarrow \mathrm{ShareVerify}(\mathrm{pk},\mathrm{vk},c,\mu_i)$：给定验证密钥 vk、密文 c 及解密份额 μ_i，执行如下操作。
  1）基于 $(c_0,\mathrm{VerK},\sigma)$ 和 $(\mathrm{pk},\mathrm{VerK},c_0)$ 分别运行 SigVerify 和 $ValidateCT_{IETKG}$；
  2）如果两种验证算法同时成立，则基于 $(\mathrm{pk},\mathrm{vk},c,\mu_i)$ 运行 $ShareVerify_{IETKG}$ 并输出相应结果；

3）否则，如果 $\mu_i=(i,\perp)$ 则输出“1”并退出；

4）否则，输出“0”并退出。

- 份额联合算法 $m/\perp\leftarrow$ShareCombine(pk, vk, c, $\{\mu_1,\cdots,\mu_t\}$)：给定验证密钥 vk、密文 c 及 t 个解密份额 $\{\mu_1,\cdots,\mu_t\}$，首先校验所有份额的有效性并确保不存在形式为 $(i,\perp)$ 的份额。如果上述校验不通过，则输出“⊥”并退出。之后运行 $\text{ShareCombine}_{\text{IETKG}}$ 以获得基于标识 VerK 的完整私钥 d。如果 $d=\perp$，则输出“⊥”并退出。否则，基于 (pk, VerK, d, c_0) 运行 $\text{Decrypt}_{\text{IETKG}}$ 并输出相应结果。

4.5.2 安全性分析

本小节借助 Canetti、Halevi 及 Katz 于 2004 年的论证方法对上述通用门限加密方案进行安全性分析。

定理 4.3 假定 E_{IETKG} 和 S 分别为一个选择身份安全的具有门限密钥生成的标识加密方案和一次性选择消息攻击下存在不可伪造的签名方案，则门限加密方案是可证明选择密文安全的。

证明：假设敌手 $\mathcal{A}$ 在攻击上述 TE 方案时拥有不可忽略的优势，即 $\text{AdvTE}_{\mathcal{A}}^{n,t}{}_{\text{CCA}}(\Lambda)>1/\Lambda^{\kappa}$，其中 Λ 为安全参数且 $\kappa>0$，那么可以模拟出一个敌手能够攻破加密方案 E_{IETKG} 或签名方案 S。假定 $\mathcal{B}$ 为针对方案 E_{IETKG} 的敌手，接下来 $\mathcal{B}$ 利用 $\mathcal{A}$ 与方案 E_{IETKG} 的挑战者进行如下交互：

阶段一：敌手 $\mathcal{B}$ 调用 $\mathcal{A}$ 选定由 $t-1$ 个被勾结的解密服务器构成的集合 Γ。接下来，$\mathcal{B}$ 调用 SigKeyGen 生成签名私钥 SigK^* 和验证密钥 VerK^* 并最终将它们发送给方案 E_{IETKG} 的挑战者。

阶段二：方案 E_{IETKG} 的挑战者运行 $\text{Setup}_{\text{IETKG}}$ 生成 $(\text{pk},\text{vk},\overrightarrow{\text{sk}})$ 并将结果发送给 $\mathcal{B}$。随后，敌手 $\mathcal{B}$ 将其转发给面向 TE 方案的敌手 $\mathcal{A}$。

阶段三：$\mathcal{A}$ 适应性地发起解密询问 (c,i)，其中 $c=(c_0,\text{VerK},\sigma)$ 且 $i\in\{1,\cdots,n\}$。针对每一询问：

1）$\mathcal{B}$ 基于 (c_0,VerK,σ) 和 $(\text{pk},\text{VerK},c_0)$ 分别运行算法 SigVerify 和 $\text{ValidateCT}_{\text{IETKG}}$。如果任一算法验证不通过，则 $\mathcal{B}$ 针对 $\mathcal{A}$ 的询问响应为 $\mu=(i,\perp)$。

2）否则，针对 VerK＝VerK*，$\mathcal{B}$ 随机挑选 $b' \in \{0,1\}$ 并将其作为面向 $\mathcal{A}$ 的挑战阶段对 b 的猜测，并终止模拟。

3）否则，$\mathcal{B}$ 向 E_{IETKG} 的挑战者发起关于身份（ID＝VerK, i）的询问以获得私钥份额 θ。随后将解密份额 $\mu=\theta$ 发送给 $\mathcal{A}$。

阶段四：敌手 $\mathcal{A}$ 给出两个等长的消息 m_0 和 m_1。敌手 $\mathcal{B}$ 将 $\mathcal{A}$ 选定的两个消息发送给方案 E_{IETKG} 的挑战者。挑战身份 ID* 被设置为 VerK*。方案 E_{IETKG} 的挑战者随机挑选 b 并生成 m_b 在身份 ID* 下的密文 c_0^*。随后，敌手 $\mathcal{B}$ 运行 Sign 以生成（SigK*, c_0^*）的签名 σ^*。最后，$\mathcal{B}$ 将挑战密文 $c^*=(c_0^*, \text{VerK}^*, \sigma^*)$ 发送给 $\mathcal{A}$。

阶段五：$\mathcal{A}$ 继续适应性地发起解密询问（c, i），其中 $c=(c_0, \text{VerK}, \sigma)$ 且 $c \neq c^*$。$\mathcal{B}$ 采用阶段三中所采用的方式响应源自 $\mathcal{A}$ 的询问。在此，如果 VerK＝VerK*，那么 $\mathcal{B}$ 随机选取 $b' \in \{0,1\}$ 作为对 b 的猜测，随后输出 b' 并终止模拟。

阶段六：敌手 $\mathcal{A}$ 最终输出 $b' \in \{0,1\}$ 给 $\mathcal{B}$ 作为对 b 的猜测。随后敌手 $\mathcal{B}$ 发送 b' 给方案 E_{IETKG} 的挑战者。如果 $b=b'$，则 $\mathcal{B}$ 赢得游戏胜利。

至此完成了对敌手 $\mathcal{B}$ 相关算法的描述。令 $\text{AdvIETKG}_{\mathcal{B}\,\text{CCA}}^{n,t}(\Lambda)$ 为 $\mathcal{B}$ 赢得具有门限式密钥生成的标识加密方案游戏的优势。令 $\text{AdvTE}_{\mathcal{A}\,\text{CCA}}^{n,t}(\Lambda)$ 为 $\mathcal{A}$ 赢得门限公钥加密游戏的优势。令 abort 表示在阶段三及阶段五游戏模拟中的失败事件。只要事件 abort 没有发生，上述模拟过程就是完美的。因此，

$$|\text{AdvIETKG}_{\mathcal{B}\,\text{CCA}}^{n,t}(\Lambda) - \text{AdvTE}_{\mathcal{A}\,\text{CCA}}^{n,t}(\Lambda)| < \Pr[\text{abort}]$$

如果 abort 事件发生，那么 $\mathcal{B}$ 能够获得一个关于签名公钥 VerK* 的存在性伪造。如果 abort 发生在阶段三，那么伪造不依赖任何选择消息询问。如果 abort 发生在阶段五，那么伪造发生在一次选择消息询问后。无论哪种情况，敌手 $\mathcal{C}$ 都能够在至多需要一次选择消息询问后以概率 Pr[abort] 获得关于签名方案 S 的存在性伪造，即 AdvSig＝Pr[abort]。进一步可得 $\text{AdvIETKG}_{\mathcal{B}\,\text{CCA}}^{n,t}(\Lambda) + \text{AdvSig}(\Lambda) > \text{AdvTE}_{\mathcal{A}\,\text{CCA}}^{n,t}(\Lambda)$。因此，如果 $\text{AdvTE}_{\mathcal{A}\,\text{CCA}}^{n,t}(\Lambda)$ 是不可忽略的，那么 $\text{AdvIETKG}_{\mathcal{B}\,\text{CCA}}^{n,t}(\Lambda)$ 和 $\text{AdvSig}(\Lambda)$ 至少有一个攻击成功的优势是不可忽略的。

为了完善本定理的证明，还需要论证解密一致性的优势 $\text{AdvTE}_{\mathcal{A}\,\text{CD}}^{n,t}(\Lambda)$ 是可忽略的。采用反证法，假定优势 $\text{AdvTE}_{\mathcal{A}\,\text{CD}}^{n,t}(\Lambda)$ 是不可忽略的，则标识加密方案的解密一致性优势 $\text{AdvIETKG}_{\mathcal{B}\,\text{CD}}^{n,t}(\Lambda)$ 不可忽略与方案 E_{IETKG} 安全相矛盾。假定 $\mathcal{A}$ 能够输出（c, μ, μ'）使其能够赢得 TPKE 解密一致性游戏。令 $c=(c_0, \text{VerK}, \sigma)$。显然，

存在 $\text{ValidateCT}_{\text{IETKG}}(\text{pk}, \text{VerK}, c_0)=1$。在此，针对每一解密份额 $\mu_i \in \mu$，μ'，存在 $\text{ShareVerify}_{\text{IETKG}}(\text{VerK}, c_0, \mu_i)=1$。因此，$\mu$ 和 μ' 内的解密份额都是针对身份 ID=VerK 的私钥份额。显然，给出（$\text{VerK}, c_0, \mu, \mu'$）意味着敌手 $\mathcal{B}$ 赢得方案 E_{IETKG} 的密钥生成一致性游戏。■

4.5.3 具体构造

本小节以标识加密方案为工具，借助 4.5.1 节给出的通用构造方法，给出具体门限加密方案。

- 密钥生成算法 $(\text{pk}, \text{vk}, \overrightarrow{\text{sk}}) \leftarrow \text{KeyGen}(\Lambda, n, t)$：基于安全参数 Λ 生成阶为 q 的双线性群 $\mathbb{G}$ 并随机挑选生成元 g、g_2 和 h_1。随后挑选 $t-1$ 阶多项式 $f \in Z_p[X]$ 并设置 $\alpha = f(0) \in Z_p$ 及 $g_1 = g^{\alpha}$。至此，公钥被设置为 $\text{pk}=(\mathbb{G}, g, g_1, g_2, h_1)$，解密服务器 Γ_i 的私钥为 $\text{sk}_i = g_2^{f(i)}$，公开验证密钥包括 pk 及 $(g^{f(1)}, \cdots, g^{f(n)})$。此外，系统还需要一个输出域为 Z_p 的抗碰撞哈希函数 H 和一个满足一次选择消息攻击下强存在不可伪造的签名方案（SigKeyGen, Sign, SigVerify）。这两部分都属于系统公钥的一部分，但为了简化表述并没有在公钥中显示。
- 加密算法 $c \leftarrow \text{Encrypt}(\text{pk}, m)$：为了在公钥 $\text{pk}=(\mathbb{G}, g, g_1, g_2, h_1)$ 下加密消息 $m \in \mathbb{G}$，首先调用算法 SigKeyGen 以获得签名系统的公私钥对（VerK, SigK）。令 $\text{ID}=H(\text{VerK})$。随后随机挑选 $s \in Z_p$ 并计算 $c_0=(a, b, c_1)=(e(g_1, g_2)^s \cdot m, g^s, g_1^{s \cdot \text{ID}} h_1^s)$。接着调用算法 Sign 利用签名私钥 SigK 生成 c_0 的签名 σ 并输出 $c=(c_0, \text{VerK}, \sigma)$ 作为最终密文。
- 部分解密算法 $(i, \mu_i/\perp) \leftarrow \text{ShareDecrypt}(\text{pk}, i, \text{sk}_i, c)$：给定公钥 pk 及密文 c，解密服务器 Γ_i 基于自身私钥份额 sk_i 执行部分解密操作。这里基于（c_0, VerK, σ）运行签名验证算法 SigVerify。令 $\text{ID}=H(\text{VerK})$ 并检测 $e(b, g_1^{\text{ID}} h_1)=e(c_1, g)$。如果任一验证失败，则输出 $\mu_i=(i, \perp)$ 并退出；否则，密文 c 有效且解密服务器 Γ_i 需要给出一个解密 c_0 所需的私钥份额。此时，随机挑选 $r \in Z_p$ 并输出解密份额 $\mu_i=(i, (w_0, w_1))$，其中 $w_0=\text{sk}_i \cdot (g_1^{\text{ID}} h_1)^r$ 和 $w_1=g^r$。注意，(w_0, w_1) 是分布式密钥生成基于标识加密系统中身份 $\text{ID}=H(\text{VerK})$ 相关的私钥份额。

- 份额验证算法 $1/0 \leftarrow \text{ShareVerify}(pk, vk, c, \mu_i)$：给定公钥 pk，验证密钥 vk，密文 $c=(c_0, \text{VerK}, \sigma)=((a, b, c_1), \text{VerK}, \sigma)$ 及解密份额 μ_i，为了验证 μ_i 是密文的正确部分解密，这里执行算法 SigVerify 以核对 σ 是 c_0 在 VerK 下的有效签名。此时，令 $\text{ID}=H(\text{VerK})$ 并验证等式 $e(b, g_1^{\text{ID}} h_1)=e(c_1, g)$。如果上述验证完全通过，则 c 是一个有效的密文。具体如下。

  1）c 为无效密文时：如果 μ_i 形式为 $(i, \perp)$，那么输出“1”并退出；否则输出“0”并退出；

  2）如果 c 为有效密文且 μ_i 的形式为 $(i, \perp)$，那么输出“0”并退出；

  3）否则，c 为有效密文且 $\mu_i=(i, (w_0, w_1))$。令 $vk=(u_1, \cdots, u_n)$，其中 $u_i=g^{f(i)}$。最终，基于验证等式 $e(u_i, g_2) \cdot e(g_1^{\text{ID}} h_1, w_1)=e(g, w_0)$ 的有效性输出“1”或“0”。

- 份额联合算法 $m/\perp \leftarrow \text{ShareCombine}(pk, vk, c, \{\mu_1, \cdots, \mu_t\})$：给定验证密钥 vk、密文 c 及 t 个解密份额 $\{\mu_1, \cdots, \mu_t\}$，首先校验所有解密份额的有效性并排除形式为 $(i, \perp)$ 的份额。如果存在无效解密份额，则输出 $\perp$ 并退出。不失一般性，假设 t 个解密份额 $\{\mu_1, \cdots, \mu_t\}$ 由前 t 个解密服务器生成。具体实施如下：

  1）如果任一部分解密份额形式为 $(i, \perp)$，那么输出“$\perp$”并退出；

  2）否则，全部份额 $\{\mu_1, \mu_2, \cdots, \mu_t\}$ 均为来自不同解密服务器的有效份额且验证算法 SigVerify 和 ValidateCT 都通过。基于拉格朗日系数 $\lambda_1, \cdots, \lambda_t \in Z_p$ 可以计算出 $\alpha=f(0)=\sum_{i=1}^{t} \lambda_i f(i)$ 并设置 $w_0=\prod_{i=1}^{t} w_{i,0}^{\lambda_i}$ 和 $w_1=\prod_{i=1}^{t} w_{i,1}^{\lambda_i}$；

  3）利用 (w_0, w_1) 对 $c_0=(a, b, c_1)$ 进行解密，计算 $m=a \cdot e(b, w_0)/e(c_1, w_1)$。针对 $\bar{r} \in Z_p$，有 $w_0=g_2^{\alpha}(g_1^{\text{ID}} h_1)^{\bar{r}}$ 和 $w_1=g^{\bar{r}}$。在此，由于 (w_0, w_1) 是标识加密系统中关于标识 $\text{ID}=H(\text{VerK})$ 的私钥，所以上述解密过程是有效的。

4.6 Baek-Zheng 方案

本方案由 Joonsang Baek 和 Yuliang Zheng 于 2003 年提出，是首个实现了随机谕言机模型下选择密文安全的标识门限加密方案（Identity-Based Threshold Encryption，IDTE）。

4.6.1 标识门限加密

标识门限加密（IDTE）方案由以下七个多项式时间算法组成：

- 初始化算法（$\text{cp},\text{sk}_{\text{PKG}}$）$\leftarrow$Setup($\Lambda$)：给定安全参数 Λ，算法输出主公私钥对（$\text{pk}_{\text{PKG}},\text{sk}_{\text{PKG}}$）。同时，设置系统所需的其他公开参数，如系统所基于的循环群 $\mathbb{G}$ 等。在此，为简化表述，系统所有公开信息被表示为 cp，包括系统公钥 pk_{PKG}、循环群 $\mathbb{G}$ 等全部公开参数。
- 私钥提取算法 $\text{sk}_{\text{ID}}\leftarrow\text{KeyExt}(\text{cp},\text{sk}_{\text{PKG}},\text{ID})$：给定标识 ID，算法基于系统主私钥 sk_{PKG} 生成 ID 相关的私钥 sk_{ID}。
- 私钥分发算法（$\{\text{sk}_i\}_{1\leqslant i\leqslant n},\{\text{vk}_i\}_{1\leqslant i\leqslant n}$）$\leftarrow\text{DistributeKey}(\text{cp},\text{sk}_{\text{ID}},n,t)$：给定标识 ID 的私钥 sk_{ID}，解密服务器数量 n 及门限值 t，算法生成 sk_{ID} 的 n 个份额 sk_i 并将其发送给相应的解密服务器。同时，生成可用来验证私钥份额 sk_i 有效性的验证密钥 vk_i。针对 $1\leqslant i\leqslant n$，每一对（vk_i,sk_i）都被发送给相应的解密服务器 Γ_i，后续解密服务器公开 vk_i 而秘密保存 sk_i。
- 加密算法 $c\leftarrow\text{Encrypt}(\text{cp},\text{ID},m)$：给定系统参数 cp 及消息 m，算法生成标识 ID 下的密文 c。
- 部分解密算法（$\mu_i/\perp$）$\leftarrow\text{ShareDecrypt}(\text{cp},\text{sk}_i,c)$：给定系统参数 cp、密文 c 及第 i 个私钥份额 sk_i，算法输出密文 c 的解密份额 μ_i 或特殊符号“$\perp$”。
- 份额验证算法 $1/0\leftarrow\text{ShareVerify}(\text{cp},\{\text{vk}_i\}_{1\leqslant i\leqslant n},c,\mu_i)$：给定系统参数 cp、验证密钥 $\{\text{vk}_i\}_{1\leqslant i\leqslant n}$、密文 c 及解密份额 μ_i，如果 μ_i 是密文 c 的有效解密份额，则算法输出“1”；否则输出“0”。
- 份额联合算法 $m/\perp\leftarrow\text{ShareCombine}(\text{cp},c,\{\mu_1,\cdots,\mu_t\})$：给定系统参数 cp、验证密钥 $\{\text{vk}_i\}_{1\leqslant i\leqslant n}$、密文 c 及 t 个解密份额 $\{\delta_1,\cdots,\delta_t\}$，输出消息 m 或失败符号$\perp$。

IDTE 方案正确性要求：

1）针对任意密文 c，如果 $\delta_i\leftarrow\text{ShareDecrypt}(\text{cp},\text{sk}_i,c)$，其中 sk_i 是私钥的第 i 个份额，那么

$$1\leftarrow\text{ShareVerify}(\text{cp},\{\text{vk}_i\}_{1\leqslant i\leqslant n},c,\delta_i)$$

2）如果 c 是 $\text{Encrypt}(\text{cp},\text{ID},m)$ 的输出且 $\{\delta_1,\cdots,\delta_k\}$ 是源自 ShareDecrypt（cp,sk_i,c）的基于 k 个不同私钥份额生成的解密份额集合，那么

$$m \leftarrow \text{ShareCombine}(\text{cp}, c, \{\delta_1, \cdots, \delta_t\})$$

4.6.2 安全模型

标识门限加密的安全模型由挑战者（$\mathcal{C}$）和敌手（$\mathcal{A}$）之间的游戏来刻画，其中安全参数为Λ，解密服务器数量为n及门限值为t。具体来说，游戏共分为以下八个阶段：

- **阶段一**：挑战者$\mathcal{C}$基于安全参数运行初始化算法 Setup(Λ) 以生成系统参数($\text{cp}, \text{sk}_{\text{PKG}}$)。挑战者最终将 cp 发送给敌手$\mathcal{A}$并秘密保存$\text{sk}_{\text{PKG}}$。
- **阶段二**：敌手$\mathcal{A}$基于标识 ID 向挑战者$\mathcal{C}$发起私钥提取询问。挑战者以 ID 为输入运行私钥提取算法 KeyGen($\text{cp}, \text{sk}_{\text{PKG}}, \text{ID}$) 以生成相应的签名私钥$\text{sk}_{\text{ID}}$并将其发送给敌手$\mathcal{A}$。
- **阶段三**：敌手$\mathcal{A}$允许勾结n个签名服务器中的$t-1$个。
- **阶段四**：敌手$\mathcal{A}$发起关于目标标识ID^*的询问。挑战者以ID^*为输入运行私钥提取算法 KeyGen($\text{cp}, \text{sk}_{\text{PKG}}, \text{ID}$) 以生成相应的私钥$\text{sk}_{\text{ID}^*}$。随后，挑战者针对$\text{sk}_{\text{ID}^*}$以($t, n$)为参数运行私钥分发算法 DistributeKey($\text{cp}, \text{sk}_{\text{ID}}, n, t$) 生成私钥验证密钥对集合$\{(\text{sk}_{\text{ID}^*_i}, \text{vk}_{\text{ID}^*_i})\}$，其中$1 \leqslant i \leqslant n$。在此，挑战者将被勾结解密服务器所拥有的私钥份额及全部验证密钥都发送给敌手，但未被勾结解密服务器所拥有的私钥份额依然对敌手保密。
- **阶段五**：敌手$\mathcal{A}$发起针对未被勾结解密服务器的任意标识 ID 的私钥提取询问和任意密文c的解密份额生成询问。针对标识 ID，挑战者运行私钥提取算法以生成相关的私钥并将其发送给敌手。此时的唯一限制为敌手不能询问目标标识ID^*的私钥。针对c，挑战者基于标识ID^*运行解密份额生成算法以生成相应解密份额并将其转发给敌手。
- **阶段六**：敌手$\mathcal{A}$选定两个等长的消息m_0、m_1并将其发送给挑战者$\mathcal{C}$。挑战者选取一个比特$b \in \{0,1\}$并基于($\text{cp}, m_b, \text{ID}^*$)运行加密算法 Encrypt($\text{cp}, \text{ID}, m_b$) 以生成挑战密文$c^*$。随后，挑战者$\mathcal{C}$发送响应信息($c^*, \text{ID}^*$)给敌手$\mathcal{A}$。
- **阶段七**：敌手$\mathcal{A}$发起系列任意私钥提取询问和解密份额生成询问。针对标识 ID，挑战者$\mathcal{A}$运行私钥提取算法以生成相关的私钥并将其发送给敌手$\mathcal{A}$。与阶段五类似，此时的唯一限制为敌手$\mathcal{A}$不能询问目标标识ID^*的私钥。针对c，挑战者$\mathcal{C}$基于标识ID^*运行解密份额生成算法以生成相应解密份额并将其

转发给敌手 $\mathcal{A}$。与阶段五不同的是，挑战密文 c^* 不能参与本阶段询问。

- **阶段八**：敌手 $\mathcal{A}$ 输出对 b 的猜测 $b' \in \{0,1\}$。

敌手 $\mathcal{A}$ 赢得上述游戏的优势定义为 $\text{SuccIDTE}_{\mathcal{A}\text{CCA}}^{n;t}(\Lambda)=2\Pr[b'=b]-1$。此外，$\text{SuccIDTE}_{\mathcal{A}\text{CCA}}^{n;t}(t_{\text{ID}},q_E,q_D)$ 被用来表示敌手在交互时间 t_{ID} 内最多执行 q_E 次私钥提取询问和 q_D 次解密份额生成询问情况下获胜的最大值。在此，需要强调的是运行时间和询问次数都为基于安全参数 Λ 的多项式。

定义 4.2 在上述游戏中，如果 $\text{SuccIDTE}_{\mathcal{A}\text{CCA}}^{n;t}(t_{\text{ID}},q_E,q_D)$ 是可忽略的，则称该基于标识门限加密方案在选择密文攻击下是安全的。

4.6.3 方案描述

该 IDTE 方案由以下七个多项式时间算法组成：

- 初始化算法 $(\text{cp},\text{sk}_{\text{PKG}})\leftarrow\text{Setup}(\Lambda)$：给定安全参数 Λ，首先，生成两个 q 阶群 $\mathbb{G}_1,\mathbb{G}_2$，并选取 $\mathbb{G}_1$ 的生成元 g，双线性映射 $e:\mathbb{G}_1\times\mathbb{G}_1\rightarrow\mathbb{G}_2$。同时，设置四个哈希函数 $H_1:\{0,1\}^*\rightarrow\mathbb{G}_1^*$，$H_2:\mathbb{G}_2\rightarrow\{0,1\}^l$，$H_3:\mathbb{G}_1^*\times\{0,1\}^l\rightarrow\mathbb{G}_1$，$H_4:\mathbb{G}_2\times\mathbb{G}_2\times\mathbb{G}_2\rightarrow Z_q^*$，其中 $\mathbb{G}_1^*=\mathbb{G}_1/\{0\}$ 且 l 表示明文长度。其次，随机选取主密钥 $\text{sk}_{\text{PKG}}=x\in Z_q^*$ 并设置系统主公钥为 $\text{pk}_{\text{PKG}}=g^x$。最后，秘密保存主密钥 sk_{PKG} 并公开系统公开参数 $\text{cp}=(\mathbb{G}_1,\mathbb{G}_2,q,g,e,H_1,H_2,H_3,H_4,\text{pk}_{\text{PKG}})$。
- 密钥生成算法 $\text{sk}_{\text{ID}}\leftarrow\text{KeyExt}(\text{cp},\text{sk}_{\text{PKG}},\text{ID})$：给定标识 ID，计算 $h_{\text{ID}}=H_1(\text{ID})$ 及 $\text{sk}_{\text{ID}}=h_{\text{ID}}^x$ 并返回 sk_{ID} 作为 ID 的私钥。
- 私钥分发算法 $(\{\text{sk}_i\}_{1\leqslant i\leqslant n},\{\text{vk}_i\}_{1\leqslant i\leqslant n})\leftarrow\text{DistributeKey}(\text{cp},\text{sk}_{\text{ID}},n,t)$：给定标识 ID 的私钥 sk_{ID}、解密服务器数量 n 及门限值 t，首先，从群 $\mathbb{G}_1^*$ 中随机挑选 $t-1$ 个元素 $v_1,v_2,\cdots,v_{t-1}$ 并针对自然数集合中的元素 z 构造 $F(z)=\text{sk}_{\text{ID}}\cdot\prod_{j=1}^{t-1}(v_j)^{z^j}$。其次，计算每个解密服务器的私钥份额 $\text{sk}_i=F(i)$ 及验证密钥 $\text{vk}_i=e(\text{sk}_i,g)$。最终，发送 (sk_i,y_i) 给相应的解密服务器 Γ_i，其中秘密存储私钥份额 sk_i 而公开验证密钥 vk_i。
- 加密算法 $c\leftarrow\text{Encrypt}(\text{cp},\text{ID},m)$：给定系统参数 cp、标识 ID 及消息 $m\in\{0,1\}^l$，随机挑选 $r\in Z_q^*$ 并计算 $h_{\text{ID}}=H_1(\text{ID})$ 及 $k=e(h_{\text{ID}},\text{pk}_{\text{PKG}})^r$。随后计算 $u=g^r$，$v=H_2(k)\oplus m$，$w=(H_3(u,v))^r$ 并返回密文 $c=(u,v,w)$。

- 部分解密算法 $(\mu_i/\perp)\leftarrow$ShareDecrypt(cp, sk_i, c)：给定系统参数 cp、密文 $c=(u,v,w)$ 及第 i 个私钥份额 sk_i，计算 $h_3=H_3(u,v)$ 并检测 $e(g,w)=e(u,h_3)$。如果上述验证等式校验通过，则随机挑选 $t_i\in\mathbb{G}_1$ 并计算 $k_i=e(sk_i,u)$，$\widetilde{k}_i=e(t_i,u)$，$\widetilde{y}_i=e(t_i,g)$，$\lambda_i=H_4(k_i,\widetilde{k}_i,\widetilde{y}_i)$及 $l_i=t_i+sk_i^{\lambda_i}$ 并随后输出 $\mu_i=(i,k_i,\widetilde{k}_i,\widetilde{y}_i,\lambda_i,l_i)$；否则，返回 $\mu_i=(i,\perp)$。
- 份额验证算法 1/0$\leftarrow$ShareVerify(cp, $\{vk_i\}_{1\leqslant i\leqslant n}$, c, μ_i)：给定系统参数 cp、验证密钥 $\{vk_i\}_{1\leqslant i\leqslant n}$、密文 c 及解密份额 μ_i，计算 $h_3=H_3(u,v)$ 并检测等式 $e(g,w)=e(u,h_3)$ 是否成立。

  如果测试通过，则执行如下操作：如果 μ_i 格式为 $(i,\perp)$，则输出"0"；否则，解析 μ_i 为 $(i,k_i,\widetilde{k}_i,\widetilde{y}_i,\lambda_i,l_i)$ 并计算 $\lambda_i'=H_4(k_i,\widetilde{k}_i,\widetilde{y}_i)$。随后检测 $\lambda_i'=\lambda_i$，$e(l_i,u)/k_i^{\lambda_i'}=\widetilde{k}_i$ 及 $e(l_i,g)/y_i^{\lambda_i'}=\widetilde{y}_i$ 是否成立。若成立，则返回"1"；否则，返回"0"。

  否则，执行如下操作：如果 μ_i 格式为 $(i,\perp)$，则输出"1"；否则，输出"0"。
- 份额联合算法 $m/\perp\leftarrow$ShareCombine(cp, c, $\{\mu_1,\cdots,\mu_t\}$)：给定系统参数 cp、验证密钥 $\{vk_i\}_{1\leqslant i\leqslant n}$、密文 c 及 k 个解密份额 $\{\mu_1,\cdots,\mu_t\}$，计算 $h_3=H_3(u,v)$ 并检测 $e(g,w)=e(u,h_3)$。

  如果上述测试没有通过，则返回"0"。否则，计算 $k=\prod_{j\in\Phi}k_j^{c_{0j}^{\Phi}}$，其中 Φ 为有效集而 c_{0j}^{Φ} 为对应元的拉格朗日系数，$m=H_2(k)\oplus v$ 并返回 m。

4.6.4 安全性分析

Baek-Zheng 方案的安全性基于 Bilinear Diffie-Hellman（BDH）问题的复杂性假设，我们首先给出 BDH 问题的定义。

BDH 问题：已知双线性映射 $e:\mathbb{G}_1\times\mathbb{G}_1\rightarrow\mathbb{G}_2$，给定 $(g,g^a,g^b,g^c)\in\mathbb{G}_1$，求解 $e(g,g)^{abc}\in\mathbb{G}_2$。如果不存在一个有效的算法能够在多项式时间内解决 BDH 问题，则称 BDH 问题是困难的。

针对 BDH 问题，令 $\mathcal{A}^{\text{BDH}}$ 为一个基于安全参数 Λ 的多项式时间 t_{BDH} 的敌手，并用 $\text{Succ}_{\mathbb{G}_1}^{\text{BDH}}(t_{\text{BDH}})$ 表示攻击成功的最大概率 $\text{Succ}_{\mathbb{G}_1,\mathcal{A}^{\text{BDH}}}^{\text{BDH}}(\Lambda)$。

定理 4.4 假定存在一个针对上述 IDTE 方案的敌手 $\mathcal{A}^{\mathrm{IDTE}}$，且其最多可发起 q_E 次私钥提取询问、q_D 次解密份额生成询问，分别 q_{H_1}、q_{H_2}、q_{H_3} 及 q_{H_4} 次针对随机谕言机 H_1、H_2、H_3 及 H_4 的询问。借助该敌手的攻击能力，可以造出一个运行时长不超过 t_{BDH} 的敌手 $\mathcal{A}^{\mathrm{BDH}}$ 来解决群 $\mathbb{G}_1$ 中的 BDH 难题。具体说来，优势定义如下：

$$\frac{1}{q_{H_1}}\mathrm{Succ}_{\mathcal{A}^{\mathrm{IDTE}}}^{\mathrm{CCA}}(t_{\mathrm{IDTE}},q_{\mathrm{E}},q_{\mathrm{D}},q_{H_1},q_{H_2},q_{H_3},q_{H_4})\leqslant 2\mathrm{Succ}_{G_1}^{\mathrm{BDH}}(t_{\mathrm{BDH}})+\frac{q_D+q_Dq_{H_4}}{2^{k-1}}$$

其中，$t_{\mathrm{BDH}}=t_{\mathrm{IDTE}}+\max(q_E,q_{H_1})O(\Lambda^3)+q_{H_1}+q_{H_2}O(\Lambda^3)+q_{H_4}q_DO(\Lambda^3)$。

为证明上述定理的安全性，在此首先提取出一个非标识门限加密方案并表示为 TE。随后，给出引理 1，表明若 TE 方案具有选择密文的安全性，则相应的 IDTE 方案也具有选择密文的安全性。引理 2 将方案 TE 满足选择密文安全归约到了 BDH 问题的困难性。显然，定理 4.4 可归约到引理 1 和引理 2。

TE 方案源于 IDTE 方案，不同点在于参数生成算法和加密算法，接下来对两个算法进行阐释：

- 初始化算法 $(\mathrm{cp},\mathrm{sk}_{\mathrm{PKG}})\leftarrow\mathrm{Setup}(\Lambda,n,t)$：给定安全参数 Λ，首先，生成两个 q 阶群 $\mathbb{G}_1$，$\mathbb{G}_2$，并选取 $\mathbb{G}_1$ 的生成元 g，双线性映射 $e:\mathbb{G}_1\times\mathbb{G}_1\rightarrow\mathbb{G}_2$。同时，设置三个哈希函数 $H_2:\mathbb{G}_2\rightarrow\{0,1\}^l$，$H_3:\mathbb{G}_1^*\times\{0,1\}^l\rightarrow\mathbb{G}_1^*$，$H_4:\mathbb{G}_2\rightarrow Z_q^*$，其中 l 表示明文长度。其次，随机选取 $x\in Z_q^*$ 并计算 $\mathrm{pk}=g^x$。随后随机挑选 $h\in\mathbb{G}_1^*$ 并设置 $\mathrm{sk}=h^x$。在此 $(\mathrm{pk},\mathrm{sk})$ 是公私钥对。给定私钥 $\mathrm{sk}_{\mathrm{ID}}$、解密服务器数量 n 及门限值 t，首先从群 $\mathbb{G}_1^*$ 中随机挑选 $t-1$ 个元素 $v_1,v_2,\cdots,v_{t-1}$ 并针对自然数集合中的元素 z 构造 $F(z)=\mathrm{sk}\cdot\prod_{j=1}^{t-1}(v_j)^{z^j}$。进一步计算每个解密服务器的私钥份额 $\mathrm{sk}_i=F(i)$ 及验证密钥 $\mathrm{vk}_i=e(\mathrm{sk}_i,g)$，其中 $1\leqslant i\leqslant n$。最后，发送验证密钥/私钥对 $(\mathrm{vk}_i,\mathrm{sk}_i)$ 给每一个解密服务器并公开系统参数 $\mathrm{cp}=(\mathbb{G}_1,\mathbb{G}_2,q,g,e,H_2,H_3,H_4,y,h)$。解密服务器接收验证密钥/私钥对后秘密存储 sk_i 而公开 vk_i。
- 加密算法 $c\leftarrow\mathrm{Encrypt}(\mathrm{cp},\mathrm{ID},m)$：给定系统参数 cp、标识 ID 及消息 $m\in\{0,1\}^l$，随机挑选 $r\in Z_q^*$ 并计算 $d=e(h,\mathrm{pk})$ 及 $k=d^r$。随后进一步计算 $u=g^r$，$v=H_2(k)\oplus M$，$w=h_3^r$ 并将 $c=(u,v,w)$ 作为密文返回。

引理 4.1　假定存在一个针对上述 IDTE 方案的敌手 $\mathcal{A}^{\mathrm{IDTE}}$，且其在运行时间 t_{IDTE} 内最多可以发起 q_E 次私钥提取询问，q_D 次解密份额生成询问，分别 q_{H_1}、q_{H_2}、q_{H_3} 及 q_{H_4} 次针对随机谕言机 H_1、H_2、H_3 及 H_4 的询问。借助该敌手攻击能力，可构造出一个攻破 TE 方案选择密文安全的敌手 $\mathcal{A}^{\mathrm{TE}}$，其运行时间为 t_{TE}、解密询问次数为 q'_D、各类谕言机询问次数分别为 q'_{H_2}，q'_{H_3} 及 q'_{H_4} 次。具体说来，优势定义如下：

$$\frac{1}{q_{H_1}}\mathrm{Succ}_{\mathcal{A}^{\mathrm{IDTE}}}^{\mathrm{CCA}}(t_{\mathrm{IDTE}},q_{\mathrm{E}},q_{\mathrm{D}},q_{H_1},q_{H_2},q_{H_3},q_{H_4})\leqslant \mathrm{Succ}_{\mathcal{A}^{\mathrm{TE}}}^{\mathrm{CCA}}(t_{\mathrm{TE}},q'_D,q'_{H_2},q'_{H_3},q'_{H_4})$$

其中，$t_{\mathrm{TE}}=t_{\mathrm{IDTE}}+\max(q_E,q_{H_1})O(\Lambda^3)$，$q_D=q'_D$，$q_{H_2}=q'_{H_2}$，$q_{H_3}=q'_{H_3}$ 及 $q_{H_4}=q'_{H_4}$。

证明：为了表述的简便性，假设所有敌手共享相同的参数 $\{\mathbb{G}_1,\mathbb{G}_2,q,e,g,\Lambda\}$。令 $\mathcal{A}^{\mathrm{IDTE}}$ 表示针对方案 IDTE 的敌手且可以访问公开参数 $\mathrm{cp}_{\mathrm{IDTE}}=(\mathbb{G}_1,\mathbb{G}_2,q,g,e,H_1,H_2,H_3,H_4,\mathrm{pk}_{\mathrm{PKG}})$，其中 $x'\in Z_q^*$ 且 $\mathrm{pk}_{\mathrm{PKG}}=g^{x'}$。此外，$\mathcal{A}^{\mathrm{IDTE}}$ 还可以访问 IDTE 方案对应的解密服务器及验证密钥集。

令 $\mathcal{A}^{\mathrm{TE}}$ 表示针对 TE 方案的敌手且可以访问公开参数 $\mathrm{cp}_{\mathrm{TE}}=(\mathbb{G}_1,\mathbb{G}_2,q,g,e,H_2,H_3,H_4,\mathrm{pk}_{\mathrm{PKG}},h)$，其中 $h\in\mathbb{G}_1$，$x\in Z_q^*$ 且 $\mathrm{pk}=g^x$。此外，$\mathcal{A}^{\mathrm{TE}}$ 还可以访问 TE 方案对应的解密服务器及验证密钥集。

我们的目标是模拟在实际攻击游戏 $\mathbb{G}_0$ 中敌手 $\mathcal{A}^{\mathrm{IDTE}}$ 的视角，直到敌手 $\mathcal{A}^{\mathrm{TE}}$ 攻破 TE 方案选择密文安全的游戏 $\mathbb{G}_1$。

- 游戏 G_0：本游戏等价于安全模型中刻画的实际攻击游戏。定义事件 E_0 为敌手 $\mathcal{A}^{\mathrm{IDTE}}$ 的输出 $b'\in\{0,1\}$ 等于挑战者的输出 $b\in\{0,1\}$。由于 G_0 等价于实际攻击游戏，所以

$$\Pr[E_0]=\frac{1}{2}+\frac{1}{2}\mathrm{Succ}_{\mathcal{A}^{\mathrm{IDTE}}}^{\mathrm{CCA}}(\Lambda)$$

- 游戏 G_1：首先，用敌手 $\mathcal{A}^{\mathrm{TE}}$ 的公开参数 $\mathrm{cp}_{\mathrm{TE}}$ 中的 y 替换敌手 $\mathcal{A}^{\mathrm{IDTE}}$ 的公开参数 $\mathrm{cp}_{\mathrm{TE}}$ 中的 y_{PKG}。同时，用 $\mathcal{A}^{\mathrm{TE}}$ 的解密服务器替换 $\mathcal{A}^{\mathrm{IDTE}}$ 的解密服务器。其次，从 $[1,2,\cdots,q_{H_1}]$ 中随机挑选 π，其中 q_{H_1} 表示敌手 $\mathcal{A}^{\mathrm{IDTE}}$ 所做出的随机谕言机 H_1 的最大询问次数。在此，借助 ID_π 来表示针对随机谕言机 H_1

的第 π 次询问。猜测实际游戏过程在阶段四中敌手 $\mathcal{A}^{\mathrm{IDTE}}$ 的输出目标身份 ID^* 恰为 ID_π。

现在，模拟任何阶段都可能被敌手 $\mathcal{A}^{\mathrm{IDTE}}$ 询问的随机谕言机 H_1。当发起关于 ID 在 H_1 处的询问时，执行如下操作：

- 如果关于 ID 的询问已经在元组 $\langle(\mathrm{ID},\tau),h_{\mathrm{ID}}\rangle$ 构成的列表 H_1-list 中，则返回 h_{ID} 给敌手 $\mathcal{A}^{\mathrm{IDTE}}$。在此，$H_1$-list 表示关于谕言机 H_1 模拟的“输入-输出”列表。
- 否则，执行如下操作：
  - 如果 $\mathrm{ID}=\mathrm{ID}_\pi$，设置 $h_{\mathrm{ID}}=h$ 并返回 h_{ID} 给敌手 $\mathcal{A}^{\mathrm{IDTE}}$，其中 h 源自敌手 $\mathcal{A}^{\mathrm{IDTE}}$ 的公开参数 $\mathrm{cp}_{\mathrm{TE}}$；
  - 否则，随机选取 $\tau\in Z_q^*$ 并计算 $h_{\mathrm{ID}}=g^\tau$。最终发送 h_{ID} 给敌手 $\mathcal{A}^{\mathrm{IDTE}}$。

针对敌手 $\mathcal{A}^{\mathrm{IDTE}}$ 发起的关于 ID 的私钥提取询问执行如下操作：

- 如果关于 ID 的询问已经存在于列表 H_1-list 的元组 $\langle(\mathrm{ID},\tau),h_{\mathrm{ID}}\rangle$ 中，则计算 $\mathrm{sk}_{\mathrm{ID}}=\mathrm{pk}^\tau$ 并返回给敌手 $\mathcal{A}^{\mathrm{IDTE}}$；
- 否则，执行如下操作：
  - 如果 $\mathrm{ID}=\mathrm{ID}_\pi$，则结束整个游戏；
  - 否则，随机选取 $\tau\in Z_q^*$，计算 $h_{\mathrm{ID}}=g^\tau$ 并将元组 $\langle(\mathrm{ID},\tau),h_{\mathrm{ID}}\rangle$ 保存于列表 H_1-list 中。进一步计算 $\mathrm{sk}_{\mathrm{ID}}=\mathrm{pk}^\tau$ 并将其发送给敌手 $\mathcal{A}^{\mathrm{IDTE}}$。

如果敌手 $\mathcal{A}^{\mathrm{IDTE}}$ 在实际攻击过程中与 $t-1$ 个解密服务器合谋，也就是说掌握了这 $t-1$ 个被腐化服务器的私钥 $\{\mathrm{sk}_i\}_{1\leqslant i\leqslant t-1}$，则这部分私钥份额将被发送给敌手 $\mathcal{A}^{\mathrm{TE}}$。如果敌手 $\mathcal{A}^{\mathrm{IDTE}}$ 给出了两个等长的明文 (m_0,m_1)，我们将其转发给敌手 $\mathcal{A}^{\mathrm{TE}}$。随后，敌手 $\mathcal{A}^{\mathrm{TE}}$ 将它们作为自身的挑战明文发送给挑战者并获得如下目标密文

$$c^*=(u,v,w)=(g^r,m_b\oplus H_2(e(h,\mathrm{pk})^r),h_3^r)$$

其中 $h_3=H_3(u,v)$ 且 r 和 b 分别随机选自 Z_q^* 和 $\{0,1\}$。最终直接将 C^* 作为挑战密文返回给 $\mathcal{A}^{\mathrm{IDTE}}$。

如果敌手 $\mathcal{A}^{\mathrm{IDTE}}$ 在提交目标标识之后发起了系列解密份额生成询问，敌手 $\mathcal{A}^{\mathrm{TE}}$ 利用自身的解密服务器响应这些询问。此时，禁止敌手 $\mathcal{A}^{\mathrm{IDTE}}$ 询问目标密文 c^* 在任

何未被腐化解密服务器处的解密份额。最终，如果敌手 $\mathcal{A}^{\mathrm{IDTE}}$ 给出了关于密文的猜测 b'，我们将其转发给敌手 $\mathcal{A}^{\mathrm{TE}}$。

注意，由于 $\tau \in Z_q^*$ 和 $h \in \mathbb{G}_1^*$ 的随机性，上述关于 H_1 的模拟是完美的。同时，

$$\mathrm{sk_{ID}} = Y_{\mathrm{PKG}}^{\tau} = Y^{\tau} = g^{\tau x} = g^{x\tau} = h_{\mathrm{ID}}^{x}$$

及

$$\begin{aligned} c^* &= (g^r, m_b \oplus H_2(e(h_{\mathrm{ID}_\pi}, \mathrm{pk_{PKG}})^r), h_3^r) \\ &= (g^r, m_b \oplus H_2(e(h_{\mathrm{ID}^*}, \mathrm{pk_{PKG}})^r), h_3^r) \\ &= (g^r, m_b \oplus H_2(e(H_1(\mathrm{ID}^*), \mathrm{pk_{PKG}})^r), h_3^r) \end{aligned}$$

因此，只要 $\mathrm{ID}_\pi = \mathrm{ID}^*$，在模拟过程中 $\mathcal{A}^{\mathrm{IDTE}}$ 获得的与身份 ID 相关的私钥及目标密文与实际攻击环境中的分布相同。由于 π 和 b 随机均匀选择于 $[1, q_{H_1}]$ 和 $\{0,1\}$，因此

$$\Pr[E_1] - \frac{1}{2} \geqslant \frac{1}{q_{H_1}}\left(\Pr[E_0] - \frac{1}{2}\right)$$

通过 $\Pr[E_0]$ 和 $\Pr[E_1]$，可得

$$\mathrm{Succ}_{\mathcal{A}^{\mathrm{TE}}}^{\mathrm{CCA}}(\Lambda) \geqslant \frac{1}{q_{H_1}} \mathrm{Succ}_{\mathcal{A}^{\mathrm{IDTE}}}^{\mathrm{CCA}}(\Lambda)$$

最终，敌手 $\mathcal{A}^{\mathrm{TE}}$ 的运行时间 t_{TE} 的下界是 $t_{\mathrm{IDTE}} + \max(q_E, q_{H_1})O(\Lambda^3)$，关于随机谕言机 H_2、H_3、H_4 及解密服务等的询问次数等价于敌手 $\mathcal{A}^{\mathrm{IDTE}}$ 的询问次数。 ■

引理 4.2 假定存在一个针对 TE 方案的敌手 $\mathcal{A}^{\mathrm{TE}}$，且其在运行时间 t_{TE} 内最多可以发起 q_D 次解密份额生成询问，q_{H_2}、q_{H_3} 及 q_{H_4} 次分别针对随机谕言机 H_2、H_3 及 H_4 的询问。借助该敌手攻击能力，可构造出一个在运行时间 t_{BDH} 内解决 BDH 难题的敌手 $\mathcal{A}^{\mathrm{BDH}}$。具体说来，优势刻画如下：

$$\frac{1}{2}\mathrm{Succ}_{\mathcal{A}^{\mathrm{TE}}}^{\mathrm{CCA}}(t, q_D, q_{H_2}, q_{H_3}, q_{H_4}) \leqslant \mathrm{Succ}_{\mathcal{A}^{\mathrm{BDH}}}^{\mathrm{BDH}}(t_{\mathrm{BDH}}) + \frac{q_D + q_D q_{H_4}}{2^k}$$

其中，$t_{\mathrm{BDH}} = t_{\mathrm{IDTE}} + q_{H_2} + q_{H_3} O(\Lambda^3) + q_{H_4} q_D O(\Lambda^3)$。

证明：为了描述方便，假设所有敌手共享相同的参数系统 $\{\Lambda, \mathbb{G}_1, \mathbb{G}_2, q, e, g\}$。

令 $\mathcal{A}^{\mathrm{BDH}}$ 和 $\mathcal{A}^{\mathrm{TE}}$ 分别表示针对 BDH 难题和 TE 方案的敌手。同时假定 $\mathcal{A}^{\mathrm{BDH}}$ 的攻击实例为 $\{\mathbb{G}_1,q,e,g,g^a,g^b,g^c\}$。

模拟以等价于 $\mathcal{A}^{\mathrm{TE}}$ 在实际环境中针对 TE 方案的攻击游戏 $\mathbb{G}_0$ 开始。随后，对其调整直至演变出敌手 $\mathcal{A}^{\mathrm{BDH}}$ 针对 BDH 难题的有效攻击游戏 $\mathbb{G}_1$。

- 游戏 $\mathbb{G}_0$：首先，基于安全参数 Λ、门限值 t 及解密服务器数量 n 运行 TE 方案的公开参数生成算法以生成系统参数（$\mathrm{cp}_{\mathrm{TE}},\{\mathrm{vk}_i\}_{1\leqslant i\leqslant n},\mathrm{sk}$）。随后发送 $\mathrm{cp}_{\mathrm{TE}}=(\mathbb{G}_1,\mathbb{G}_2,q,g,e,H_2,H_3,H_4,\mathrm{pk},h)$ 及相应的验证密钥集合 $\{\mathrm{vk}_i\}_{1\leqslant i\leqslant n}$ 给 $\mathcal{A}^{\mathrm{TE}}$，其中 $\mathrm{pk}=g^x$。在此，私钥 $\mathrm{sk}=z^x$ 秘密存储。

  如果 $\mathcal{A}^{\mathrm{TE}}$ 提交选取的明文对（m_0,m_1），随机挑选 r^* 并生成目标密文 $c^*=(u^*,v^*,w^*)$：$u^*=g^{r^*}$，$v^*=h_2^*\oplus m_b$，$w^*=(g_3^*)^{r^*}$，其中，$k^*=e(h,\mathrm{pk})^{r^*}$，$h_2^*=H_2(k^*)$ 及 $h_3^*=H_3(u^*,v^*)$。

  在所有解密服务器完成初始化后，$\mathcal{A}^{\mathrm{TE}}$ 能够在任何节点发起关于 $c=(u,v,w)$ 的解密份额生成询问且满足 $c\neq c^*$。基于挑战密文 c^*，$\mathcal{A}^{\mathrm{TE}}$ 输出猜测 b。令 E_0 表示事件 $b'=b$。因为 $\mathbb{G}_0$ 等价于实际攻击游戏，所以

$$\Pr[E_0]=\frac{1}{2}+\frac{1}{2}\mathrm{Succ}_{\mathcal{A}^{\mathrm{TE}}}^{\mathrm{CCA}}(\Lambda)$$

- 游戏 $\mathbb{G}_1$：首先，用敌手 $\mathcal{A}^{\mathrm{BDH}}$ 所拥有的 g^b 和 g^c 替换敌手 $\mathcal{A}^{\mathrm{TE}}$ 的公开参数 $\mathrm{cp}_{\mathrm{TE}}$ 中的 pk 和 h。在此，我们用 $\mathrm{pk}_{\mathrm{BDH}}$ 和 h_{BDH} 分别表示 g^b 和 g^c。不失一般性，假设敌手 $\mathcal{A}^{\mathrm{TE}}$ 可勾结 $t-1$ 个解密服务器且 $\Phi'=\{0,1,\cdots,t-1\}$。其次，随机选取 $\mathrm{sk}_1,\mathrm{sk}_2,\cdots,\mathrm{sk}_{t-1}\in\mathbb{G}_1$ 并计算

$$\mathrm{vk}_i=e(h_{\mathrm{BDH}},\mathrm{pk}_{\mathrm{BDH}})^{c_{i0}^{\Phi'}}\prod_{j=1}^{t-1}e(\mathrm{sk}_j,g)^{c_{ij}^{\Phi'}}$$

  其中，$t\leqslant i\leqslant n$ 且 $c_{ij}^{\Phi'}$ 表示关于集合 Φ' 的拉格朗日系数。随后分别发送 $\{\mathrm{sk}_i\}_{1\leqslant i\leqslant t-1}$ 和 $\{\mathrm{vk}_i\}_{t\leqslant i\leqslant n}$ 至对应被腐化服务器和未被腐化服务器。

  演变目标密文 $c^*=(u^*,v^*,w^*)$：首先，随机挑选 k^+ 和 h_2^+ 并用其分别替换 k^* 和 h_2^*。此外，计算 $v^+=h_2^+\oplus M_b$ 并用其替换 v^+。后续关于 k^+ 的随机谕言机 H_2 询问采用 h_2^+ 响应。至此，我们得到全新的挑战密文 $c_+^*=(u^*,v^+,w^+)$，其中，$v^+=h_2^+\oplus M_b$ 和 $h_2^+=H_2(k^+)$。

由于上述演变过程是用一组随机值替换另一组随机值，因此在 $\mathcal{A}^{\mathrm{TE}}$ 的视角下游戏 $\mathbb{G}_0$ 和 $\mathbb{G}_1$ 的分布相同，即：$\Pr[E_1]=\Pr[E_0]$。

- 游戏 $\mathbb{G}_2$：在本游戏中，我们完善随机谕言机 H_2 的询问。如果询问 k^+ 在 H_2 处的值，则不再利用 h_2^+ 响应而是返回谕言机输出域中的随机值。同时假定这一规则被用于后续游戏。在此，k^+ 和 h_2^+ 只用于目标密文 c_+^*。显然，敌手 $\mathcal{A}^{\mathrm{TE}}$ 相关的输入分布并不影响 b。因此，$\Pr[E_2]=1/2$。

游戏 $\mathbb{G}_1$ 与 $\mathbb{G}_2$ 的区别在于是否发起随机谕言机 H_2 在 k^* 处的询问。令 AskH_{2_2} 表示在游戏 $\mathbb{G}_2$ 中询问过上述哈希值这一事件。同时类似表示 AskH_{2_i} 被推广至其他游戏模型 $\mathbb{G}_i$。至此，可得

$$|\Pr[E_2]-\Pr[E_1]|\leqslant\Pr[\mathrm{AskH}_{2_2}]$$

- 游戏 $\mathbb{G}_3$：在本游戏中，我们进一步演变目标密文 $c_+^*=(u^*,v^+,w^+)$。首先，用 g^b 替换 u^*。与此同时，令 $k^+=e(g,g)^{abc}$ 且 $v^+(=h_2^*\oplus m_b=H_2(k^+)\oplus m_b)$。其次，随机选择 $s^+\in Z_q^*$，计算 g^{as^+} 并用其替换 w^*。针对随机谕言机 H_3 在 (g^a,v^+) 处的询问，计算 $h_3^+=g^{s^+}$ 并用其响应询问。至此，新密文为 $c_{\mathrm{BDH}}^*=(u_{\mathrm{BDH}},v_{\mathrm{BDH}},w_{\mathrm{BDH}})$，其中 $u_{\mathrm{BDH}}=g^a$，$v_{\mathrm{BDH}}=v^+=H_2(e(g,g)^{abc})\oplus m_b$ 及 $H_3(u_{\mathrm{BDH}},v_{\mathrm{BDH}})=h_3^+=g^{s^+}$。

本游戏的演变过程中，采用随机值 (g^a,g^{s^+a}) 替换随机值 (u^*,w^*)，虽然值不同但具有相同分布。此外，由于 $e(g,w_{\mathrm{BDH}})=e(u_{\mathrm{BDH}},h_3^+)$，显然 c_{BDH}^* 是一个有效密文。因此，在 $\mathcal{A}^{\mathrm{TE}}$ 的视角下，游戏 $\mathbb{G}_3$ 与 $\mathbb{G}_2$ 具有相同分布，因此满足：

$$\Pr[\mathrm{AskH}_{2_2}]=\Pr[\mathrm{AskH}_{2_2}]$$

- 游戏 $\mathbb{G}_4$：在本游戏中，演变随机谕言机 H_3。事实上，我们已经处理了挑战密文 c_{BDH}^* 中涉及的关于随机谕言机 H_3 的询问，即关于 $(u_{\mathrm{BDH}},v_{\mathrm{BDH}})$ 在谕言机 H_3 处的询问。接下来完成对其余部分的模拟。

针对 $(u,v)\neq(u_{\mathrm{BDH}},v_{\mathrm{BDH}})$ 在 H_3 处的询问，随机选择 $s\in Z_q^*$ 并计算 $h_3=\mathrm{pk}^s$ 以响应哈希询问。令 H_3-list 表示随机谕言机 H_3 的“输入输出”列表。具体来说，H_3-list 中元组为 $\langle(u,v),h_3\rangle$，其中 $h_3=\mathrm{pk}^s$。同时，

H_3-list 随着 $\mathcal{A}^{\mathrm{TE}}$ 的攻击进程推进而推进。由于假定 H_3 是一个随机谕言机，因此 H_3 的上述输出是对实际谕言机的完美模拟。因此，在本游戏中 $\mathcal{A}^{\mathrm{TE}}$ 的视角与上一游戏视角没有发生任何改变，所以

$$\Pr[\mathrm{AskH}_{2_4}] = \Pr[\mathrm{AskH}_{2_3}]$$

- 游戏 $\mathbb{G}_5$：在本游戏中，如果 $h_3 = H_3(u,v)$ 没有被询问过，则解密谕言机会拒绝 $c=(u,v,w)$ 的解密询问。如果 c 是有效密文而 $H_3(u,v)$ 没有被询问过，则 $\mathcal{A}^{\mathrm{TE}}$ 在游戏 $\mathbb{G}_4$ 和 $\mathbb{G}_5$ 中视角不一致。

在此，如果 c 是有效密文，那么存在等式 $e(g,w)=e(u,h_3)$。然而，由于 $H_3(u,v)$ 并没有在本游戏中被询问过且被模拟随机谕言机 H_3 的输出随机选自群 $\mathbb{G}_1$，所以上述等式成立的概率最大为 $1/2^k$。由于本游戏中最多发起 q_D 次解密询问，因此可得

$$|\Pr[\mathrm{AskH}_{2_5}] - \Pr[\mathrm{AskH}_{2_4}]| \leqslant \frac{q_D}{2^k}$$

- 游戏 G_6：在本游戏中，继续演变前一游戏中的解密谕言机以构造出一个可在不掌握私钥情况下能解密被提交密文 $c=(u,v,w)$的模拟者。由于 $H_3(u,v)$ 没有被询问的情况在前一游戏中已经讨论，因此在本游戏中不再做过多解释。本游戏中假定 $H_3(u,v)$在某些阶段已经被询问。给定密文 $c=(u,v,w)$，解密谕言机模拟者执行如下操作。

1）从列表 H_3-list 中提取 $\langle (u,v),h_3 \rangle$；

2）如果 $e(g,w)=e(u,h_3)$：

a）计算 $\kappa = w^{1/s} = \mathrm{pk}^{(1/s)rs} = \mathrm{pk}^r = g^{rx}$ 及 $k=e(h,\kappa)$。

b）针对 $t \leqslant i \leqslant n$，计算

$$k_i = k^{c_{i0}^{\Phi'}} \prod_{j=1}^{t-1} e(\mathrm{sk}_j, u)^{c_{ij}^{\Phi'}}$$

并以其作为解密响应；

3）否则，拒绝密文 c。

上述构造满足：

$$k_i = k^{c_{i0}^{\Phi'}} \prod_{j=1}^{t-1} e(\mathrm{sk}_j, u)^{c_{ij}^{\Phi'}} = e(h,\kappa)^{c_{i0}^{\Phi'}} \prod_{j=1}^{t-1} e(\mathrm{sk}_j, u)^{c_{ij}^{\Phi'}}$$

$$=e(h,g^{rx})^{c_{i0}^{\Phi'}}\prod_{j=1}^{t-1}e(\mathrm{sk}_j,g^r)^{c_{ij}^{\Phi'}}=e(h,g^x)^{rc_{i0}^{\Phi'}}\prod_{j=1}^{t-1}e(\mathrm{sk}_j,g)^{rc_{ij}^{\Phi'}}$$

$$=(e(h,\mathrm{pk})^{c_{i0}^{\Phi'}}\prod_{j=1}^{t-1}e(\mathrm{sk}_j,g)^{c_{ij}^{\Phi'}})^r=y_i^r$$

因此，k_i 是 BDH 密钥 $k=e(h,\mathrm{pk})$ 的第 i 个正确份额。为恢复包含 k_i 的完整解密份额 μ_i，需后续执行如下操作。

首先，按照传统方式对随机谕言机 H_4 进行模拟。具体说来，如果 H_4 被询问，则随机挑选 $h_4\in Z_q^*$ 作为回应。在此，需要维护一个关于 H_4 的“输入输出”列表 H_4-list，其元组为 $\langle(k,\widetilde{k},\widetilde{y}),h_4\rangle$。随后，随机挑选元素 $l_i\in G_1$ 和 $\lambda_i\in Z_q^*$ 并计算 $\widetilde{k}_i=e(l_i,u)/k_i^{\lambda_i}$ 和 $\widetilde{y}_i=e(l_i,g)/y_i^{\lambda_i}$。其次，设置 $\lambda_i=H_4(k_i,\widetilde{k}_i,\widetilde{y}_i)$。最后，检测列表 H_4-list 中是否存在满足 $h_4=\lambda_i$ 但 $(k,\widetilde{k},\widetilde{y})\neq(k_i,\widetilde{k}_i,\widetilde{y}_i)$ 的元组 $\langle(k,\widetilde{k},\widetilde{y}),h_4\rangle$。如果存在，返回⊥给 $\mathcal{A}^{\mathrm{TE}}$。否则，将模拟值 $\mu_i=(i,k_i,\widetilde{k}_i,\widetilde{y}_i,l_i)$ 作为解密份额返回给 $\mathcal{A}^{\mathrm{TE}}$ 并将 $\langle(k_i,\widetilde{k}_i,\widetilde{y}_i),\lambda_4\rangle$ 保存至列表 H_4-list。

因为 H_3 在上一个游戏中已经给出完美模拟，所以上述关于解密份额生成服务器的模拟与实际情况的唯一区别在于模拟 H_4 过程中的碰撞。在至多发起 q_{H_4} 次询问的情况下，碰撞发生的概率为 $q_{H_4}/2^k$。基于至多 q_D 次解密谕言机询问，可得：

$$|\Pr[\mathrm{AskH}_{2_6}]-\Pr[\mathrm{AskH}_{2_5}]|\leqslant\frac{q_Dq_{H_4}}{2^k}$$

目前为止被使用的目标密文是在游戏 G_3 中构造的 c_{BDH}^*。相应地，AskH_{2_6} 表示在随机谕言机 H_2 处已经询问过 $e(g,g)^{abc}$ 的事件。此外，我们借助群 G_1 中的 DDH 易解性来模拟解密谕言机。在本阶段，$\mathcal{A}^{\mathrm{BDH}}$ 借助随机谕言机 H_2 的输出来解决 BDH 问题，也就是

$$\Pr[\mathrm{AskH}_{2_6}]\leqslant\mathrm{Succ}_{\mathcal{A}^{\mathrm{CCA}}}^{\mathrm{BDH}}(\Lambda)$$

综上，基于上述系列游戏的边界定义，我们能够得到

$$\frac{1}{2}\mathrm{Succ}_{\mathcal{A}^{\mathrm{CCA}}}^{\mathrm{TE}}(\Lambda)=|\Pr[E_0]-\Pr[E_2]|\leqslant\Pr[\mathrm{AskH}_{2_2}]\leqslant\Pr[\mathrm{AskH}_{2_5}]+\frac{q_D}{2^k}$$

$$=\frac{q_D}{2^k}+\Pr[\mathrm{AskH}_{2_6}]+\frac{q_D q_{H_4}}{2^k}\leqslant\frac{q_D+q_D q_{H_4}}{2^k}+\mathrm{Succ}_{\mathcal{A}^{\mathrm{BDH}}}^{\mathrm{BDH}}(\Lambda)\qquad\blacksquare$$

4.7 本章小结

本章阐释了门限加密的基本概念及安全模型，并回顾了三个典型的门限加密方案：Shoup-Gennaro 方案为首个选择密文安全的门限加密方案，但其安全性论证过程依赖随机谕言机；Boneh-Boyen-Halevi 方案克服了选择密文安全论证过程中对随机谕言机的依赖；Baek-Zheng 方案将选择密文安全门限加密推广至标识密码系统。除此之外，门限加密的功能型拓展非常丰富，如，动态门限加密、门限广播加密、门限同态加密、属性基门限加密、格基门限加密、抗泄露门限加密等，建议感兴趣的读者自行补充学习。

习题

1. 系统阐述拉格朗日插值实现原理。
2. 请简要阐释门限加密原语的含义及其应用优势。
3. 分析标准模型与随机谕言机模型下进行安全性论证的异同。
4. 请阐释由门限式密钥生成算法组成的基于标识加密方案与基于标识门限加密方案的异同。
5. 请阐释门限加密方案中密钥分发阶段所采用的关键技术，并对典型的实现方法进行简要讨论。

参考文献

[1] YVO G. DESMEDT. Threshold cryptography [J]. European Transactions on Telecommunications, 1994, 5(4): 449-458.

[2] NAOR M, YUNG M. Public-key cryptosystems provably secure against chosen ciphertext attacks [C]// STOC. 1990: 427-437.

[3] SHOUP V, GENNARO R. Securing threshold cryptosystems against chosen ciphertext attack [C]// Eurocrypt. 1998: 1-16.

[4] BONEH D, BOYEN X, HALEVI S. Chosen ciphertext secure public key threshold encryption without random oracles [C]// CT-RSA. 2006: 13-17.

[5] CANETTI R, HALEVI S, KATZ J. Chosen-ciphertext security from identity-based encryption [C]// Eurocrypt. 2004: 207-222.

[6] BAEK J, ZHENG Y. Identity-based threshold decryption [C]// PKC. 2004: 262-276.

[7] BELLAR M, ROGAWAY P. Random oracles are practical: a Paradigm for designing efficient protocols [C]// CCS. 1993: 62-73.

[8] DAZA V, HERRANZ J, MORILLO P, RAFOLS C. CCA2-secure threshold broadcast encryption with shorter ciphertexts [C]// ProvSec. 2007: 35-50.

[9] DELERABLEE C, POINTCHEVAL D. Dynamic threshold public key encryption [C]// CRYPTO. 2008: 317-334.

[10] LAUD P, NGO L. Threshold homomorphic encryption in the universally composable cryptographic library [C]// ProvSec. 2008: 298-312.

[11] HERRANZ J, LAGUILLAUMIE F, RAFOLS C. Constant size ciphertexts in threshold attribute-based encryption [C]// PKC. 2010: 19-34.

[12] AGRAWAL S, BOYEN X, VAIKUNTANATHAN V, VOULGARIS P, WEE H. Functional encryption for threshold functions (or fuzzy ibe) from lattices [C]// PKC. 2012: 280-297.

[13] ZHANG X, XU C, ZHANG W, LI W. Threshold public key encryption scheme resilient against continual leakage without random oracles [J]. Frontiers Computer Science, 2013. 7 (6): 955-968.

Chapter 5

第5章 广播加密

5.1 引言

传统公钥加密算法的设计初衷是针对单个接收者应用场景，若需同时与多个用户共享某一消息，可采用重复运行传统公钥加密算法的方法分别对每个接收者单独加密数据。此方法虽然能与多个用户安全数据共享，但当用户数量较大时效率低下，无法满足现有应用的需求，比如车载网应用。为解决该问题，广播加密（Broadcast Encryption，BE）的概念被引入，允许加密者通过公开信道与一组用户安全共享某一信息。在广播加密系统中，加密者首先选定一组接收者（共享用户），接着利用接收者的公钥集合加密待共享的消息并在公共信道上广播密文。只有加密数据时指定的用户（称为授权用户）才能正确解密并获得明文数据，非授权的用户即使合谋也无法获取加密数据的内容。

广播加密提供了一种高效的多用户安全数据共享方法，相比于传统公钥加密方法，广播加密能极大地提高加密效率。得益于这些优点，广播加密在付费电视、广播订阅、数字版权保护等应用中得到广泛使用，同时在物联网、区块链等新型应用中扮演着越来越重要的角色。图5-1给出了广播加密用于云数据共享的框架图。数据拥有者首先选择一组需要共享数据的用户公钥 $S=(pk_1, pk_2, \cdots, pk_n)$，然后利用该公钥集合加密共享数据，并把加密后的数据存储到云服务器。用户可随时访问云服务器并下载密态数据，只有加密时指定的用户通过提供对应的私钥才能正确解密获取数据明文。如果广播加密算法的设计基于标识密码系统，即用户的公钥是用户的标识，则称其为标识广播加密。标识广播加密继承了标识密码系统的优点，消除了传统公钥加密系统对证书的需求。

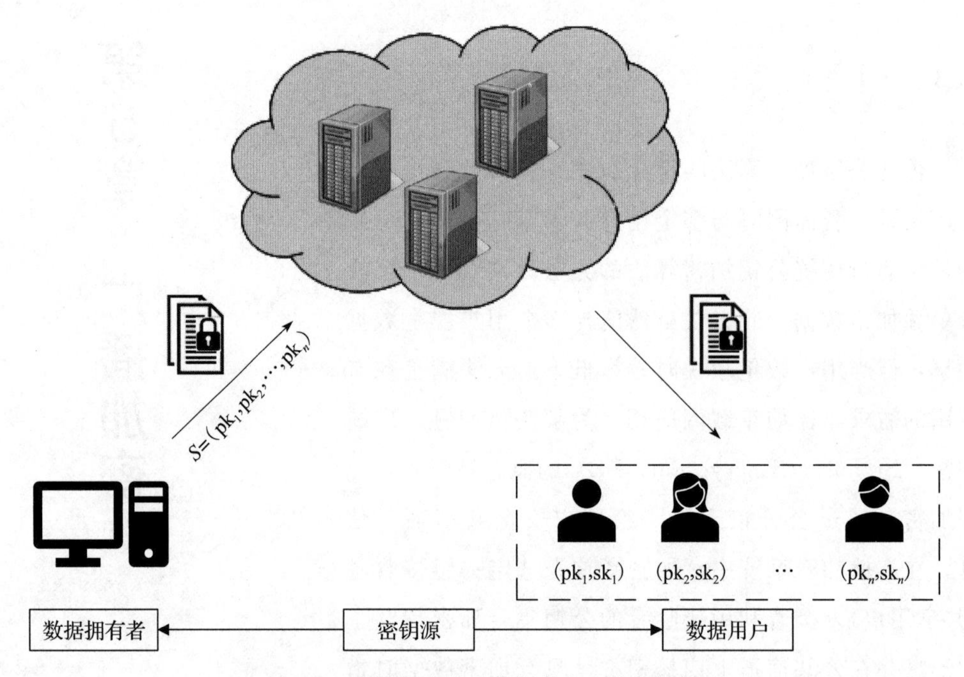

图 5-1　广播加密在云数据共享中的框架图

在广播加密系统中，通常使用加密者指定的接收者公钥集合加密数据，加密和解密计算开销随着接收者数量的增加而增加。在某些特殊的应用场景中，比如一个公司的内部系统，如果接收者为系统中的大部分用户，采用传统的广播加密技术会导致较大的加密和解密开销。在该场景中，只有小部分用户不是接收者，可使用另一种广播加密，在该系统中用于加密数据的是非接收者公钥组成的集合，而不是接收者公钥组成的集合。只要属于加密时指定的用户，就无法正确解密。由于非接收者的数量远远小于接收者的数量，该方法可极大地降低加密和解密的计算开销。此类广播加密方法也称为撤销加密，非接收者称为撤销用户。

广播加密最基本的安全性要求是抗合谋攻击，即非授权的用户合谋也无法获取加密数据的内容。2005 年，Boneh、Gentry 和 Waters 提出了第一个抗完全合谋且具有短密文和私钥的公钥广播加密方案。随后，Delerablée 在 2007 年提出了第一个具有定长密文和私钥的标识广播加密方案。Lewko、Sahai 和 Waters 在 S&P 2010

会议上提出具有短密钥的标识撤销加密方案。现有广播加密方案大多使用此三个方案中的技术实现不同的性能。本章将对上述三个代表性方案进行描述和安全性分析。

5.2 广播加密的定义及安全模型

公钥加密的主要用途之一是生成数据加密密钥（会话密钥），为描述方便，本节给出广播加密的密钥封装形式，即加密算法输出的是封装密钥和封装密文，解密算法输出的是数据加密密钥。

5.2.1 广播加密方案

广播加密方案由以下四个多项式时间算法组成：

- 系统参数生成算法 SP←Setup(λ, m)：算法输入安全参数λ、一次广播用户的最大数量 m，输出系统公开参数 SP。该算法由可信中心运行，其中 SP 包含明文空间 $\mathcal{M}$、密文空间 $\mathcal{C}$ 和数据加密密钥空间 $\mathcal{K}$ 的描述且对所有实体公开；
- 私钥生成算法（pk,sk)←KeyGen(SP)：算法输入系统公开参数 SP，输出用户的公私钥对（pk,sk)，pk 是用户的公钥用于数据加密，sk 是用户秘密保存的私钥，用于密文的解密。该算法由用户运行；
- 加密算法（C, K)←Encrypt（SP,S)：算法输入系统公开参数 SP 和接收者公钥集合 $S=(\mathrm{pk}_1, \mathrm{pk}_2, \cdots, \mathrm{pk}_n)$，其中 $n \leqslant m$，输出封装密文 $C \in \mathcal{C}$ 和封装密钥 $K \in \mathcal{K}$。若待广播的消息为 $M \in \mathcal{M}$，则生成会话密钥 K 后，加密者采用对称加密算法以 K 和 M 为输入，生成真正的密态数据 C_M。该算法由加密者运行；
- 解密算法 $K/\perp$←Decrypt(SP,S, C, sk_i)：算法输入系统公开参数 SP、接收者公钥集合 S、用户私钥 sk_i 以及密文 C，输出封装密钥 K 或者解密失败符号“$\perp$”。若私钥 sk_i 对应的公钥 $\mathrm{pk}_i \in S$，则解密算法输出封装密钥 $K \in \mathcal{K}$。解密者可利用 K 进一步解密 C_M 获取消息 M。该算法由解密者运行。

广播加密方案的正确性要求：对任意的公钥集合 S，SP←Setup(λ, m）和（pk,sk)←KeyGen(SP)，若（C, K)←Encrypt(SP,S)，$\mathrm{pk}_i \in S$，则 Decrypt(SP,S, C, sk_i)$=K$。

5.2.2 广播加密的安全模型

广播加密方案的标准安全模型是自适应性选择密文攻击下的不可区分安全模型

(Indistinguishability against Adaptive Chosen-Ciphertext Attack，IND-CCA)。该安全模型通过挑战者和敌手之间的游戏来定义，模型共分为以下五个阶段：

- **系统建立**：令 SP 为系统公开参数，挑战者运行 KeyGen 算法生成 m 个公私钥对（$\mathrm{pk}_1,\mathrm{sk}_1),\cdots,(\mathrm{pk}_m,\mathrm{sk}_m$），并将（$\mathrm{pk}_1,\cdots,\mathrm{pk}_m$）发送给敌手，秘密保存（$\mathrm{sk}_1,\cdots,\mathrm{sk}_m$）。
- **询问 1**：该阶段允许敌手适应性发起密文解密询问。设敌手询问的密文为 (C,S,pk)，其中 $\mathrm{pk}\in S$，$S\subseteq(\mathrm{pk}_1,\cdots,\mathrm{pk}_m)$，挑战者利用公钥 pk 对应的私钥 sk 运行解密算法并将解密结果发送给敌手。
- **挑战**：询问 1 结束后，敌手输出挑战公钥集合 $S^*\subseteq(\mathrm{pk}_1,\cdots,\mathrm{pk}_m)$，挑战者运行加密算法获得挑战密文（$C^*,K^*)\leftarrow\mathrm{Encrypt}(\mathrm{SP},S^*)$，随机选取一个比特 $b\in\{0,1\}$，设 $K_b=K^*$，从密钥空间 $\mathcal{K}$ 中随机选取一个加密密钥并设为 K_{1-b}，最后将（C^*,K_1,K_0）发送给敌手。
- **询问 2**：敌手可继续询问密文（C,S,pk）的解密询问，其中 $C\neq C^*$，挑战者根据询问 1 回复敌手。
- **猜测**：敌手输出对 b 的猜测 $b'\in\{0,1\}$。如果 $b=b'$，则敌手获胜。

以上游戏中，定义敌手获胜的优势为

$$\mathrm{Adv}_{\mathrm{BE}}^{\mathrm{IND\text{-}CCA}}(\lambda)=\left|\Pr[b=b']-\frac{1}{2}\right|$$

定义 5.1 在 IND-CCA 模型中，如果对于任意的多项式时间敌手，其获胜的优势都是可忽略的，则称广播加密方案是 IND-CCA 安全的。

接下来给出针对静态（Selective）敌手的安全模型，并记为 IND-sCCA。该安全模型也是通过挑战者和敌手之间的游戏来定义的，设模型中挑战者和敌手都以 m 和系统公开参数 SP 为输入。为描述方便，本节用公钥下标表示用户公钥，模型共分为以下六个阶段：

- **初始化**：敌手首先输出挑战接收者集合 $S^*\subseteq(1,\cdots,m)$。
- **系统建立**：挑战者运行 KeyGen 算法生成 m 个私钥 $\mathrm{sk}_1,\cdots,\mathrm{sk}_m$，并将 sk_i 发送给敌手，其中 $i\notin S^*$。
- **询问 1**：该阶段允许敌手适应性地发起密文解密询问。设敌手询问的密文为 (C,S,pk)，其中 $\mathrm{pk}\in S$，$S\subseteq S^*$，挑战者利用公钥 pk 对应的私钥 sk 运行解密算法并将解密结果发送给敌手。

- **挑战**：询问1结束后，挑战者运行加密算法获得挑战密文（C^*,K^*）←Encrypt(SP,S^*)，随机选取一个比特 $b\in\{0,1\}$，设 $K_b=K^*$，从密钥空间 $\mathcal{K}$ 中随机选取一个加密密钥并设为 K_{1-b}，最后将（C^*,K_1,K_0）发送给敌手。
- **询问2**：敌手可继续询问密文（C,S,pk）的解密询问，其中 $C\neq C^*$，挑战者根据询问1回复敌手。
- **猜测**：敌手输出对 b 的猜测 $b'\in\{0,1\}$。如果 $b=b'$，则敌手获胜。

以上游戏中，定义敌手获胜的优势为

$$\mathrm{Adv}_{\mathrm{BE}}^{\mathrm{IND\text{-}sCCA}}(\lambda)=\left|\Pr[b=b']-\frac{1}{2}\right|$$

定义5.2 在IND-sCCA模型中，如果对于任意的多项式时间敌手，其获胜的优势都是可忽略的，则称广播加密方案是IND-sCCA安全的。

在IND-CCA和IND-sCCA安全模型中，若不允许敌手询问密文解密，则称对应的安全模型为选择明文攻击下的不可区分安全模型（Indistinguishability against Chosen-Plaintext Attack，IND-CPA）和IND-sCPA安全模型。

定义5.3 在IND-CPA模型中，如果对于任意的多项式时间敌手，其获胜的优势都是可忽略的，则称广播加密方案是IND-CPA安全的。

定义5.4 在IND-sCPA模型中，如果对于任意的多项式时间敌手，其获胜的优势都是可忽略的，则称广播加密方案是IND-sCPA安全的。

5.2.3 标识广播加密

标识广播加密方案（Identity-Based Broadcast Encryption，IBBE）由以下四个多项式时间算法组成：

- 系统参数生成算法（mpk,msk）←Setup(λ,m)：算法输入安全参数 λ、一次广播用户的最大数量 m，输出系统主公钥mpk和系统主私钥msk。该算法由可信的密钥生成中心运行，其中mpk包含明文空间 $\mathcal{M}$、密文空间 $\mathcal{C}$ 和数据加密密钥空间 $\mathcal{K}$ 的描述且对所有实体公开；
- 私钥生成算法 $\mathrm{sk_{ID}}$←KeyGen(mpk,msk,ID)：算法输入系统主公私钥对（mpk，msk）和用户标识ID，输出用户的私钥 $\mathrm{sk_{ID}}$。该算法由密钥生成中心运行；

- 加密算法 $(C,K) \leftarrow \mathrm{Encrypt}(mpk,S)$：算法输入系统主公钥 mpk、接收者标识集合 $S=(\mathrm{ID}_1,\mathrm{ID}_2,\cdots,\mathrm{ID}_n)$，其中 $n \leqslant m$，输出封装密文 $C \in \mathcal{C}$ 和封装密钥 $K \in \mathcal{K}$。若待广播的消息为 $M \in \mathcal{M}$，则生成会话密钥 K 后，加密者采用对称加密算法以 K 和 M 为输入，生成真正的密态数据 C_M。该算法由加密者运行；
- 解密算法 $K/\perp \leftarrow \mathrm{Decrypt}(mpk,S,C,\mathrm{ID},sk_{\mathrm{ID}})$：算法输入系统主公钥 mpk、接收者标识集合 S、密文 C、解密者标识 ID 及其对应的私钥 sk_{ID}，输出封装密钥 K 或者解密失败符号⊥。若解密者标识 $\mathrm{ID} \in S$，则解密算法输出封装密钥 $K \in \mathcal{K}$。随后，解密者可利用 K 解密 C_M 获取消息 M。该算法由解密者运行。

标识广播加密方案的正确性要求：对任意的标识集合 S，$(mpk,msk) \leftarrow \mathrm{Setup}(\lambda,m)$ 和 $sk_{\mathrm{ID}} \leftarrow \mathrm{KeyGen}(mpk,msk,\mathrm{ID})$，若 $(C,K) \leftarrow \mathrm{Encrypt}(mpk,S)$，$\mathrm{ID} \in S$，则 $\mathrm{Decrypt}(mpk,S,C,\mathrm{ID},sk_{\mathrm{ID}})=K$。

5.2.4 标识广播加密的安全模型

标识广播加密方案的标准安全模型是自适应性选择密文攻击下的不可区分安全模型（Indistinguishability against Adaptive Chosen-Ciphertext Attack，IND-ID-CCA）。该安全模型通过挑战者和敌手之间的游戏来定义，模型共分为以下五个阶段：

- **系统建立**：令系统安全参数为 λ，一次广播用户的最大数量为 m，挑战者运行 Setup 算法生成系统主公私钥对（mpk,msk），并将 mpk 发送给敌手，秘密保存 msk。
- **询问 1**：该阶段允许敌手适应性地发起用户私钥询问和密文解密询问。

  1）**私钥询问**：设敌手询问的标识为 ID，挑战者以系统主公私钥对（mpk,msk）和 ID 为输入，运行私钥生成算法并将算法输出结果发送给敌手。

  2）**解密询问**：设敌手询问的解密密文为 (ID,S,C)，其中 $\mathrm{ID} \in S$。挑战者首先以 ID 为输入运行私钥生成算法生成对应的私钥 sk_{ID}，然后以 sk_{ID}、ID、S、C 为输入运行解密算法并将算法输出结果发送给敌手。

- **挑战**：询问 1 结束后，敌手输出挑战标识集合 $S^*=(\mathrm{ID}_1^*,\cdots,\mathrm{ID}_s^*)$，其中对任意的 $\mathrm{ID}_i^* \in S^*$，敌手都没有询问过 ID_i^* 的私钥。挑战者运行加密算法获得挑战密文 $(C^*,K^*) \leftarrow \mathrm{Encrypt}(mpk,S^*)$，随机选取一个比特 $b \in \{0,1\}$，设

$K_b=K^*$，从密钥空间 $\mathcal{K}$ 中随机选取一个加密密钥并设为 K_{1-b}，最后将（C^*，K_1,K_0）发送给敌手。

- **询问 2**：敌手可继续发起用户 $\mathrm{ID}_i\notin S^*$ 的私钥询问和密文 $C\neq C^*$ 的解密询问，挑战者根据询问 1 回复敌手。
- **猜测**：敌手输出对 b 的猜测 $b'\in\{0,1\}$。如果 $b=b'$，则敌手获胜。

以上游戏中，定义敌手获胜的优势为

$$\mathrm{Adv}_{\mathrm{IBBE}}^{\mathrm{IND\text{-}ID\text{-}CCA}}(\lambda)=\left|\Pr[b=b']-\frac{1}{2}\right|$$

定义 5.5 在 IND-ID-CCA 模型中，如果对于任意的多项式时间敌手，其获胜的优势都是可忽略的，则称标识广播加密方案是 IND-ID-CCA 安全的。

接下来给出针对静态敌手的安全模型，并记为 IND-sID-CCA。该安全模型同样通过挑战者和敌手之间的游戏来定义，设模型中挑战者和敌手都以 m 为输入，模型共分为以下六个阶段：

- **初始化**：敌手首先输出挑战接收者标识集合 $S^*=(\mathrm{ID}_1^*,\cdots,\mathrm{ID}_s^*)$，其中 $s\leqslant m$。
- **系统建立**：设系统安全参数为 λ，挑战者运行 Setup 算法生成系统主公私钥对（mpk,msk），并将 mpk 发送给敌手，秘密保存 msk。
- **询问 1**：该阶段允许敌手适应性地发起用户私钥询问和密文解密询问。

  1）**私钥询问**：设敌手询问的标识为 $\mathrm{ID}\notin S^*$，挑战者以系统主公私钥对（mpk,msk）和 ID 为输入，运行私钥生成算法并将算法输出结果发送给敌手。

  2）**解密询问**：设敌手询问的解密密文为（ID,S,C），其中 $\mathrm{ID}\in S,S\subseteq S^*$。挑战者首先以 ID 为输入运行私钥生成算法生成对应的私钥 $\mathrm{sk_{ID}}$，然后以 $\mathrm{sk_{ID}}$、ID、S、C 为输入运行解密算法并将算法输出结果发送给敌手。

- **挑战**：询问 1 结束后，挑战者运行加密算法获得挑战密文 $(C^*,K^*)\leftarrow\mathrm{Encrypt}(\mathrm{mpk},S^*)$，随机选取一个比特 $b\in\{0,1\}$，设 $K_b=K^*$，从密钥空间 $\mathcal{K}$ 中随机选取一个加密密钥并设为 K_{1-b}，最后将（C^*,K_1,K_0）发送给敌手。
- **询问 2**：敌手可继续发起用户 $\mathrm{ID}_i\notin S^*$ 的私钥询问和密文 $C\neq C^*$ 的解密询问，挑战者根据询问 1 回复敌手。

- **猜测**：敌手输出对 b 的猜测 $b' \in \{0,1\}$。如果 $b=b'$，则敌手获胜。

以上游戏中，定义敌手获胜的优势为

$$\mathrm{Adv}_{\mathrm{IBBE}}^{\text{IND-sID-CCA}}(\lambda)=\left|\Pr[b=b']-\frac{1}{2}\right|$$

定义 5.6　在 IND-sID-CCA 模型中，如果对于任意的多项式时间敌手，其获胜的优势都是可忽略的，则称标识广播加密方案是 IND-sID-CCA 安全的。

在 IND-ID-CCA 和 IND-sID-CCA 安全模型中，若敌手不允许询问密文解密，则称对应的安全模型为 IND-ID-CPA 安全模型和 IND-sID-CPA 安全模型。

定义 5.7　在 IND-ID-CPA 模型中，如果对于任意的多项式时间敌手，其获胜的优势都是可忽略的，则称标识广播加密方案是 IND-ID-CPA 安全的。

定义 5.8　在 IND-sID-CPA 模型中，如果对于任意的多项式时间敌手，其获胜的优势都是可忽略的，则称标识广播加密方案是 IND-sID-CPA 安全的。

5.2.5　标识撤销加密

标识撤销加密方案（Identity-Based Revocation Encryption，IBRE）由以下四个多项式时间算法组成：

- 系统参数生成算法 $(\mathrm{mpk},\mathrm{msk}) \leftarrow \mathrm{Setup}(\lambda)$：算法输入安全参数 λ，输出系统主公钥 mpk 和系统主私钥 msk。该算法由可信的密钥生成中心运行，其中 mpk 包含明文空间 $\mathcal{M}$ 和密文空间 $\mathcal{C}$ 的描述且对所有实体公开；
- 私钥生成算法 $\mathrm{sk}_{\mathrm{ID}} \leftarrow \mathrm{KeyGen}(\mathrm{mpk},\mathrm{msk},\mathrm{ID})$：算法输入系统主公私钥对 $(\mathrm{mpk},\mathrm{msk})$ 和用户标识 ID，输出用户的私钥 $\mathrm{sk}_{\mathrm{ID}}$。该算法由密钥生成中心运行；
- 加密算法 $C \leftarrow \mathrm{Encrypt}(\mathrm{mpk},S,M)$：算法输入系统主公钥 mpk、撤销用户的标识集合 S 和待广播的消息 M，输出广播密文 $C \in \mathcal{C}$。该算法由加密者运行；
- 解密算法 $M/\perp \leftarrow \mathrm{Decrypt}(\mathrm{mpk},S,C,\mathrm{ID},\mathrm{sk}_{\mathrm{ID}})$：算法输入系统主公钥 mpk、撤销用户的标识集合 S、密文 C、解密者标识 ID 及其对应的私钥 $\mathrm{sk}_{\mathrm{ID}}$，输出明文消息 M 或者解密失败符号“$\perp$”。该算法由解密者运行。

标识撤销加密方案的正确性要求：对任意撤销用户标识集合 S，$(\mathrm{mpk},\mathrm{msk}) \leftarrow \mathrm{Setup}(\lambda)$ 和 $\mathrm{sk}_{\mathrm{ID}} \leftarrow \mathrm{KeyGen}(\mathrm{mpk},\mathrm{msk},\mathrm{ID})$，$C \leftarrow \mathrm{Encrypt}(\mathrm{mpk},S,M)$，若 $\mathrm{ID} \notin S$，

则 Decrypt$(mpk, S, C, ID, sk_{ID}) = M$。

5.2.6 标识撤销加密的安全模型

类似标识广播加密系统，标识撤销加密方案的标准安全模型是自适应性选择密文攻击下的不可区分安全模型（Indistinguishability against Adaptive Chosen-Ciphertext Attack，IND-ID-CCA）。该安全模型通过挑战者和敌手之间的撤销游戏来定义，模型共分为以下五个阶段：

- **系统建立**：令系统安全参数为 λ，挑战者运行 Setup 算法生成系统主公私钥对（mpk,msk），并将 mpk 发送给敌手，秘密保存 msk。
- **询问 1**：该阶段允许敌手适应性地发起用户私钥询问和密文解密询问。

  1）**私钥询问**：设敌手询问的标识为 ID，挑战者以系统主公私钥对（mpk，msk）和 ID 为输入，运行私钥生成算法并将算法输出结果发送给敌手。

  2）**解密询问**：设敌手询问的解密密文为 (S, C)。挑战者首先随机选择一个 $ID \notin S$，以 ID 为输入运行私钥生成算法生成对应的私钥 sk_{ID}，然后以 sk_{ID}、ID、S、C 为输入运行解密算法，并将算法输出结果发送给敌手。

- **挑战**：询问 1 结束后，敌手选择两个不同的消息 $M_1, M_2 \in \mathcal{M}$，撤销标识集合 $S^* = (ID_1^*, \cdots, ID_n^*)$ 作为挑战，其中对任意的 $ID_i^* \in S^*$，敌手都询问过 ID_i^* 的私钥。挑战者随机选取一个比特 $b \in \{0,1\}$，运行加密算法获得挑战密文 $C^* \leftarrow \text{Encrypt}(mpk, S^*, M_b)$，并将 C^* 发送给敌手。
- **询问 2**：敌手可继续发起密文 $C \neq C^*$ 的解密询问，挑战者根据询问 1 回复敌手。
- **猜测**：敌手输出对 b 的猜测 $b' \in \{0,1\}$。如果 $b' = b$，则敌手获胜。

以上游戏中，定义敌手获胜的优势为

$$\text{Adv}_{\text{IBRE}}^{\text{IND-ID-CCA}}(\lambda) = \left| \Pr[b = b'] - \frac{1}{2} \right|$$

定义 5.9 在 IND-ID-CCA 模型中，如果对于任意的多项式时间敌手，其获胜的优势都是可忽略的，则称撤销加密方案是 IND-ID-CCA 安全的。

接下来给出针对静态敌手的安全模型，并记为 IND-sID-CCA。该安全模型通过挑战者和敌手之间的撤销游戏来定义。模型共分为以下六个阶段：

- **初始化**：敌手首先输出挑战撤销标识集合 $S^*=(\mathrm{ID}_1^*,\cdots,\mathrm{ID}_n^*)$。
- **系统建立**：设系统安全参数为 λ，挑战者运行 Setup 算法生成系统主公私钥对（mpk,msk），并将 mpk 发送给敌手，秘密保存 msk。
- **询问 1**：该阶段允许敌手适应性地发起用户私钥询问和密文解密询问。

  1）**私钥询问**：对标识 $\mathrm{ID}\in S^*$，挑战者以系统主公私钥对（mpk,msk）和 ID 为输入，运行私钥生成算法并将算法输出结果发送给敌手。

  2）**解密询问**：设敌手询问的解密密文为 (S,C)，其中 $S^*\subseteq S$。挑战者首先选择一个标识 $\mathrm{ID}\notin S$，以 ID 为输入运行私钥生成算法生成对应的私钥 $\mathrm{sk_{ID}}$，然后以 $\mathrm{sk_{ID}}$、ID、S、C 为输入运行解密算法并将算法输出结果发送给敌手。

- **挑战**：询问 1 结束后，敌手选择两个不同的挑战消息 M_1、$M_2\in\mathcal{M}$，挑战者随机选取一个比特 $b\in\{0,1\}$，运行加密算法获得挑战密文 $C^*\leftarrow\mathrm{Encrypt}(\mathrm{mpk},S^*,M_b)$，并将 C^* 发送给敌手。
- **询问 2**：敌手可继续发起用户 $\mathrm{ID}_i\in S^*$ 的私钥询问和密文 $C\neq C^*$ 的解密询问，挑战者根据询问 1 回复敌手。
- **猜测**：敌手输出对 b 的猜测 $b'\in\{0,1\}$。如果 $b'=b$，则敌手获胜。

以上游戏中，定义敌手获胜的优势为

$$\mathrm{Adv}_{\mathrm{IBRE}}^{\text{IND-sID-CCA}}(\lambda)=\left|\Pr[b=b']-\frac{1}{2}\right|$$

定义 5.10　在 IND-sID-CCA 模型中，如果对于任意的多项式时间敌手，其获胜的优势都是可忽略的，则称标识撤销加密方案是 IND-sID-CCA 安全的。

在 IND-ID-CCA 和 IND-sID-CCA 安全模型中，若敌手不允许询问密文解密，则称对应的安全模型为 IND-ID-CPA 安全模型和 IND-sID-CPA 安全模型。

定义 5.11　在 IND-ID-CPA 模型中，如果对于任意的多项式时间敌手，其获胜的优势都是可忽略的，则称标识撤销加密方案是 IND-ID-CPA 安全的。

定义 5.12　在 IND-sID-CPA 模型中，如果对于任意的多项式时间敌手，其获胜的优势都是可忽略的，则称标识撤销加密方案是 IND-sID-CPA 安全的。

5.3 BGW广播加密方案

2005年，Boneh、Gentry和Waters提出了第一个抗完全合谋且具有短密文和私钥的公钥广播加密方案，方案描述如下。

5.3.1 方案描述

首先，介绍一个基础的广播加密方案（方案一），该方案的密文大小和私钥大小均为常数级，公钥大小与用户数量呈线性关系。其次，基于方案一，描述一个一般化的广播加密方案（方案二），并给出安全性证明。

方案一：

- Setup(λ, n)：设 $\mathbb{G}$ 是阶是素数 p 的双线性群。输入广播消息的最大接收者数量 n，随机选取 $\alpha \in Z_p$，群 $\mathbb{G}$ 的生成元 g，计算 $g_i = g^{(\alpha^i)} \in \mathbb{G}$，其中 $i=1,2,\cdots,n,n+2,\cdots,2n$。其次，选取随机数 $\gamma \in \mathbb{Z}_p$，令 $v = g^\gamma \in \mathbb{G}$。设公钥

$$\mathrm{PK} = (g, g_1, \cdots, g_n, g_{n+2}, \cdots, g_{2n}, v) \in \mathbb{G}^{2n+1}$$

用户 $i \in \{1, \cdots, n\}$ 的私钥为 $d_i = g_i^\gamma \in \mathbb{G}$，注意 $d_i = v^{(\alpha^i)}$。算法输出公钥PK和 n 个私钥 $d_1, \cdots, d_n$。

- Encrypt(S,PK)：输入接收者集合 S 和公钥PK，随机选取 $t \in Z_p$，计算 $K = e(g_{n+1}, g)^t \in \mathbb{G}_T$，其中 $e(g_{n+1}, g) = e(g_n, g_1)$。其次，计算

$$\mathrm{Hdr} = \left(g_t, \left(v \cdot \prod_{j \in S} g_{n+1-j}\right)^t\right) \in \mathbb{G}^2$$

并输出（Hdr,K）。

- Decrypt(S,i,d_i,Hdr,PK)：输入用户集合S、用户 i、私钥 d_i、密文Hdr和公钥PK。令 $\mathrm{Hdr} = (C_0, C_1) \in \mathbb{G}^2$，已知 $d_i \in \mathbb{G}$，计算并输出

$$K = e(g_i, C_1) / e\left(d_i \cdot \prod_{j \in S, j \neq i} g_{n+1-j+i}, C_0\right)$$

方案的正确性分析：对 $\forall i \in S$，则有

$$e(g_i, C_1)=e(g,g)^{\alpha^i \cdot t \cdot \left(\gamma+\sum_{j\in S}\alpha^{n+1-j}\right)}=e(g,g)^{t\cdot\left(\gamma\alpha^i+\sum_{j\in s}\alpha^{n+1-j+i}\right)}$$

$$e\left(d_i \cdot \prod_{\substack{j\in S\\ j\neq i}} g_{n+1-j+i}, C_0\right)=e(g,g)^{t\cdot\left(\gamma\alpha^i+\sum_{\substack{j\in S\\ j\neq i}}\alpha^{n+1-j+i}\right)}$$

综上可得，

$$e(g_i, C_1)/e\left(d_i \cdot \prod_{j\in S, j\neq i} g_{n+1-j+i}, C_0\right)=e(g_{n+1}, g)^t=K$$

接着，基于方案一描述更加一般化的广播加密方案构造。主要思路为：并行地执行方案一的 A 个实例，其中每个实例中接收者个数最多为 $B<n$，最后我们可以处理 $n=AB$ 个用户。然而，我们可以通过 A 个并行实例之间共享一些信息，提高方案的性能。比如，所有实例之间共享相同的公钥值 $g, g_1, \cdots, g_B, g_{B+2}, \cdots, g_{2B}$。

方案二给出的一般化构造可以权衡公钥和密文的大小。当 $B=n$ 时，方案二和方案一是相同的。但是，当取 $B=\lfloor\sqrt{n}\rfloor$ 时，方案二的公钥和密文中均包含大约$\sqrt{n}$个元素。注意，不管如何设置 B，用户私钥都仅为群 $\mathbb{G}$ 中的一个元素。

方案二：给定正整数 B，则 B-广播加密方案由以下三个概率多项式时间算法构成。

- Setup_B (λ, n)：此算法设置上述方案的 $A=\left\lceil\frac{n}{B}\right\rceil$个实例。设 $\mathbb{G}$ 为双线性群，阶为素数 p。随机选取 $\alpha\in Z_p$，$\mathbb{G}$ 的一个生成元 g，计算 $g_i=g^{(\alpha^i)}\in\mathbb{G}$，其中 $i=1,2,\cdots,B,B+2,\cdots,2B$。其次，选取随机数 $\gamma_1,\cdots,\gamma_A\in Z_p$，计算 $v_1=g^{\gamma_1},\cdots,v_A=g^{\gamma_A}\in\mathbb{G}$。设公钥

$$\mathrm{PK}=(g, g_1, \cdots, g_B, g_{B+2}, \cdots, g_{2B}, v_1, \cdots, v_A)\in\mathbb{G}^{2B+A}$$

  用户 $i\in\{1,\cdots,n\}$ 的私钥按如下方式计算：设 $i=(a-1)B+b$，其中 $1\leqslant a\leqslant A$，$1\leqslant b\leqslant B$，设用户 i 的私钥为 $d_i=g_b^{\gamma_a}\in\mathbb{G}$。算法输出公钥 PK 和 n 个私钥 $d_1,\cdots,d_n$。
- $\mathrm{Encrypt}(S, \mathrm{PK})$：输入接收者集合 S，公钥 PK。对于每个 $\ell=1,\cdots,A$，定义子集 $\hat{S}_\ell$ 和 S_ℓ 分别为

$$\hat{S}_\ell = S \cap \{(\ell-1)B+1, \cdots, \ell B\}$$

$$S_\ell = \{x-\ell B+B \mid x \in \hat{S}_\ell\} \subseteq \{1, \cdots, B\}$$

随机选取 $t \in Z_p$，且令 $K=e(g_{B+1}, g)^t \in \mathbb{G}_T$。之后，计算

$$\text{Hdr}=\left(g^t, \left(v_1 \cdot \prod_{j \in S_1} g_{B+1-j}\right)^t, \cdots, \left(v_A \cdot \prod_{j \in S_A} g_{B+1-j}\right)^t\right) \in \mathbb{G}^{A+1}$$

并输出 (Hdr, K)。注意 Hdr 包含 $A+1$ 个元素。

- Decrypt(S, i, d_i, Hdr, PK)：输入接收者集合 S，用户 i 及其对应的私钥 d_i、密文 Hdr 和公钥 PK。设 Hdr$=(C_0, C_1, \cdots, C_A)$，$i=(a-1)B+b$，其中 $1 \leqslant a \leqslant A$，$1 \leqslant b \leqslant B$。已知 $d_i \in \mathbb{G}$，计算并输出

$$K=e(g_b, C_a)/e\left(d_i \cdot \prod_{j \in S_a, j \neq b} g_{B+1-j+b}, C_0\right)$$

方案二的正确性分析和方案一类似，当 $B=n$，$A=1$ 时，方案二的构造与方案一相同。

5.3.2 安全性分析

接下来，我们分析一般构造（方案二）的安全性。方案二的安全性是基于 BDHE (Bilinear Diffie-Hellman Exponent) 问题的复杂性假设。首先给出 BDHE 假设的定义，并证明方案二是语义安全的，即 IND-ID-CPA 安全的。

设 $\mathbb{G}$ 为阶是素数 p 的双线性群，则 $\mathbb{G}$ 中 ℓ-BDHE 问题为：输入 $2\ell+1$ 维的向量

$$(h, g, g^\alpha, g^{(\alpha^2)}, \cdots, g^{(\alpha^\ell)}, g^{(\alpha^{\ell+2})}, \cdots, g^{(\alpha^{2\ell})}) \in \mathbb{G}^{2\ell+1}$$

输出 $e(g, h)^{(\alpha^{\ell+1})} \in \mathbb{G}_T$，其中 α 是未知的。

给定 g 和 α 后，令 $g_i = g^{(\alpha^i)} \in \mathbb{G}$，如果

$$\Pr[\mathcal{A}(h, g, g_1, \cdots, g_\ell, g_{\ell+2}, \cdots, g_{2\ell}) = e(g_{\ell+1}, h)] \geqslant \varepsilon$$

且此概率基于 $g, h \in \mathbb{G}$, $\alpha \in Z_p$ 选择的随机性和 $\mathcal{A}$ 所使用比特值的随机性，则称算法 $\mathcal{A}$ 有 ε 的优势解决 ℓ-BDHE 问题。

判定性 ℓ-BDHE 问题的定义和 ℓ-BDHE 问题的定义类似，判断给定元素 T 是否等于 $e(g,h)^{(\alpha^{\ell+1})}$，这里就不再重复。设 $y_{g,\alpha,\ell}=(g,g_1,\cdots,g_\ell,g_{\ell+2},\cdots,g_{2\ell})$，我们定义如果

$$|\Pr[\mathcal{B}(g,h,y_{g,\alpha,\ell},e(g_{\ell+1},h))=0]-\Pr[\mathcal{B}(g,h,y_{g,\alpha,\ell},T)=0]|\geqslant\varepsilon$$

且此概率基于 $g,h\in\mathbb{G},\alpha\in\mathbb{Z}_p,T\in\mathbb{G}_T$ 选择的随机性，以及算法 $\mathcal{B}$ 选择比特值的随机性，则称算法 $\mathcal{B}$ 有 ε 的优势解决判定性 ℓ-BDHE 问题。本文用 $\mathcal{P}_{\text{BDHE}}$ 表示左侧的分布，即 $T=e(g,h)^{(\alpha^{\ell+1})}$ 的情况，用 $\mathcal{R}_{\text{BDHE}}$ 表示右侧的分布，即 T 为随机元素的情况。

定义 5.13　在多项式时间 t 内，如果不存在多项式时间算法以不小于 ε 的优势解决（判定性）ℓ-BDHE 问题，则称（判定性）(t,ε,ℓ)-BDHE 假设成立。

定理 5.1　设 $\mathbb{G}$ 为阶是素数 p 的双线性群，给定任意正整数 $B,n(n>B)$，若 (t,ε,B)-BDHE 假设在 $\mathbb{G}$ 中成立，则 B-广播加密方案（方案二）满足（t,ε,n）-语义安全性。

证明：给定 B-广播加密方案，假设存在一个多项式时间 t 敌手能以 $\text{AdvBr}_{\mathcal{A},n}>\varepsilon$ 的优势攻破 B-广播加密方案，则可构造模拟算法 $\mathcal{B}$ 以 ε 的优势解决 $\mathbb{G}$ 中的判定性 B-BDHE 问题。$\mathcal{B}$ 输入一个随机的判定性 B-BDHE 挑战实例（$g,h,y_{g,\alpha,B},Z$），其中 $y_{g,\alpha,B}=(g,g_1,\cdots,g_B,g_{B+2},\cdots,g_{2B})$，$Z=e(g_{B+1},h)$ 或 Z 是群 $\mathbb{G}_T$ 中的随机元素。$\mathcal{B}$ 执行以下步骤：

- **初始化**：敌手 $\mathcal{A}$ 将希望挑战的用户集合 S 发给 $\mathcal{B}$。
- **系统建立**：$\mathcal{B}$ 生成公钥 PK 和用户 $i\notin S$ 的私钥 d_i，证明的关键在于 $v_1,\cdots,v_A$ 的选取。首先，$\mathcal{B}$ 随机选取 $u_i\in Z_p,1\leqslant i\leqslant A$，定义子集 $\hat{S}_i$，S_i 为

$$\hat{S}_i=S\cap\{(i-1)B+1,\cdots,iB\}$$

$$S_i=\{x-iB+B\,|\,x\in\hat{S}_i\}\subseteq\{1,\cdots,B\}$$

对于 $i=1,\cdots,A$，算法 $\mathcal{B}$ 令 $v_i=g^{u_i}\left(\prod_{j\in S_i}g_{B+1-j}\right)^{-1}$，并发送公钥

$$\text{PK}=(g,g_1,\cdots,g_B,g_{B+2},\cdots,g_{2B},v_1,\cdots,v_A)\in\mathbb{G}^{2B+A}$$

给 $\mathcal{A}$。注意由于 g,α,u_i 都是均匀随机选取的，因此该 PK 的分布与真实方案的分布一致。

其次，敌手 $\mathcal{A}$ 需要得到不在集合 S 中的所有用户的私钥。对任意 $i\notin S$，找到 $1\leqslant a\leqslant A$，$1\leqslant b\leqslant B$，使得 $i=(a-1)B+b$，$\mathcal{B}$ 计算 d_i：

$$d_i=g_b^{u_i}\cdot\prod_{j\in S_a}(g_{B+1-j+b})^{-1}$$

则有 $d_i=\left(g_b^{u_i}\cdot\prod_{j\in S_a}(g_{B+1-j})^{-1}\right)^{\alpha^b}=v_a^{(\alpha^b)}$。由于 $i\notin S$，则 $b\notin S_a$，因此 d_i 中的乘积不包括 g_{B+1} 这一项，所以算法 $\mathcal{B}$ 可利用已知量得到 d_i。

- **挑战**：为了生成挑战，$\mathcal{B}$ 计算 $\mathrm{Hdr}=(h,h^{u_1},\cdots,h^{u_A})$。随机选取一个比特 $b\in\{0,1\}$，设 $K_b=Z$，并随机选取 $K_{1-b}\in\mathbb{G}_T$。接着把 (Hdr,K_0,K_1) 作为挑战发给 $\mathcal{A}$。下面给出具体分析：

  1）当 $Z=e(g_{B+1},h)$ 时，即 $\mathcal{B}$ 的输入来自 $\mathcal{P}_{\mathrm{BDHE}}$，$(\mathrm{Hdr},K_0,K_1)$ 对 $\mathcal{A}$ 来说是和真实攻击一样的有效挑战。设 $h=g^t$，其中 $t\in Z_p$ 是未知的，则对所有 $i=1,\cdots,A$，有

$$\begin{aligned}h^{u_i}&=(g^{u_i})^t=\left(g^{u_i}\left(\prod_{j\in S_i}g_{B+1-j}\right)^{-1}\left(\prod_{j\in S_i}g_{B+1-j}\right)\right)^t\\&=\left(v_i\prod_{j\in S_i}g_{B+1-j}\right)^t\end{aligned}$$

  因此，$(h,h^{u_1},\cdots,h^{u_A})$ 是密钥 $e(g_{B+1},g)^t$ 的有效加密。此外，$e(g_{B+1},g)^t=e(g_{B+1},h)=Z=K_b$，即 (Hdr,K_0,K_1) 是一个有效的挑战。

  2）当 Z 是群 $\mathbb{G}_T$ 中的随机元素时，即 $\mathcal{B}$ 的输入来自 $\mathcal{R}_{\mathrm{BDHE}}$，$K_0$ 和 K_1 是 $\mathbb{G}_T$ 中两个相互独立的随机元素。

- **猜测**：敌手 $\mathcal{A}$ 输出 b 的一个猜测 b'。若 $b=b'$，$\mathcal{B}$ 输出 0，表示 $Z=e(g_{B+1},h)$；否则，输出 1，表示 Z 是群 $\mathbb{G}_T$ 中的随机元素。

注意，若 $(g,h,y_{g,\alpha,B},Z)\leftarrow\mathcal{R}_{\mathrm{BDHE}}$，则 $\Pr[\mathcal{B}(g,h,y_{g,\alpha,B},Z)=0]=\frac{1}{2}$；若 $(g,h,y_{g,\alpha,B},Z)\leftarrow\mathcal{P}_{\mathrm{BDHE}}$，则 $\left|\Pr[\mathcal{B}(g,h,y_{g,\alpha,B},Z)=0]-\frac{1}{2}\right|=\mathrm{AdvBr}_{\mathcal{A},n}>\varepsilon$。因此，

$\mathcal{B}$能以至少 ε 的优势解决在 $\mathbb{G}$ 中的判定性 B-BDHE 问题。 ■

5.4 Delerablée 广播加密方案

本节介绍一个基于标识的广播加密方案（Identity-Based Broadcast Encryption, IBBE）。该方案是由 Delerablée 在 2007 年亚密会上提出的第一个具有定长密文和私钥的标识广播加密方案，方案描述如下。

5.4.1 方案描述

- Setup(λ, m)：算法输入安全参数 λ，一次广播允许的最大接收者数量 m 和双线性映射群系统 $\mathrm{BP}=(\mathbb{G}_1, \mathbb{G}_2, \mathbb{G}_T, p, e)$，其中 $|p|=\lambda$。随机选取秘密值 $\gamma \in Z_p^*$，两个生成元 $g \in \mathbb{G}_1$ 和 $h \in \mathbb{G}_2$。接着，选取哈希函数 $H:\{0,1\}^* \rightarrow Z_p^*$，在安全性分析中将其视为随机谕言机。定义系统主私钥 $\mathrm{msk}=(g, \gamma)$，系统公钥

$$\mathrm{PK}=(w, v, h, h^{\gamma}, \cdots, h^{\gamma^m})$$

其中，$w=g^{\gamma}$，$v=e(g, h)$。

- KeyGen (msk, ID)：输入主私钥 $\mathrm{msk}=(g, \gamma)$，用户标识 ID，计算用户私钥

$$\mathrm{sk}_{\mathrm{ID}}=\mathrm{g}^{\frac{1}{\gamma+H(\mathrm{ID})}}$$

- Encrypt (S, PK)：设接收者标识集合为 $S=\{\mathrm{ID}_j\}_{j=1}^{s}(s \leqslant m)$，加密者随机选取 $k \in Z_p^*$，计算 $\mathrm{Hdr}=(C_1, C_2)$ 和 K，其中 $C_1=w^{-k}$，$C_2=h^{k \cdot \prod_{i=1}^{s}(\gamma+\mathcal{H}(\mathrm{ID}_i))}$，$K=v^k$，输出 (Hdr, K)。
- Decrypt$(S, \mathrm{ID}_i, \mathrm{sk}_{\mathrm{ID}_i}, \mathrm{Hdr}, \mathrm{PK})$：为恢复封装在密文 Hdr 中的数据加密密钥 K，解密者 ID_i 输入接收者标识集合 S、私钥 $\mathrm{sk}_{\mathrm{ID}_i}$ 和密文 $\mathrm{Hdr}=(C_1, C_2)$。设 $\mathrm{ID}_i \in S$，计算

$$K=(e(C_1, h^{p_{i,S}(\gamma)}) \cdot e(\mathrm{sk}_{\mathrm{ID}_i}, C_2))^{\frac{1}{\prod_{j=1, j \neq i}^{S} H(\mathrm{ID}_j)}}$$

其中，

$$p_{i,S}(\gamma)=\frac{1}{\gamma}\cdot\left(\prod_{j=1,j\neq i}^{s}(\gamma+H(\mathrm{ID}_j))-\prod_{j=1,j\neq i}^{s}H(\mathrm{ID}_j)\right)$$

方案的正确性分析：假设 Hdr 是正确的密文，则对任意的标识 $\mathrm{ID}_i\in S$，有

$$\begin{aligned}K'&=e(C_1,h^{p_{i,S}(\gamma)})\cdot e(\mathrm{sk}_{\mathrm{ID}_i},C_2)\\&=e(g^{-k\cdot\gamma},h^{p_{i,S}(\gamma)})\cdot e\left(g^{\frac{1}{\gamma+H(\mathrm{ID}_i)}},h^{k\cdot\prod_{j=1}^{s}(\gamma+H(\mathrm{ID}_j))}\right)\\&=e(g,h)^{-k\cdot\left(\prod_{j=1,j\neq i}^{s}(\gamma+H(\mathrm{ID}_j))-\prod_{j=1,j\neq i}^{s}H(\mathrm{ID}_j)\right)}\cdot e(g,h)^{k\cdot\prod_{j=1,j\neq i}^{s}(\gamma+H(\mathrm{ID}_j))}\\&=e(g,h)^{k\cdot\prod_{j=1,j\neq i}^{s}H(\mathrm{ID}_j)}\\&=K^{\prod_{j=1,j\neq i}^{s}H(\mathrm{ID}_j)}\end{aligned}$$

因此，$K'^{\frac{1}{\prod_{j=1,j\neq i}^{s}H(\mathrm{ID}_j)}}=K$。

5.4.2 安全性分析

接下来分析 Delerablée 广播加密方案的安全性，此方案的安全性基于 GDDHE (Generalized Decisional Diffie Hellman Exponent) 问题的难解性，我们证明如果 GDDHE 假设成立，则此方案满足 IND-sID-CPA 的安全性。

定义 5.14 设 $\mathrm{BP}=(\mathbb{G}_1,\mathbb{G}_2,\mathbb{G}_T,p,e)$ 为双线性映射群系统，f 与 g 是两个拥有不同根的互素多项式，且阶分别为 t 和 n。设生成元 $g_0\in\mathbb{G}_1$，生成元 $h_0\in\mathbb{G}_2$，则 (f,g,F)-GDDHE 问题为：给定

$$\begin{array}{ll}g_0,g_0^{\gamma},\cdots,g_0^{\gamma^{t-1}},\quad g_0^{\gamma\cdot f(\gamma)}, & g_0^{k\cdot\gamma\cdot f(\gamma)},\\ h_0,h_0^{\gamma},\cdots,h_0^{\gamma^{2n}}, & h_0^{k\cdot g(\gamma)}\end{array}$$

和元素 $T\in\mathbb{G}_T$，判断 T 是等于 $e(g_0,h_0)^{k\cdot f(\gamma)}$ 还是 $\mathbb{G}_T$ 中的一个随机元素。

我们用 $\mathrm{Adv}^{\mathrm{GDDHE}}(f,g,F,\mathcal{A})$ 表示敌手 $\mathcal{A}$ 区分上述两个分布的优势。对于多项

式时间的敌手 $\mathcal{A}$，令 $\mathrm{Adv}^{\mathrm{GDDHE}}(f,g,F)=\max_{\mathcal{A}}\mathrm{Adv}^{\mathrm{GDDHE}}(f,g,F,\mathcal{A})$，则有以下推论。

推论 5.1（(f,g,F)-GDDHE 的通用安全性） 对任意的概率多项式时间算法 $\mathcal{A}$，如果询问谕言机执行群 $\mathbb{G}_1,\mathbb{G}_2,\mathbb{G}_T$ 和双线性映射 $e(\cdot,\cdot)$ 运算的总次数最多为 q，则

$$\mathrm{Adv}^{\mathrm{GDDHE}}(f,g,F,\mathcal{A})\leqslant\frac{(q+2(n+t+4)+2)^2\cdot d}{2q}$$

其中，$d=2\cdot\max(n,t+1)$。

接下来证明 Delerablée 广播加密方案的 IND-sID-CPA 安全性，并用 $\mathcal{IBBE}$ 表示该方案，我们有如下结论。

定理 5.2 对于任意的 t,n，有 $\mathrm{Adv}_{\mathcal{IBBE}}^{\mathrm{ind}}(t,n)\leqslant 2\cdot\mathrm{Adv}^{\mathrm{GDDHE}}(f,g,F)$。

证明：假设敌手 $\mathcal{A}$ 与模拟者 $\mathcal{B}$ 均以用户集合 S 的最大值 n，以及敌手询问私钥和随机谕言机的总次数 t 为输入。$\mathcal{B}$ 输入一个给定的 (f,g,F)-GDDHE 实例：

$$\begin{aligned}&g_0,g_0^{\gamma},\cdots,g_0^{\gamma^{t-1}},\quad g_0^{\gamma\cdot f(\gamma)},\quad g_0^{k\cdot\gamma\cdot f(\gamma)},\\&h_0,h_0^{\gamma},\cdots,h_0^{\gamma^{2n}},\qquad\qquad h_0^{k\cdot g(\gamma)},\end{aligned}$$

和 $T\in\mathbb{G}_T$，其中 T 等于 $e(g_0,h_0)^{k\cdot f(\gamma)}$ 或者是 $\mathbb{G}_T$ 中的一个随机元，f 和 g 是阶数分别为 t 和 n 的互素多项式，且拥有不同根。

为了描述简单，在此证明中，作如下设定：

- $f(X)=\prod_{i=1}^{t}X+x_i,g(X)=\prod_{i=t+1}^{t+n}X+x_i$；
- $t-1$ 阶的多项式：$f_i(x)=\dfrac{f(x)}{x+x_i},i\in[1,t]$；
- $n-1$ 阶的多项式：$g_i(x)=\dfrac{g(x)}{x+x_i},i\in[t+1,t+n]$。

■ **初始化**：敌手 $\mathcal{A}$ 输出想要攻击的标识集合 $S^*=\{\mathrm{ID}_1^*,\cdots,\mathrm{ID}_{s^*}^*\}$，其中 $s^*<n$。

■ **系统建立**：为了生成方案所需参数，模拟者 $\mathcal{B}$ 隐式设 $g=g_0^{f(\gamma)}$，以及

$$h=h_0^{\prod_{i=t+s^*+1}^{t+n}(\gamma+x_i)}, \qquad w=g_0^{\gamma\cdot f(\gamma)}=g^{\gamma}$$

$$v=e(g_0,h_0)^{f(\gamma)\cdot\prod_{i=t+s^*+1}^{t+n}(\gamma+x_i)}=e(g,h)$$

$\mathcal{B}$定义公钥为$PK=(w,v,h,h^{\gamma},\cdots,h^{\gamma^n})$，但$\mathcal{B}$并不能计算出$g$，其中$H$为$\mathcal{B}$控制的随机谕言机。

■ **哈希询问**：在任何时候，敌手$\mathcal{A}$均能询问标识ID_i的哈希值，设询问随机谕言机的次数至多为$t-q_E$，其中q_E为私钥询问的次数。为回应这些询问，$\mathcal{B}$存储由三元组（ID_i,x_i,sk_{ID_i}）组成的列表$\mathcal{L}(H)$，初始值如下：

$$\{(*,x_i,*)\}_{i=1}^{t},\{(ID_i,x_i,*)\}_{i=t+1}^{t+s^*}$$

其中“$*$”表示$\mathcal{L}(\mathcal{H})$中的空项。当敌手$\mathcal{A}$询问标识ID_i的哈希值时，

1）若ID_i已在列表$\mathcal{L}(\mathcal{H})$中，则$\mathcal{B}$返回对应的x_i；

2）否则，设$\mathcal{H}(ID_i)=x_i$，并以（$ID_i,x_i,*$）更新列表$\mathcal{L}(\mathcal{H})$。

■ **询问1**：敌手$\mathcal{A}$适应性地询问$q_1,\cdots,q_m$，其中q_i是对ID_i的私钥询问。$\mathcal{B}$以$ID_i\notin S^*$为输入运行算法Extract，并将得到的私钥发送给敌手。生成私钥的具体步骤如下：

1）若$\mathcal{A}$已对ID_i进行过私钥询问，则$\mathcal{B}$返回$\mathcal{L}(\mathcal{H})$中对应的sk_{ID_i}；

2）否则，若$\mathcal{A}$已对ID_i进行过哈希询问，则$\mathcal{B}$获得对应的x_i，计算私钥

$$sk_{ID_i}=g_0^{f_i(\gamma)}=g^{\frac{1}{\gamma+\mathcal{H}(ID_i)}}$$

并以（ID_i,x_i,sk_{ID_i}）更新列表$\mathcal{L}(\mathcal{H})$。不难验证sk_{ID_i}是正确的私钥。

3）否则，$\mathcal{B}$设$\mathcal{H}(ID_i)=x_i$，根据步骤2计算sk_{ID_i}，并以（ID_i,x_i,sk_{ID_i}）更新列表$\mathcal{L}(\mathcal{H})$。

■ **挑战**：当敌手$\mathcal{A}$结束询问1时，模拟者$\mathcal{B}$运行算法Encrypt，得到$(Hdr^*,K)=Encrypt(S^*,PK),Hdr^*=(C_1,C_2)$，

$$C_1=g_0^{-k\cdot\gamma\cdot f(\gamma)}, \quad C_2=h_0^{k\cdot g(\gamma)}, \quad K=T^{\prod_{i=t+s^*+1}^{t+n}x_i}\cdot e(g_0^{k\cdot\gamma\cdot f(\gamma)},h_0^{q(\gamma)})$$

其中 $q(\gamma)=\frac{1}{\gamma}\cdot\left(\prod_{i=t+s^*+1}^{t+n}(\gamma+x_i)-\prod_{i=t+s^*+1}^{t+n}x_i\right)$。容易验证：

$$C_1=w^{-k},\quad C_2=h_0^{k\cdot\prod_{i=t+s^*+1}^{t+n}(\gamma+x_i)\cdot\prod_{i=t+1}^{t+s^*}(\gamma+x_i)}=h^{k\cdot\prod_{i=t+1}^{t+s^*}(\gamma+\mathcal{H}(\mathrm{ID}_i))}$$

此外，若 $T=e(g_0,h_0)^{k\cdot f(\gamma)}$，则 $K=v^k$。

其次，$\mathcal{B}$ 随机选取一个比特 $b\in\{0,1\}$，设 $K_b=K$，并随机从数据加密密钥空间 $\mathcal{K}$ 中选取一个值设为 K_{1-b}。最后，将（Hdr^*,K_0,K_1）发给敌手 $\mathcal{A}$。

- **询问 2**：敌手 $\mathcal{A}$ 继续进行询问 $q_{m+1},\cdots,q_E$，其中 q_i 是对标识 $\mathrm{ID}_i\notin S^*$ 的私钥询问，$\mathcal{B}$ 根据询问 1 回应敌手。
- **猜测**：最后，敌手 $\mathcal{A}$ 输出对 b 的猜测 $b'\in\{0,1\}$。若 $b=b'$，则敌手 $\mathcal{A}$ 在此游戏中获胜。

根据证明，若定义 T 等于 $e(g_0,h_0)^{k\cdot f(\gamma)}$ 的事件为 real，T 为群 $\mathbb{G}_T$ 中的一个不等于 $e(g_0,h_0)^{k\cdot f(\gamma)}$ 的随机值的事件为 rand，我们有

$$\begin{aligned}\mathrm{Adv}^{\mathrm{GDDHE}}(f,g,F,\mathcal{R})&=\Pr[b'=b\mid\mathrm{real}]-\Pr[b'=b\mid\mathrm{rand}]\\&=\frac{1}{2}\cdot(\Pr[b'=b\mid b=1\wedge\mathrm{real}]-\Pr[b'=1\mid b=0\wedge\mathrm{real}])-\\&\quad\frac{1}{2}\cdot(\Pr[b'=b\mid b=1\wedge\mathrm{rand}]-\Pr[b'=1\mid b=0\wedge\mathrm{rand}])\end{aligned}$$

在事件 rand 的情况下，从敌手 $\mathcal{A}$ 的角度来说 b 的分布是独立的，即

$$\Pr[b'=b\mid b=1\wedge\mathrm{rand}]=\Pr[b'=1\mid b=0\wedge\mathrm{rand}]$$

在事件 real 的情况下，$\mathcal{B}$ 所选择的所有变量都是随机的，模拟与真实攻击不可区分，因此，

$$\mathrm{Adv}_{\mathcal{IBBE}}^{\mathrm{ind}}(t,n,\mathcal{A})=\Pr[b'=b\mid b=1\wedge\mathrm{real}]-\Pr[b'=1\mid b=0\wedge\mathrm{real}]$$

综上可得，$\mathrm{Adv}^{\mathrm{GDDHE}}(f,g,F,\mathcal{R})=\frac{1}{2}\cdot\mathrm{Adv}_{\mathcal{IBBE}}^{\mathrm{ind}}(t,n,\mathcal{A})$。 ■

5.5 LSW 标识撤销加密方案

本节将描述由 Lewko、Sahai 和 Waters 在 S&P 2010 会议上提出的具有短密钥的标识撤销加密方案，简写为 LSW 方案，该方案可以看成标识广播加密的一个变形或者称为反向标识广播加密。传统标识广播加密方案是利用接收者标识集合对广播的消息进行加密，使得只有属于接收者集合的用户才能正确解密获得消息。而标识撤销加密系统采用撤销用户的标识集合加密数据，只要属于撤销集合的用户都无法正确解密，非撤销的用户都可以正确解密。在特殊应用场景中，加密效率高于传统广播加密效率。接下来，给出 LSW 标识撤销加密方案的具体构造，并给出其安全性分析。

5.5.1 方案描述

- Setup (λ)：输入安全参数 λ，生成对称双线性对系统 $\mathrm{BP}=(\mathbb{G},\mathbb{G}_T,p,e)$。随机选取生成元 $g,h\in\mathbb{G}$，指数 $\alpha,b\in Z_p$，生成系统公钥 PK 和系统主私钥 msk 为

$$\mathrm{PK}=(g,g^b,g^{b^2},h^b,e(g,g)^{\alpha})$$
$$\mathrm{msk}=(\alpha,b)$$

- KeyGen (msk,ID)：已知用户标识 ID，私钥生成算法选取随机数 $t\in Z_p$，计算用户私钥 $\mathrm{sk_{ID}}$ 为

$$D_0=g^{\alpha}g^{b^2t},\quad D_1=(g^{b\cdot\mathrm{ID}}h)^t,\quad D_2=g^{-t}$$

- Encrypt (PK,M,S)：已知加密消息 M，撤销用户集合 S，设 $r=|S|$。加密算法首先选取随机数 $s\in Z_p$，选取 r 个随机数 $s_1,\cdots,s_r$，使得 $s=s_1+\cdots+s_r$。设ID_i 表示 S 中的第 i 个标识，计算密文 CT 包含：

$$C'=e(g,g)^{\alpha s}M,\quad C_0=g^s$$

以及对每个 $i=1,2,\cdots,r$，计算

$$(C_{i,1}=g^{b\cdot s_i},C_{i,2}=(g^{b^2\cdot\mathrm{ID}_i}h^b)^{s_i})$$

- Decrypt(S,CT,ID,sk_{ID})：已知密文 CT，解密者标识 ID 及其私钥 sk_{ID}。若存在 $ID' \in S$，满足 $ID' = ID$，则算法终止；否则，计算

$$\frac{e(C_0, D_0)}{e\left(D_1, \prod_{i=1}^{r} C_{i,1}^{1/(ID-ID_i)}\right) \cdot e\left(D_2, \prod_{i=1}^{r} C_{i,2}^{1/(ID-ID_i)}\right)}$$

得到 $e(g,g)^{\alpha s}$ 的值。计算得到 $e(g,g)^{\alpha s}$ 后，可从 C' 中恢复出数据 M。当且仅当 $ID \neq ID_i$ 时，解密算法才能正确计算。

方案的正确性分析：设 $ID \notin S$，则

$$\begin{aligned}
& e(C_0, D_0) \Big/ \left(e\left(D_1, \prod_{i=1}^{r} C_{i,1}^{1/(ID-ID_i)}\right) \cdot e\left(D_2, \prod_{i=1}^{r} C_{i,2}^{1/(ID-ID_i)}\right) \right) \\
= & e(C_0, D_0) \Big/ \left(\prod_{i=1}^{r} (e(D_1, C_{i,1}) \cdot e(D_2, C_{i,2}))^{ID-ID_i} \right) \\
= & e(g^s, g^{\alpha} g^{b^2 t}) \Big/ \left(\prod_{i=1}^{r} \left(e((g^{bID} h)^t, g^{bs_i}) \cdot e(g^{-t}, (g^{b^2 ID_i} h^b)^{s_i}) \right)^{ID-ID_i} \right) \\
= & e(g,g)^{s\alpha} e(g,g)^{sb^2 t} \Big/ \left(\prod_{i=1}^{r} e(g,g)^{s_i b^2 t} \right) \\
= & e(g,g)^{s\alpha}
\end{aligned}$$

故由 $C' = e(g,g)^{\alpha s} M$，可计算得到消息 M。

5.5.2　安全性分析

接下来分析 LSW 方案的安全性，证明若 q-MEBDH（Multi-Exponent Bilinear Diffie-Hellman）假设成立，则该撤销方案满足 IND-sID-CPA 的安全性。首先介绍 q-MEBDH 问题。

q-MEBDH 问题：设 $\mathbb{G}$ 是阶为素数 p 的双线性群，则群 $\mathbb{G}$ 中的 q-MEBDH 问题为，挑战者选取生成元 $g \in \mathbb{G}$，随机指数 $s, \alpha, \alpha_1, \cdots, \alpha_q$，攻击者给定 $\vec{y} =$

$$\begin{array}{lllll}
 & & g, g^s, e(g,g)^{\alpha} & & \\
\forall 1 \leqslant i, j \leqslant q & g^{\alpha_i} & g^{\alpha_i s} & g^{\alpha_i \alpha_j} & g^{\alpha/\alpha_i^2} \\
\forall 1 \leqslant i, j, k \leqslant q, i \neq j & g^{\alpha_i \alpha_j s} & g^{\alpha \alpha_j/\alpha_i^2} & g^{\alpha \alpha_i \alpha_j/\alpha_k^2} & g^{\alpha \alpha_i^2/\alpha_j^2}
\end{array}$$

和 $T\in\mathbb{G}_T$，区分 T 是等于 $e(g,g)^{\alpha s}$ 还是 $\mathbb{G}_T$ 中的一个随机元素。

若多项式时间算法 $\mathcal{D}$ 输出 $z\in\{0,1\}$ 满足

$$|\Pr[\mathcal{D}(\vec{y},T=e(g,h)^{\alpha s})=0]-\Pr[\mathcal{D}(\vec{y},T=\text{Random})=0]|\geqslant\varepsilon$$

则称算法 $\mathcal{D}$ 有 ε 的优势解决判定性 q-MBDHE 问题。

定义 5.15 *若不存在多项式时间算法以不可忽略的优势解决 q-MEBDH 问题，则称判定性 q-MEBDH 假设成立。*

定理 5.3 如果判定性 q-MEBDH 假设成立，则不存在多项式时间敌手能选择性地攻破撤销用户数量为 $r^*\leqslant q$ 的 LSW 方案。

证明：假设存在敌手 $\mathcal{A}$ 能以不可忽略的优势 $\varepsilon=\text{Adv}_{\mathcal{A}}$ 在 IND-sID-CPA 模型中攻破 LSW 撤销方案。此外，假设挑战密文中撤销用户的数量最多为 q 个，接下来证明如何构造模拟者 $\mathcal{B}$ 解决判定性 q-MEBDH 问题。首先，模拟者 $\mathcal{B}$ 以一个判定性 q-MEBDH 问题实例 $\vec{X}$，T 为输入，然后，执行以下步骤：

- **初始化**：敌手 $\mathcal{A}$ 公布撤销集合 $S^*=\{\text{ID}_1,\cdots,\text{ID}_{r^*}\}$，$r^*\leqslant q$，并发给模拟者。
- **系统建立**：模拟者生成公钥和在 S^* 中所有标识的私钥。模拟者 $\mathcal{B}$ 选取一个随机数 $y\in Z_p$，设 $b=a_1+a_2+\cdots+a_r$，计算公钥 PK 为

$$\left(g,g^b=\prod_{1\leqslant i\leqslant r^*}g^{a_i},g^{b^2}=\prod_{1\leqslant i,j\leqslant r^*}(g^{a_i\cdot a_j}),h=\prod_{1\leqslant i\leqslant r^*}(g^{a_i})^{-\text{ID}_i}g^y,e(g,g)^\alpha\right)$$

  我们注意到公钥 PK 与真实方案中的公钥分布一致，撤销集合 S^* 用于生成参数 h。

- **私钥询问**：模拟者 $\mathcal{B}$ 必须能构造所有在撤销集合 S^* 中标识的私钥。对于每个标识 $\text{ID}_i\in S^*$，$\mathcal{B}$ 随机选取 $z_i\in Z_p$，并隐式设置用于生成第 i 个标识私钥的随机数为 $t_i=-\alpha/a_i^2+z_i$。

t_i 的设置有两个原因。第一，在 D_0 中，g^α 是未知的，我们需要消除该项。因为 g^{b^2} 包含 $g^{a_i^2}$，通过 $-\alpha/a_i^2$ 可以消除 g^α 项；第二，为了生成 D_2。$\mathcal{B}$ 已知 $g^{\alpha a_j/a_i^2}$，其中 $i\neq j$。当 $i=j$ 时，存在未知项 g^{α/a_i}。然而，通过设置合适的参数 h，可使这一项永远不出现。标识 ID_i 的私钥生成如下：

$$D_0=\left(\prod_{\substack{1\leqslant j,k\leqslant r^*\\ \text{s. t. if } j=k \text{ then } j,k\neq i}}\left(g^{-\alpha a_j a_k/a_i^2}\right)\right)\prod_{1\leqslant j,k\leqslant r^*}\left(g^{a_j a_k}\right)^{z_i}$$

$$D_1=\left(\prod_{\substack{1\leqslant j\leqslant r^*\\ j\neq i}}\left(g^{-\alpha a_j/a_i^2}\right)^{(\mathrm{ID}_i-\mathrm{ID}_j)}\left(g^{(\mathrm{ID}_i-\mathrm{ID}_j)\cdot a_j}\right)^{z_i}\right)\left(g^{-\alpha/a_i^2}\right)^{y}g^{yz_i}$$

$$D_2=g^{\alpha/a_i^2}g^{-z_i}$$

- **挑战**：模拟者 $\mathcal{B}$ 收到来自敌手的挑战消息 M_1，M_2 后，首先随机选取比特 $b\in\{0,1\}$，随机数 $s',s_1',\cdots,s_{r^*}'\in Z_p$ 使得 $s'=\sum_i s_i'$。为了方便标注，记 $u_i=g^{b^2\mathrm{ID}_i}h^b$，该值可通过公开参数计算得到。挑战密文的生成将使用随机数 $\widetilde{s}=s+s'$，其中 $\widetilde{s}$ 被分解成多个共享 $\widetilde{s}_i=a_i s/b+s_i'$。因为 $b=\sum_j a_j$，所以 $\sum\widetilde{s}_i=\widetilde{s}$。最后计算挑战密文 CT 为

$$C'=Te(g,g)^{\alpha s'}\cdot M_b$$

$$C_0=g^s g^{s'}$$

$$C_{i,1}=g^{sa_i}\left(\prod_j g^{a_j}\right)^{s_i'}$$

$$C_{i,2}=\left(\prod_{1\leqslant j\leqslant r^*,i\neq j}\left(g^{sa_i a_j}\right)^{\mathrm{ID}_i-\mathrm{ID}_j}\right)\left(g^{a_i s}\right)^{y}u_i^{s_i'}$$

方案中 $C_{i,2}=(g^{b\mathrm{ID}_i}h)^{b\widetilde{s}_i}$，注意到 $b\widetilde{s}_i=sa_i+s_i'$，就不难理解挑战密文中 $C_{i,2}$ 的生成。

- **猜测**：最后，敌手 $\mathcal{A}$ 输出 b 的一个猜想 b'。若 $b=b'$，模拟者 $\mathcal{B}$ 输出 0，表示模拟者 $\mathcal{B}$ 认为 $T=e(g,g)^{\alpha s}$；否则，输出 1，表示模拟者 $\mathcal{B}$ 认为 T 是群 $\mathbb{G}_T$ 中不等于 $e(g,g)^{\alpha s}$ 的随机值。

当 $T=e(g,g)^{\alpha s}$ 时，挑战密文是正确的密文，模拟者 $\mathcal{B}$ 给出了一个完美的模拟，模拟和真实攻击环境不可区分。根据假设，有

$$\Pr[\mathcal{B}(\vec{X},T=e(g,g)^{\alpha s})=0]=\frac{1}{2}+\mathrm{Adv}_{\mathcal{A}}$$

当 T 是群 $\mathbb{G}_T$ 中不等于 $e(g,g)^{as}$ 的随机值时，对于敌手 $\mathcal{A}$，消息 M_b 的信息被完全隐藏在挑战密文中，因此，有

$$\Pr[\mathcal{B}(\vec{X},T=R)=0]=\frac{1}{2}$$

综上所述，$\mathcal{B}$ 成功解决判定性 q-MEBDH 问题的优势为：

$$\begin{aligned}\mathrm{Adv}^{q\text{-MEBDH}} &= |\Pr[\mathcal{B}(\vec{X},T=e(g,g)^{as})=0]-\Pr[\mathcal{B}(\vec{X},T=R)=0]| \\ &= \left|\frac{1}{2}+\mathrm{Adv}_{\mathcal{A}}-\frac{1}{2}\right| \\ &= \mathrm{Adv}_{\mathcal{A}}\end{aligned}$$

■

5.6　本章小结

本章简要介绍了广播加密技术产生的背景及其应用，分别给出了传统公钥密码体制和标识密码体制下广播加密的定义及其主要安全模型。介绍了三个具有代表性的广播加密方案，第一个是由 Boneh、Gentry 和 Waters 提出的抗完全合谋且具有短密文和私钥的公钥广播加密方案；第二个是由 Delerablée 在 2007 年亚密会上提出的第一个具有定长密文和私钥的标识广播加密方案；第三个是由 Lewko、Sahai 和 Waters 在 S&P2010 会议上提出的具有短私钥的标识撤销加密方案，该方案可以看成反向标识广播加密系统。这三个方案具有较强的代表性，后期广播加密的拓展大部分是基于这三个方案的。具有其他功能的广播加密方案，比如匿名性、可追踪性等，感兴趣的读者可阅读相关文献。

习题

1. 简述广播加密的概念及其基本安全性要求。
2. 简述标识广播加密和标识撤销加密的主要区别。
3. 在安全模型定义中，通常会说敌手获胜的优势（概率）是可忽略的，请查阅相关文献，给出可忽略规范化定义。
4. 在标识广播加密的定义中，为成功解密，解密者必须知道接收者集合，否则无法解密。解密者知道其他接收者的身份信息，无法实现匿名性。接收者身份的隐私保护是标识广播加密系统的另一个重要研究内容，请根据本章知识给出匿名标识

广播加密的形式化定义及其匿名性的安全模型。

5. 在 Delerablée 方案中，如果群元素 g 作为公钥公开，是否会影响其安全性？若是，请给出分析过程。

参考文献

[1] BONEH D. ,GENTRY C. , WATERS B. Collusion resistant broadcast encryption with short ciphertexts and private keys [C]// CRYPTO. 2005.

[2] DELERABLÉE C. Identity-based broadcast encryption with constant size ciphertexts and private keys [C]// ASIACRYPT. 2007.

[3] LEWKO A，SAHAI A ，WATERS B. Revocation systems with very small private keys [J]. IEEE Symposium on Security and Privacy，2010：273-285.

[4] BONEH D，BOYEN X，GOH EJ. Hierarchical identity based encryption with constant size ciphertext [C]// EUROCRYPT . 2005.

[5] GE A. , WEI P. Identity-based broadcast encryption with efficient revocation [C]// PKC. 2019.

[6] HE K，WENG J，LIU JN，et al. Anonymous identity-based broadcast encryption with chosen-ciphertext security [C]// 11th ACM on Asia Conference on Computer and Communications Security. 2016.

[7] BONEH D，BOYEN X，GOH E J. Hierarchical identity based encryption with constant size ciphertext [C]// EUROCRYPT. 2005：440-456.

Chapter 6

第6章 代理重加密

6.1 引言

在生活中，为实现数据共享，经常需要将在公钥 pk_1 下加密的数据转换为在公钥 pk_2 下加密的数据，使得拥有公钥 pk_2 的用户可以用自己的私钥解密获取数据。1997 年 Mambo 和 Okamoto 首次提出了解密权力授予的方法：即 pk_1 用户先用私钥 sk_1 对加密数据进行解密，得到明文，然后再用公钥 pk_2 进行加密。但是在加密邮件转发中，例如当 Alice 在度假时，她想让邮件转发服务器将发送给自己的加密邮件转发给 Bob，又不想告诉邮件转发服务器或者 Bob 自己的私钥。此外，在云计算环境下，如图 6-1 所示，用户 A 首先将一些数据进行加密，然后将其与代理重加密密钥一起存放在云服务器中，当他需要将某些数据与指定用户 B 进行共享时，他希望云服务器在不知道数据本身的前提下，将加密数据利用代理重加密密钥转换为专门针对指定用户 B 的重加密数据。指定的授权用户 B 在收到重加密数据后，用自己的私钥进行解密，从而获得数据。

1998 年，Blaze、Bleumer 和 Strauss 首次提出了代理重加密（Proxy Re-Encryption，PRE）的概念，即允许半可信的代理在不知道明文的情况下，用重加密密钥，将原本发送给 Alice 的密文（用 Alice 的公钥加密）重加密为可以用 Bob 的私钥进行解密的密文。根据重加密密钥的性质，代理重加密可以分为双向（Bidirectional）代理重加密和单向（Unidirectional）

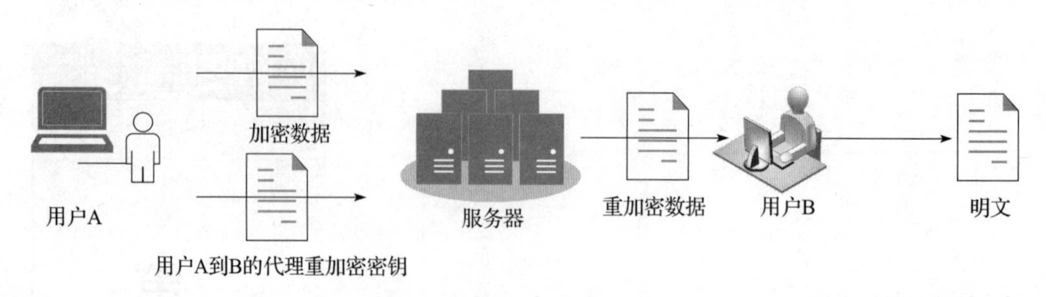

图 6-1　代理重加密在云计算中的应用

代理重加密。前者指代理者可以利用重加密密钥将在 pk_1 下加密的密文转换为在 pk_2 下加密的密文，反之亦然。后者指代理者利用重加密密钥只能将在 pk_1 下加密的密文转换为在 pk_2 下加密的密文。任何单向的代理重加密方案可以很容易地转换成双向的代理重加密方案。根据重加密的密文是否支持多次重加密的特性，代理重加密可以分为单跳（Single-hop）代理重加密和多跳（Multi-hop）代理重加密。前者指重加密密文不能再被重加密，后者指重加密密文可以被多次重加密。代理重加密在生活中有广泛的应用，比如加密邮件的转发、分布式文件系统、加密的垃圾邮件的外包过滤、数字版权保护等。

2005 年 Ateniese 等人提出了首个基于双线性映射的选择明文安全（Chosen-Plaintext Attack，CPA）的单向代理重加密方案，并提出了主密钥安全（Master Key Security）的特性，即代理者与多个被授权者（Delegate）合谋仍然无法恢复出授权者（Delegator）的私钥。但是选择明文安全模型无法刻画主动攻击敌手。2007 年 Canetti 和 Hohenberger 给出了 PRE 系统中选择密文安全（Chosen-Ciphertext Attack，CCA）的定义并构造了一个有效的 CCA 安全的双向代理重加密方案。2008 年 Libert 和 Vergnaud 提出了一个抵抗可重放选择密文攻击（Replayable Chosen-Ciphertext Attack，RCCA）的单向代理重加密方案。本章主要描述上述三个代理重加密方案及其安全性分析。

6.2　代理重加密的定义及安全模型

6.2.1　单向代理重加密

（单跳的）单向代理重加密（Unidirectional PRE）框架图如图 6-2 所示，由以下八个多项式时间的子算法组成：

- 系统建立算法 Setup(λ)→params：输入安全参数 λ，系统建立算法输出全局参数 params。该算法由可信方运行。
- 密钥生成算法 KeyGen(λ, params)→(sk, pk)：输入公共参数 params 和安全参数 λ，输出用户的公私钥对（pk, sk）。
- 重密钥生成算法 ReKeyGen(params, sk_i, pk_j)→rk_{ij}：输入公共参数 params，用户 i 的私钥 sk_i，用户 j 的公钥 pk_j，输出重加密密钥 rk_{ij}，可以将发送给用户 i 的第二层密文重加密成针对用户 j 的第一层密文。
- 第一层加密算法 Enc_1(params, pk, m)→C：输入公共参数 params，接收者的公钥 pk，明文 m，输出第一层密文 C，注意，该密文不能被重新加密。
- 第二层加密算法 Enc_2(params, pk, m)→C：输入公共参数 params，接收者的公钥 pk，明文 m，输出第二层密文 C，注意，重加密密钥可以将该密文重加密成第一层密文。
- 重加密算法 ReEnc(params, rk_{ij}, C)→C'：输入公共参数 params，重加密密钥 rk_{ij}，用户 i 的公钥 pk_i 加密的第二层密文 C，输出针对用户 j 重加密的第一层密文 C'。注意，在一个单跳的方案中，C' 不能被重加密。
- 第一层解密算法 Dec_1(params, sk, C)→m：输入公共参数 params，针对公钥 pk 的第一层密文 C，相应的私钥 sk，输出明文消息 m 或错误符号“⊥”（当 C 是非法密文时）。
- 第二层解密算法 Dec_2(params, sk, C)→m：输入公共参数 params，针对公钥 pk 的第二层密文 C，相应的私钥 sk，输出明文消息 m 或错误符号“⊥”（当 C 是非法密文时）。

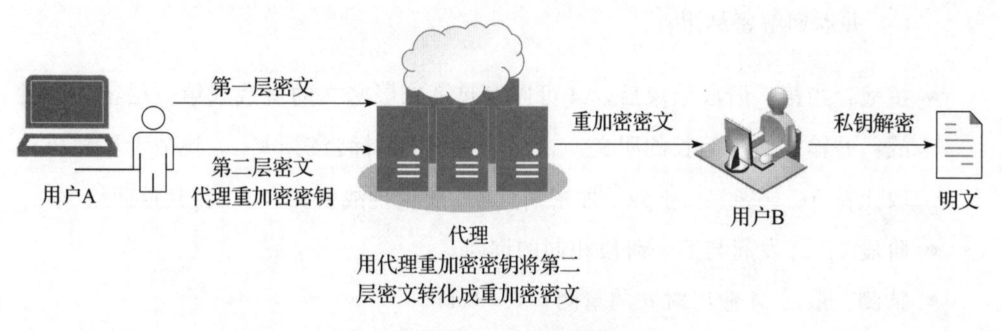

图 6-2　单向代理重加密框架图

单向代理重加密方案的正确性要求：对于公共参数 params，任意的消息 m，任意的公私钥对（pk_i, sk_i），（pk_j, sk_j），以下等式成立。

$\mathrm{Dec}_1(\mathrm{params},\mathrm{sk}_i,\mathrm{Enc}_1(\mathrm{params},\mathrm{pk}_i,m))=m$

$\mathrm{Dec}_2(\mathrm{params},\mathrm{sk}_i,\mathrm{Enc}_2(\mathrm{params},\mathrm{pk}_i,m))=m$

$\mathrm{Dec}_1(\mathrm{params},\mathrm{sk}_j,\mathrm{ReEnc}(\mathrm{params},\mathrm{ReKeyGen}(\mathrm{params},\mathrm{sk}_i,\mathrm{pk}_j)$

$\mathrm{Enc}_2(\mathrm{params},\mathrm{pk}_i,m)))=m$

6.2.2 单向代理重加密的安全模型

本小节定义单跳单向代理重加密方案在选择密文攻击下的密文不可区分性（Indistinguishability Proxy Re-Encryption Chosen Ciphertext Attack，IND-PRE-CCA）。该安全模型通过挑战者 $\mathcal{C}$ 和敌手 $\mathcal{A}$ 之间的游戏来定义。

- **系统建立**：挑战者 $\mathcal{C}$ 输入安全参数 λ，运行系统建立算法，生成系统的全局参数 Params。$\mathcal{C}$ 首先运行 n_u 次密钥生成算法，生成一个结构良好的公钥/私钥列表 $\mathrm{pk}_{\mathrm{good}}$、$\mathrm{sk}_{\mathrm{good}}$，运行 n_c 次密钥生成算法，生成一个共谋的（Corrupted）公钥/私钥列表 $\mathrm{pk}_{\mathrm{corr}}$、$\mathrm{sk}_{\mathrm{corr}}$。将全局参数 Params、$\mathrm{sk}_{\mathrm{corr}}$ 和公钥 $\mathrm{PK}=\{\mathrm{pk}_{\mathrm{good}}\cup\mathrm{pk}_{\mathrm{corr}}\}=\{\mathrm{pk}_i\}_{i\in[1,n_u+n_c]}$ 发送给敌手 $\mathcal{A}$。
- **阶段 1**：敌手 $\mathcal{A}$ 询问谕言机 $O_{\mathrm{rek}},O_{\mathrm{reE}},O_{\mathrm{Dec}}$。

  O_{rek} 谕言机输入（$\mathrm{pk}_i,\mathrm{pk}_j$），返回重加密密钥 $\mathrm{rk}_{i\to j}$。

  O_{reE} 谕言机输入（$\mathrm{pk}_i,\mathrm{pk}_j$）和密文 C，返回从 pk_i 加密的密文 C 到 pk_j 的重加密密文。

  O_{Dec} 谕言机输入公钥 pk 和密文 C，使用与公钥 pk 相对应的私钥 sk 解密密文 C，并返回解密结果。

- **挑战**：当第一阶段结束后，$\mathcal{A}$ 可以发起第二层密文的挑战或第一层密文的挑战，并输出两个等长的明文 m_0、m_1 和一个目标公钥 pk_{i^*}。挑战者 $\mathcal{C}$ 随机选取比特 $b\in\{0,1\}$，用 pk_{i^*} 加密消息 m_b 获得挑战密文 C^*，将其返回给 $\mathcal{A}$。
- **阶段 2**：$\mathcal{A}$ 发起与第一阶段相同的询问。
- **猜测**：最后 $\mathcal{A}$ 输出对 b 的猜测 $b'\in\{0,1\}$。

$\mathcal{A}$ 提供的公钥应满足以下要求：

1）所有询问中涉及的公钥必须来自 PK；

2）目标公钥 pk_{i^*} 来自 $\mathrm{pk}_{\mathrm{good}}$。

对于第二层密文安全，敌手 $\mathcal{A}$ 与挑战者 $\mathcal{C}$ 进行上述 IND-PRE-CCA 游戏，其中挑战密文的构造为 $C^*=\text{Encrypt}(\text{pk}_{i^*},m_b)$，约束条件为：

1）只有当 pk_j 来自 pk_{good} 时，$O_{\text{rek}}(\text{pk}_{i^*},\text{pk}_j)$ 才是一个有效询问；

2）如果 $\mathcal{A}$ 发起 $O_{\text{reE}}(\text{pk}_i,\text{pk}_j,C_i)$ 询问，其中 pk_j 来自 pk_{corr}，那么 (pk_i,C_i) 不能是 (pk_{i^*},C^*) 的导出，（导出的定义随后给出）；

3）只有当 (pk,C) 不是 (pk_{i^*},C^*) 的导出时，$\mathcal{A}$ 才可以询问 $O_{\text{Dec}}(\text{pk},C)$。

在 CCA 游戏中，(pk_{i^*},C^*) 的导出定义如下：

1）自反性：(pk_{i^*},C^*) 是它自己的一个导出；

2）如果 (pk,C) 是 (pk_{i^*},C^*) 的导出，(pk',C') 是 (pk,C) 的导出，那么 (pk',C') 也是 (pk_{i^*},C^*) 的导出，（只适用于多跳重加密）；

3）如果 $\mathcal{A}$ 发起重加密询问 (pk,pk',C)，获得 (pk',C')，那么 (pk',C') 是 (pk,C) 的导出；

4）如果 $\mathcal{A}$ 发起重加密密钥生成询问 (pk,pk')，获得重加密密钥 rk 和 $C'=\text{ReEncrypt}(\text{rk},C)$，那么 (pk',C') 是 (pk,C) 的导出。

对于第一层密文安全，敌手 $\mathcal{A}$ 与挑战者 $\mathcal{C}$ 进行上述 IND-PRE-CCA 游戏，其中 $\mathcal{A}$ 也可以指定委托者 $\text{pk}_{i'}$，挑战密文由重加密算法生成为 $C^*=\text{ReEncrypt}(\text{rk}_{i'\to i^*},\text{Encrypt}(\text{pk}_{i'},m_b))$，相关的约束条件为：

1）$O_{\text{Dec}}(\text{pk}_{i^*},C^*)$ 禁止询问；

2）如果 $\text{pk}_{i'}$ 来自 pk_{corr}，$\mathcal{C}$ 在第二阶段将不返回 $\text{rk}_{i'\to i^*}$；

3）如果 $\mathcal{A}$ 获得 $\text{rk}_{i'\to i^*}$，则 $\mathcal{A}$ 在挑战阶段不能选择 $\text{pk}_{i'}$ 作为委托者。

定义敌手 $\mathcal{A}$ 攻击 PRE 方案的优势为：$\text{Adv}_{\text{PRE},\mathcal{A}}^{\text{IND-PRE-CCA}}=\left|\Pr[\delta=\delta']-\dfrac{1}{2}\right|$。

定义 6.1　如果对于任何多项式时间的 IND-PRE-CCA 敌手 $\mathcal{A}$，最多进行 q_{rk} 次重加密密钥生成询问、q_{re} 次重加密询问和 q_d 次解密询问后，有 $\text{Adv}_{\text{PRE},\mathcal{A}}^{\text{IND-PRE-CCA}}\leqslant\varepsilon$，则称（单跳的）单向 PRE 方案是 $(t,n_u,n_c,q_{\text{rk}},q_{\text{re}},q_d,\varepsilon)$-IND-PRE-CCA 安全的。

定义 6.2　如果对于多项式时间的敌手 $\mathcal{A}$，下面的概率接近于 1/2，则称（单跳的）单向 PRE 方案是第二层可重放选择密文安全的（Secure Against Replayable Chosen-Ciphertext Attack，RCCA）。

$$\Pr[(pk_{i^*},sk_{i^*})\leftarrow \text{KeyGen}(k),\{(pk_c,sk_c)\leftarrow \text{KeyGen}(k)\},\{(pk_u,sk_u)\leftarrow \text{KeyGen}(k)\},$$
$$\{rk_{ci^*}\leftarrow \text{ReKeyGen}(sk_c,pk_{i^*})\},$$
$$\{rk_{ui^*}\leftarrow \text{ReKeyGen}(sk_u,pk_{i^*})\},\{rk_{i^*u}\leftarrow \text{ReKeyGen}(sk_{i^*},pk_u)\},$$
$$\{rk_{cu}\leftarrow \text{ReKeyGen}(sk_c,pk_u)\},\{rk_{uc}\leftarrow \text{ReKeyGen}(sk_u,pk_c)\},$$
$$\{rk_{cc'}\leftarrow \text{ReKeyGen}(sk_c,pk_{c'})\},\{rk_{uu'}\leftarrow \text{ReKeyGen}(sk_u,pk_{u'})\},$$
$$(m_0,m_1,\tau)\leftarrow \mathcal{A}^{O_{\text{Dec}-1},O_{\text{Renc}}}(\{pk_{i^*}\},\{(pk_u)\},\{(pk_c,sk_c)\},\{rk_{ci^*}\},\{rk_{ui^*}\},$$
$$\{rk_{i^*u}\},\{rk_{cu}\},\{rk_{uc}\},\{rk_{cc'}\},\{rk_{uu'}\})$$
$$b\leftarrow\{0,1\},C^*=\text{Enc}_2(m_b,pk_{i^*}),b'\leftarrow \mathcal{A}^{O_{\text{Dec}-1},O_{\text{Renc}}}(C^*,\tau):b=b']$$

其中（pk_{i^*},sk_{i^*}）是由挑战者选取的目标用户的公私钥，u 和 u' 代表诚实用户，c 和 c' 代表共谋用户，敌手可以获得所有除了从目标用户到共谋用户的重加密密钥。在游戏中，如果敌手 $\mathcal{A}$ 与所有的谕言机随机选择的概率至少是 $1/2+\varepsilon$，那么称敌手 $\mathcal{A}$ 攻破此方案的概率是 ε。$O_{\text{Dec}-1}$,O_{Renc} 的定义如下：

- 重加密谕言机 O_{Renc}：当向谕言机询问（pk_i,pk_j,C）时，其中 C 是第二层密文，pk_i、pk_j 是由密钥生成算法生成的。如果密文 C 不是用 pk_i 加密的一个结构良好的密文，则谕言机返回“invalid”。如果 pk_j 是共谋用户且（pk_i,C）=（pk_{i^*},C^*），谕言机返回“⊥”。否则，挑战者运行重加密算法，计算 $C'=\text{ReEnc}(\text{ReKeyGen}(sk_i,pk_j),C)$，并将结果返回给敌手 $\mathcal{A}$。
- 第一层解密谕言机 $O_{\text{Dec}-1}$：当向谕言机询问（pk,C）时，其中 C 是第一层密文，pk 是由密钥生成算法生成的。如果密文 C 不是用公钥 pk 加密的一个结构良好的密文，则谕言机返回“invalid”。如果询问发生在挑战之后且（pk,C）是挑战对（pk_{i^*},C^*）的导出，谕言机返回“⊥”。否则计算明文 $m=\text{Dec}_1(sk,C)$，并将结果返回给敌手 $\mathcal{A}$。

这里（pk_{i^*},C^*）的导出定义如下：C 是用公钥 pk_i 加密的第一层密文且 $pk_i=pk_{i^*}$ 或 pk_i 是另一个诚实用户，且 $\text{Dec}_1(sk_i,C)\in\{m_0,m_1\}$，则称（$pk_i$,$C$）是（$pk_{i^*}$,$C^*$）的一个导出。

事实上，如果密文是在非共谋用户的公钥 pk_u 下加密的第二层密文，挑战者可以通过重加密密钥 $rk_{u\to c}$ 为共谋用户重加密成第一层密文。如果密文是在目标用户的公钥 pk_{i^*} 下加密的第二层密文，挑战者可以通过重加密密钥 $rk_{i^*\to u}$ 为诚实用户重加密成第一层密文，所以没有必要为敌手提供第二层密文解密询问。重加密的第一层密文可以在第一层密文解密询问中得到解密。

定义 6.3 如果一个（单跳的）单向 PRE 方案还满足下面的条件，那么它是第一层可重放选择密文安全的。

上面的定义在挑战阶段为敌手提供了第二层密文，安全性定义也说明它们与第一层密文不可区分。对于单跳方案，在该定义中，由于第一层密文不能被重新加密，所以允许敌手获得所有由诚实用户到共谋用户的重加密密钥。由于敌手 $\mathcal{A}$ 可以使用所有的重加密密钥，所以没有必要为敌手 $\mathcal{A}$ 提供重加密询问，出于上述同样的原因，没有必要为敌手提供第二层解密询问。最后在第一层选择密文安全中，挑战密文的导出被简单定义为在目标用户的公钥 pk_{i^*} 下对消息 m_0 或者 m_1 的加密。

下面介绍在单向代理重加密方案的安全模型中与 CPA 安全、CCA 安全不同的另一种安全性：标准安全性（Standard Security）。

定义 6.4 假设底层密码系统（$KG,\vec{E},\vec{D}$）对没有授予解密权力的任何人是语义安全的，用下标 B 表示目标用户，x 表示敌手用户，h 表示诚实用户（不同于 B），如果对于任何多项式时间的敌手 $\mathcal{A}$、第一层加密算法 Enc_1、第二层加密算法 Enc_2 以及消息 m_0 和 m_1，下面的概率小于 $1/2+1/poly(k)$，则称单向代理重加密方案是标准安全的。

$$
\begin{aligned}
&\Pr[\{(pk_B, sk_B)\leftarrow KeyGen(k)\}, \{(pk_x, sk_x)\leftarrow KeyGen(k)\},\\
&\{rk_{x\to B}\leftarrow ReKeyGen(pk_x, sk_x, pk_B, sk_B^*)\},\\
&\{(pk_h, sk_h)\leftarrow KeyGen(k)\},\\
&\{rk_{B\to h}\leftarrow ReKeyGen(pk_B, sk_B, pk_h, sk_h^*)\},\\
&\{rk_{h\to B}\leftarrow ReKeyGen(pk_h, sk_h, pk_B, sk_B^*)\},\\
&(m_0, m_1, \tau)\leftarrow \mathcal{A}(pk_B, \{pk_x, sk_x\}, \{pk_h\}, \{rk_{x\to B}\}, \{rk_{B\to h}\}, \{rk_{h\to B}\}),\\
&b\leftarrow\{0,1\}, b'\leftarrow \mathcal{A}(\tau, E_i(pk_B, m_b)):\\
&b=b'] < 1/2+1/poly(k)
\end{aligned}
$$

6.2.3 双向代理重加密

双向代理重加密（Bidirectional Proxy Re-Encryption，BPRE）框架图如图 6-3 所示，包括以下算法：

- 密钥生成算法 $KeyGen(\lambda)\to(pk, sk)$：输入公共参数 params 和安全参数 λ，密钥生成算法输出用户的公钥 pk 和私钥 sk。

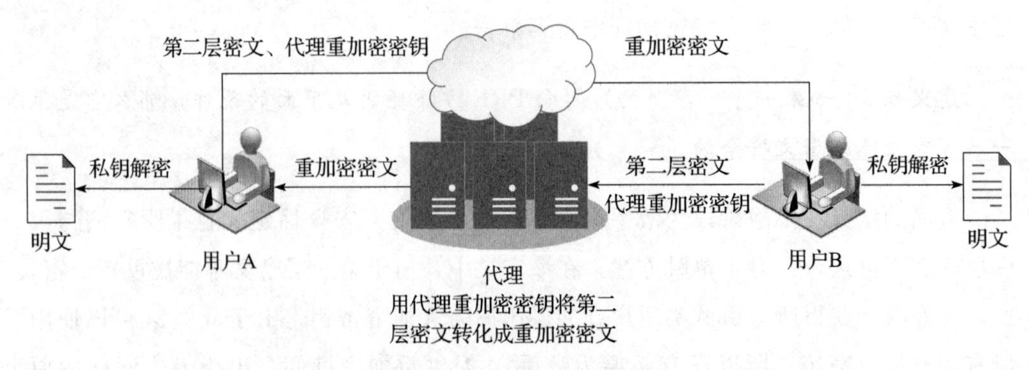

图 6-3 双向代理重加密框架图

- 重加密密钥生成算法 ReKeyGen(sk_1,sk_2)→$\mathrm{rk}_{1\leftrightarrow 2}$：输入两个私钥 sk_1 和 sk_2，重加密密钥生成算法输出双向的重加密密钥 $\mathrm{rk}_{1\leftrightarrow 2}$。
- 加密算法 Enc(pk,m)→C_1：输入公钥 pk 和消息 m，加密算法输出密文 C_1。
- 重加密算法 ReEnc($\mathrm{rk}_{1\leftrightarrow 2}$,$C_1$)→$C_2$：输入重加密密钥 $\mathrm{rk}_{1\leftrightarrow 2}$ 和密文 C_1，重加密算法输出第二层密文 C_2 或错误符号"⊥"。
- 解密算法 Dec(sk,C)→m：输入私钥 sk 和密文 C，解密算法输出消息 m 或错误符号"⊥"。

如果一个双向代理重加密方案满足下列条件，则称该方案对于消息空间 D 是完全正确的。

1）对于所有由 KeyGen 算法输出的（pk，sk）和所有的 $m\in D$，Dec(sk，Enc(pk,m))$=m$ 成立；

2）对所有的 $n>1$，任何有序的由 KeyGen 算法输出的公私钥对（pk_1，sk_1），…，(pk_n，sk_n)，任意 $i<n$ 时所有由 ReKeyGen(sk_i，sk_{i+1}）输出的重加密密钥 $\mathrm{rk}_{i\leftrightarrow i+1}$，任意的消息 $m\in D$，由 Enc(pk_1，m）输出的密文 C_1，Dec(sk_n，ReEnc($\mathrm{rk}_{n-1\leftrightarrow n}$，…，ReEnc($\mathrm{rk}_{1\leftrightarrow 2}$，$C_1$)…))$=m$ 成立。

6.2.4 双向代理重加密的安全模型

本小节定义双向代理重加密方案在选择密文攻击下的密文不可区分性，记为 PRE-CCA。设 λ 是安全参数，该安全模型由敌手 $\mathcal{A}$ 与下面谕言机的交互来定义，并且可以按任意顺序多次调用这些谕言机。

非共谋密钥生成：运行密钥生成算法 KeyGen(λ)→(pk,sk)，将公钥 pk 发送给敌手 $\mathcal{A}$。

共谋密钥生成：运行密钥生成算法 KeyGen(λ)→(pk,sk)，将公钥 pk、sk 发送给敌手 $\mathcal{A}$。

重加密密钥生成：敌手 $\mathcal{A}$ 输入(pk,pk′)，如果 pk、pk′已经由 KeyGen 生成，则谕言机返回重加密密钥 $\mathrm{rk}_{\mathrm{pk}\leftrightarrow\mathrm{pk}'}=\mathrm{ReKeyGen}(\mathrm{sk},\mathrm{sk}')$，其中 sk、sk′是与 pk、pk′相对应的私钥。

要求 pk、pk′中两个都是共谋用户，或两个都是非共谋用户，共谋用户与非共谋用户之间不能进行重加密密钥生成询问。

挑战询问：该谕言机仅能被询问一次。当敌手 $\mathcal{A}$ 输入（pk^*,m_0,m_1）时，其中 pk^* 为挑战公钥，谕言机随机选择比特 $b\in\{0,1\}$ 并返回挑战密文 $C^*=\mathrm{Enc}(\mathrm{pk}^*,m_b)$。

重加密询问：当询问（pk,pk′,C）时，其中 pk、pk′由前面的 KeyGen 算法生成，如果 pk′被共谋且（pk,C）是（pk^*,C^*）的导出，则谕言机返回“⊥”。否则返回重加密密文 $C'=\mathrm{ReEnc}(\mathrm{ReKeyGen}(\mathrm{sk},\mathrm{sk}'),C)$，其中（$\mathrm{pk}^*,C^*$）的导出定义如下。

1)（pk^*,C^*）是它自己的一个导出；

2) 如果（pk,C）是（pk^*,C^*）的导出，（pk′,C'）是（pk,C）的导出，那么（pk′,C'）也是（pk^*,C^*）的导出；

3) 如果 $\mathcal{A}$ 向重加密谕言机询问过（pk,pk′,C），且返回（pk′,C'），那么（pk′,C'）是（pk,C）的导出；

4) 如果 $\mathcal{A}$ 向重加密密钥生成谕言机询问过（pk,pk′）或者（pk′,pk）且 $\mathrm{Dec}(\mathrm{pk}',C')\in\{m_0,m_1\}$，则（pk′,$C'$）是（pk,$C$）的导出。

解密询问 O_{dec}：当询问（pk,C）时，如果（pk,C）是挑战密文 C^* 的导出，或 pk 以前没有由 KeyGen 生成过，则返回⊥，否则返回 Dec(sk,C)。

决定询问：该谕言机仅能被询问一次。输入 b'时，如果 $b'=b$ 且挑战密钥 pk^* 是非共谋的，则输出“1”；否则输出“0”。

如果在 $\mathcal{A}$ 和谕言机的随机选择中，决定谕言机被调用且输出“1”的概率至少是 $1/2+\varepsilon$，则称 $\mathcal{A}$ 以 ε 的概率赢得上述 PRE-CCA 安全游戏。

定义 6.5 如果任意多项式时间的敌手 $\mathcal{A}$ 赢得上述 PRE-CCA 安全游戏的概率是可忽略的，则称 PRE 方案是 PRE-CCA 安全的。

6.3 CPA安全的单向代理重加密方案

本节介绍由 Ateniese、Fu、Green 和 Hohenberger 于 2005 年提出的第一个基于双线性映射的选择明文安全的单向代理重加密方案。

6.3.1 方案描述

- **系统建立**：给定安全参数 λ，阶为 q 的双线性群 $\mathbb{G}$ 和 $\mathbb{G}_T$，双线性映射 $e:\mathbb{G}\times\mathbb{G}\to\mathbb{G}_T$，$\mathbb{G}$ 中的生成元 g，计算 $Z=e(g,g)\in\mathbb{G}_T$。算法的全局参数为 $\{q,g,\mathbb{G},\mathbb{G}_T,e,Z\}$。
- **密钥生成**：输入安全参数 λ，输出用户 A 的公钥 $\mathrm{pk}_a=(Z^{a_1},g^{a_2})$，私钥 $\mathrm{sk}_a=(a_1,a_2)$，用户 B 的公钥 $\mathrm{pk}_b=(Z^{b_1},g^{b_2})$，私钥 $\mathrm{sk}_b=(b_1,b_2)$。
- **重加密密钥生成**：输入用户 A 的私钥和用户 B 的公钥，输出重加密密钥 $\mathrm{rk}_{A\to B}=(g^{b_2})^{a_1}=g^{a_1b_2}\in\mathbb{G}$。
- **第一层加密**：输入消息 $m\in\mathbb{G}_T$，用户 A 的公钥 pk_a，随机选择参数 $k\in Z_q^*$，输出第一层密文 $c_{a,1}=(Z^{a_1k},mZ^k)$，这里为了实现代理的不可区分性，输出 $c_{a,2}=(Z^{a_2k},mZ^k)$。
- **第二层加密**：输入消息 $m\in\mathbb{G}_T$，用户 A 的公钥 pk_a，随机选择参数 $k\in Z_q^*$，输出第二层密文 $c_{a,r}=(g^k,mZ^{a_1k})$。
- **重加密**：输入代理重加密密钥 $\mathrm{rk}_{A\to B}=g^{a_1b_2}$ 以及第二层密文 $c_{a,r}=(g^k,mZ^{a_1k})$，计算 $e(g^k,g^{a_1b_2})=Z^{b_2a_1k}$，输出 $c_{b,2}=(Z^{b_2a_1k},mZ^{a_1k})=(Z^{b_2k'},mZ^{k'})$。
- **解密**：当输入第一层密文 $c_{a,i}=(\alpha,\beta)$ 及私钥 $a_i\in\mathrm{sk}_a$ 时，计算明文 $m=\beta/\alpha^{1/a_i}$，$i\in\{1,2\}$；当输入第二层密文 $c_a=(\alpha,\beta)$ 及私钥 $a_1\in\mathrm{sk}_a$ 时，计算明文 $m=\beta/e(\alpha,g)^{a_1}$。

6.3.2 安全性分析

本小节首先给出 Extended Decisional Bilinear Diffie-Hellman（eDBDH）问题的定义，然后证明在 eDBDH 假设下，上述方案是安全的。

eDBDH 问题：设 $\mathbb{G}_1$、$\mathbb{G}_2$ 是阶为 q 的乘法群，给定（$g,g^a,g^b,g^c,e(g,g)^{bc^2}$，$Q$），对于 $\mathbb{G}_1$ 中的生成元 g 以及未知的 $a,b,c\in Z_q^*$，判断 $Q=e(g,g)^{abc}$ 是否成立。通常，对于一个多项式时间的敌手 $\mathcal{A}$，定义其解决群（$\mathbb{G}_1,\mathbb{G}_2$）上的 eDBDH 问题的优势为：

$$\mathrm{Adv}_{(\mathbb{G}_1,\mathbb{G}_2),\mathcal{A}}^{e\mathrm{DBDH}}=\Big|\Pr[A(g,g^a,g^b,g^c,e(g,g)^{bc^2},e(g,g)^{abc}=1]-\Pr[\mathcal{A}(g,g^a,g^b,g^c,e(g,g)^{bc^2},e(g,g)^z=1]\Big|$$

定理 6.1　上述方案在 eDBDH 假设下是标准安全的。

证明：与第一层密文相比，第二层密文（g^k,mZ^{a_1k}）泄露了更多的信息（比如 $g^k\in G$），因此，如果第二层密文是安全的，第一层密文也是安全的，下面仅讨论第二层密文的安全性。

标准安全性：假设 $\mathcal{A}$ 能以不可忽略的概率区分第二层密文，则 $\mathcal{B}$ 作为挑战者与敌手 $\mathcal{A}$ 进行如下游戏。

1）输入 eDBDH 的实例（$y,y^a,y^b,y^c,e(y,y)^{bc^2},e(y,y)^d$），$\mathcal{B}$ 模拟代理重加密，利用敌手 $\mathcal{A}$ 的攻击能力来判定 $d=abc$ 是否成立。$\mathcal{B}$ 首先输出全局参数 $\{q,g,\mathbb{G},\mathbb{G}_T,e,Z\}$，其中 $g=y^c,Z=e(g,g)=e(y,y)^{c^2}$，其次设置目标用户的公钥为（$\mathrm{pk}_B=e(y,y)^{bc^2}=Z^b,(y^c)^t=g^t$），私钥为（$b,t$），其中 $t\in Z_q^*$。

2）对于 $i=1$ 到 $\mathrm{poly}(\lambda)$，$\mathcal{A}$ 进行如下询问：

a）$\mathrm{rk}_{x\to B}$，从共谋用户 x 到用户 B 的授权。$\mathcal{B}$ 运行密钥生成算法，生成共谋用户的公私钥（$\mathrm{pk}_x,\mathrm{sk}_x$），并将其发送给敌手 $\mathcal{A}$。敌手 $\mathcal{A}$ 计算 $\mathrm{rk}_{x\to B}=(g^t)^{\mathrm{sk}_{(x,1)}}$，其中 $\mathrm{sk}_x=(\mathrm{sk}_{(x,1)},\mathrm{sk}_{(x,2)})$。

b）$\mathrm{rk}_{B\to h}$，从用户 B 到诚实用户 h 的授权。$\mathcal{B}$ 随机选择两个值 $r_{(h,1)},r_{(h,2)}\in Z_q^*$，设置 $\mathrm{rk}_{B\to h}=(y^b)^{r_{(h,2)}}=g^{b(r_{(h,2)}/c)}$，其中用户 h 的公钥 $\mathrm{pk}_h=(Z^{r_{(h,1)}},y^{r_{(h,2)}}=g^{r_{(h,2)}/c})$，相应的私钥为 $\mathrm{sk}_h=(r_{(h,1)},(r_{(h,2)}/c))$，将（$\mathrm{pk}_h,\mathrm{rk}_{B\to h}$）发送给敌手 $\mathcal{A}$。

c）$\mathrm{rk}_{h\to B}$，从诚实用户 h 到用户 B 的授权。如果诚实用户在前面的密钥询问中询问过，则 $\mathcal{B}$ 选取前面使用过的 $r_{(h,1)}$。如果诚实用户在前面的密钥询问中没有询问过，则 $\mathcal{B}$ 为新用户选取新的 $r_{(h,1)}$，然后计算 $\mathrm{rk}_{h\to B}=(g^t)^{r_{(h,1)}}$。

3）最终，$\mathcal{A}$ 输出一个挑战（m_0,m_1,τ），其中 $m_0\neq m_1$，τ 是它的内部信息。$\mathcal{B}$

随机选取 $s\in\{0,1\}$，计算密文 $C_s=(y^a,m_s e(y,y)^d)=(g^{a/c},m_s e(g,g)^{d/c^2})$，发送 (C_s,τ) 给敌手 $\mathcal{A}$，等待 $\mathcal{A}$ 输出 $s'\in\{0,1\}$。

4）如果 $s=s'$，那么 $\mathcal{B}$ 猜测"$d=abc$"，否则 $\mathcal{B}$ 猜测"$d\neq abc$"。

如果 $d=abc$，那么模拟是完美的，密文为 $(g^{a/c},m_s Z^{abc/c^2}=m_s Z^{b(a/c)})$，其中 $\mathrm{sk}_{(B,1)}=b, k=a/c$。但如果 $d\neq abc$，那么 d 与 a,b,c 相互独立，$\mathcal{A}$ 得不到关于 m_s 的任何信息。所以如果敌手 $\mathcal{A}$ 能以 $\frac{1}{2}+\varepsilon$ 的概率成功攻破此方案，那么当 $d=abc$ 时，$\mathcal{B}$ 成功解决困难问题的概率也是 $\frac{1}{2}+\varepsilon$。当 $d\neq abc$ 时 $\mathcal{B}$ 成功解决困难问题的概率是 $\frac{1}{2}$。所以 $\mathcal{B}$ 成功解决困难问题的总概率为 $\frac{1}{2}\cdot\left(\frac{1}{2}+\varepsilon\right)+\frac{1}{2}\cdot\frac{1}{2}=\frac{1}{2}+\frac{\varepsilon}{2}$。 ■

6.4 CCA安全的双向代理重加密方案

本节介绍由 Canetti 和 Hohenberger 于 2007 年提出的在标准模型下具有 CCA 安全的双向代理重加密方案。

6.4.1 方案描述

- **系统建立（Setup）**：给定安全参数 k，阶为 q 的双线性群 $\mathbb{G}$ 和 $\mathbb{G}_T$，双线性映射 $e:\mathbb{G}\times\mathbb{G}\to\mathbb{G}_T$，$g$、$g_2$、$g_3$、$h$ 是 $\mathbb{G}$ 中的生成元。选择一次签名算法 Sig=(Gen,S,V)，算法 $H:\{0,1\}\to\mathbb{G}$，算法 $F:Z_q\to\mathbb{G}$ 使得 $F(y)\overset{\text{def}}{=}g_2^{\tilde{y}}\cdot g_3$，其中 $\tilde{y}$ 是 Z_q 中 y 的一一映射值（为简单起见，方案中用 y 代替 $\tilde{y}$）。最后该算法输出全局参数 $(q,g,g_2,g_3,h,\mathbb{G},\mathbb{G}_T,H,F,e,\mathrm{Sig})$。首先定义一个 Check 算法，输入一个密文组 (A,B,C,D,E,S) 和一个公钥 pk，执行以下步骤：
  1）运行一次签名的验证算法 $V(A,(C,D,E),S)$，用公钥 A 验证 S 是不是消息 (C,D,E) 的签名；
  2）验证等式 $e(B,F(A))=e(\mathrm{pk},D)$ 以及 $e(B,h)=e(\mathrm{pk},E)$；
  3）如果以上两种验证都通过，则输出"1"，否则输出"0"。
- **密钥生成（KeyGen）**：输入安全参数 k，随机选择 $x\in Z_q$，输出公钥 $\mathrm{pk}=g^x$，私钥 $\mathrm{sk}=x$。
- **重加密密钥生成（ReKeyGen）**：输入用户 X 和 Y 的私钥 $\mathrm{sk}_X=x,\mathrm{sk}_Y=y$，输出双向的重加密密钥 $\mathrm{rk}_{X\leftrightarrow Y}=x/y \bmod q$。

- **加密（Enc）**：输入公钥 pk 和消息 $m\in\mathbb{G}_T$。

  1）生成一次签名的密钥对 $\mathrm{Gen}(k)\rightarrow(\mathrm{svk},\mathrm{ssk})$，并设置 $A=\mathrm{svk}$；

  2）选择随机数 $r\in Z_q$，计算 $B=\mathrm{pk}^r, C=e(g,H(\mathrm{svk}))^r\cdot m, D=F(\mathrm{svk})^r=(g_2^{\mathrm{svk}}\cdot g_3)^r$，$E=h^r$；

  3）运行一次签名算法 $S(\mathrm{ssk},(C,D,E))$，其中签名消息为 (C,D,E)，签名为 S；

  4）输出密文 (A,B,C,D,E,S)。

- **重加密（ReEnc）**：输入重加密密钥 $\mathrm{rk}_{X\leftrightarrow Y}=x/y \bmod q$ 和公钥 pk_Y 下的密文 $K=(A,B,C,D,E,S)$。将其重加密为公钥 pk_X 下的密文，计算如下。

  1）计算 $B'=B^{\mathrm{rk}_{X\leftrightarrow Y}}=g^{xr}$；

  2）如果 $\mathrm{Check}(K,\mathrm{pk}_Y)=1$，输出新的密文 (A,B',C,D,E,S)，否则输出"⊥"。

- **解密（Dec）**：输入私钥 sk，密文 $K=(A,B,C,D,E,S)$，如果 $\mathrm{Check}(K,g^{\mathrm{sk}})=1$，输出消息 $m=C/e(B,H(A))^{1/\mathrm{sk}}$，否则输出"⊥"。

6.4.2 安全性分析

本小节首先给出 Decisional Bilinear Diffie-Hellman（DBDH）问题的定义，其次给出一个与 DBDH 问题等价的困难性问题 Modified Decisional Bilinear Diffie-Hellman（mDBDH），最后在 mDBDH 假设下证明上述方案的安全性。

DBDH 问题：设 $\mathbb{G}$、$\mathbb{G}_T$ 是阶为 q 的乘法群，给定群元素 (g,g^a,g^b,g^c,Q)，对于未知的 $a,b,c\in Z_q^*$，判断 $Q=e(g,g)^{abc}$ 是否成立。通常，对于一个多项式时间的敌手 $\mathcal{A}$，定义其解决群 $(\mathbb{G},\mathbb{G}_T)$ 上的 DBDH 问题的优势为：

$$\mathrm{Adv}_{(\mathbb{G},\mathbb{G}_T),\mathcal{A}}^{\mathrm{DBDH}}=\left|\Pr[\mathcal{A}(g,g^a,g^b,g^c,e(g,g)^{abc})=1]-\Pr[\mathcal{A}(g,g^a,g^b,g^c,e(g,g)^z)=1]\right|$$

mDBDH 问题：设 $\mathbb{G}$、$\mathbb{G}_T$ 是阶为 q 的乘法群，给定群元素 (g,g^a,g^b,g^c,Q)，对于未知的 $a,b,c\in Z_q^*$，判断 $Q=e(g,g)^{ab/c}$ 是否成立。通常，对于一个多项式时间的敌手 $\mathcal{A}$，定义其解决群 $(\mathbb{G},\mathbb{G}_T)$ 上的 mDBDH 问题的优势为：

$$\mathrm{Adv}_{(\mathbb{G},\mathbb{G}_T),\mathcal{A}}^{\mathrm{mDBDH}}=\left|\Pr[\mathcal{A}(g,g^a,g^b,g^c,e(g,g)^{ab/c})=1]-\Pr[\mathcal{A}(g,g^a,g^b,g^c,e(g,g)^z)=1]\right|$$

引理 6.1 如果存在一个算法能以 ε 的概率解决 $(\mathbb{G},\mathbb{G}_T)$ 中的 mDBDH 问题，则也能以 ε 的概率解决 $(\mathbb{G},\mathbb{G}_T)$ 中的 DBDH 问题，反之亦然。

证明：（mDBDH⇒DBDH）——输入 DBDH 问题实例（g, g^a, g^b, g^c, Q），询问 mDBDH 谕言机，输入（g^c, g^a, g^b, g, Q）=（y, y^A, y^B, y^C, Q），当 mDBDH 谕言机回复 $Q=e(y,y)^{AB/C}$ 时，我们可以得到 $Q=e(g,g)^{abc}$。反之同理。 ■

定理 6.2 如果 DBDH 问题在（$\mathbb{G}, \mathbb{G}_T$）中难解，则上述方案在标准模型下是双向 PRE-CCA 安全的。

证明：由于 DBDH 和 mDBDH 等价，为描述方便，我们在 mDBDH 假设下证明该定理。输入 mDBDH 实例（g, g^a, g^b, g^c, Q），模拟者 $\mathcal{B}$ 的目标是决定 $Q=e(g,g)^{ab/c}$ 是否成立。$\mathcal{B}$ 为 $\mathcal{A}$ 设置全局参数。首先，$\mathcal{B}$ 运行一次签名算法 $\text{Gen}(k)\rightarrow(\text{svk}^*, \text{ssk}^*)$，并记录这些值。其次，$\mathcal{B}$ 设置生成元 $h=g^{cw}, g_2=g^{\alpha_1}, g_3=g^{-\alpha_1 \text{svk}^*}\cdot g^{c\alpha_2}$，其中 $w, \alpha_1, \alpha_2 \in Z_q$，最后，设置 $H(\text{svk}^*)=g^a$。输出系统的全局参数 $\{q, g, g_2, g_3, h, \mathbb{G}, \mathbb{G}_T, H, e\}$，并将其发送给 $\mathcal{A}$。$\mathcal{A}$ 询问以下谕言机。

密钥生成：$\mathcal{B}$ 随机选择 $x_i \in Z_q$，如果用户 i 是非共谋的，则 $\mathcal{B}$ 输出 $\text{pk}_i=(g^c)^{x_i}=g^{cx_i}$；否则，$\mathcal{B}$ 设置 $\text{sk}_i=x_i, \text{pk}_i=g^{x_i}$，输出（$\text{pk}_i, \text{sk}_i$）。

解密询问：输入（i, K）给解密谕言机 O_{dec}，如果 $\text{Check}(K, \text{pk}_i)=0$，则密文不是标准格式，$\mathcal{B}$ 中止并返回"⊥"。其次，如果 $A=\text{svk}^*$，则中止模拟。如果 $A\neq\text{svk}^*$，则在一个标准形式的密文里，对于相同的随机数 $r\in Z_q$，有 $B=\text{pk}_i^r, D=F(A)^r$。$\mathcal{B}$ 计算 $t=\dfrac{D}{B^{\alpha_2/x_i}}, \lambda=\dfrac{1}{\alpha_1(A-\text{svk}^*)}$，并输出解密的消息 $m=C/e(t^\lambda, H(A))$。

重加密密钥询问：输入用户（i, j）给重加密密钥谕言机 O_{rkey}。如果用户 i 和 j 中有一个是非共谋的，另一个是共谋的，则返回无效；否则，$\mathcal{B}$ 输出重加密密钥 $\text{rk}_{ij}=x_j/x_i$。

重加密询问：输入（i, j, K）给重加密谕言机 O_{renc}。如果 $\text{Check}(K, \text{pk}_i)=0$，则密文不是标准格式，$\mathcal{B}$ 中止并返回"⊥"，否则令 $K=(A, B, C, D, E, S)$。

如果用户 i 和 j 都是非共谋的或都是共谋的，那么 $\mathcal{B}$ 计算重加密密钥 $\text{rk}_{ij}=x_j/x_i$，然后执行重加密算法 $\text{ReEnc}(x_j/x_i, K)$。

如果用户 i 是共谋的，用户 j 是非共谋的，那么 $\mathcal{B}$ 计算 $E^{x_j/w}=B'$，然后输出 (A, B', C, D, E, S)。

如果用户 i 是非共谋的，用户 j 是共谋的，那么当 $A=\mathrm{svk}^*$ 时，$\mathcal{B}$ 输出"⊥"。否则，$\mathcal{B}$ 如解密中一样计算出 t 与 λ，可以验证当 $A\neq \mathrm{svk}^*$ 时，$t^{\lambda}=g^{r}$。然后 $\mathcal{B}$ 计算 $(g^{r})^{x_j}=B'$，最后输出 (A,B',C,D,E,S)。

挑战：$\mathcal{A}$ 输出一个挑战 (i,m_0,m_1)，其中 i 是诚实用户的代表。$\mathcal{B}$ 选择随机比特 $d\in\{0,1\}$，然后设置 $A=\mathrm{svk}^*,B=(g^b)^{x_i},C=Q\cdot m_d,D=(g^b)^{a_2},E=(g^b)^{w}$，$S=S_{\mathrm{ssk}^*}(C,D,E)$。

猜测：最后，$\mathcal{A}$ 输出一个猜测 $d'\in\{0,1\}$，如果 $d=d'$，$\mathcal{B}$ 输出"1"，否则 $\mathcal{B}$ 输出"0"。 ■

6.5 CCA 安全的单向代理重加密方案

本节介绍由 Libert 和 Vergnaud 于 2008 年提出的一个抵抗可重放选择密文攻击的（RCCA）单向代理重加密方案。

6.5.1 方案描述

- **系统建立（λ）**：给定安全参数 λ，阶为 p 的双线性群 $\mathbb{G}$ 和 $\mathbb{G}_T$，双线性映射 $e:\mathbb{G}\times\mathbb{G}\rightarrow\mathbb{G}_T$，$g,u,v$ 是 $\mathbb{G}$ 中的生成元。选择一个强不可伪造的一次签名 Sig=(Gen,S,V)，输出全局参数 $(p,g,u,v,\mathbb{G},\mathbb{G}_T,e,\mathrm{Sig})$。
- **密钥生成（λ）**：输入安全参数 λ，用户 i 随机选择 $x_i\in Z_p^*$，输出公钥 $X_i=g^{x_i}$，私钥 $\mathrm{sk}_i=x_i$。
- **重加密密钥生成（$\boldsymbol{x}_i,\boldsymbol{X}_j$）**：给定用户 i 的私钥 x_i，用户 j 的公钥 X_j，输出单向的重加密密钥 $R_{ij}=X_j^{1/x_i}=g^{x_j/x_i}$。
- **第一层加密 $\mathbf{Enc_1}(\boldsymbol{m},\boldsymbol{X}_i,\mathbf{par})$**：为了在公钥 X_i 下将消息 m 加密成第一层密文，加密者执行以下计算步骤。

  1）生成一次签名的密钥对 $\mathrm{Gen}(\lambda)\rightarrow(\mathrm{ssk},\mathrm{svk})$，设置 $C_1=\mathrm{svk}$；

  2）选择随机数 r，$t\in Z_p^*$，计算：

  $$C_2'=X_i^t,C_2''=g^{1/t},C_2'''=X_i^{rt},C_3=e(g,g)^r\cdot m,C_4=(u^{\mathrm{svk}}\cdot v)^r;$$

  3）运行一次签名算法 $\sigma=S(\mathrm{ssk},(C_3,C_4))$，其中签名消息为 (C_3,C_4)，签名为 σ；

4）输出密文 $C_i=(C_1,C_2',C_2'',C_2''',C_3,C_4,\sigma)$。

- **第二层加密 $\mathbf{Enc_2}(\boldsymbol{m},\boldsymbol{X_i},\mathbf{par})$**：为了在公钥 X_i 下将消息 m 加密成第二层密文，加密者计算如下。

  1）生成一次签名的密钥对 $\mathrm{Gen}(\lambda)\rightarrow(\mathrm{ssk},\mathrm{svk})$，设置 $C_1=\mathrm{svk}$；

  2）选择随机数 $r\in Z_p^*$，计算 $C_2=X_i^r,C_3=e(g,g)^r\cdot m,C_4=(u^{\mathrm{svk}}\cdot v)^r$；

  3）运行一次签名算法 $\sigma=S(\mathrm{ssk},(C_3,C_4))$，其中签名消息为 (C_3,C_4)，签名为 σ；

  4）输出密文 $C_i=(C_1,C_2,C_3,C_4,\sigma)$。

- **重加密 $\mathbf{ReEnc}(\boldsymbol{R_{ij}},\boldsymbol{C_i})$**：输入重加密密钥 $R_{ij}=g^{x_j/x_i}$，密文 $C_i=(C_1,C_2,C_3,C_4,\sigma)$，这里验证密文的有效性，如下。

$$e(C_2,u^{C_1}\cdot v)=e(X_i,C_4) \tag{6-1}$$

$$V(C_1,\sigma,(C_3,C_4))=1 \tag{6-2}$$

  如果式（6-1）和式（6-2）同时成立，则密文合法，并随机选择 $t\in Z_p^*$，计算：

$$C_2'=X_i^t,C_2''=R_{ij}^{1/t},C_2'''=C_2^t$$

  重加密密文为：

$$C_j=(C_1,C_2',C_2'',C_2''',C_3,C_4,\sigma)$$

  否则是非法密文，C_i 被声明“无效”。

- **第一层解密 $\mathbf{Dec_1}(\boldsymbol{C_j},\mathbf{sk}_j)$**：这里验证第一层密文的有效性，如下。

$$e(C_2',C_2'')=e(X_j,g) \tag{6-3}$$

$$e(C_2''',u^{C_1}\cdot v)=e(C_2',C_4) \tag{6-4}$$

$$V(C_1,\sigma,(C_3,C_4))=1 \tag{6-5}$$

  如果式（6-3）～式（6-5）同时成立，则密文合法，输出明文 $m=C_3/e(C_2'',C_2''')^{1/x_j}$。否则是非法密文，输出“无效”。

- **第二层解密 $\mathbf{Dec_2}(\boldsymbol{C_i},\mathbf{sk}_i)$**：如果第二层密文 $C_i=(C_1,C_2,C_3,C_4,\sigma)$ 满足式（6-1）和式（6-2），则接收者 i 解密得到明文 $m=C_3/e(C_2,g)^{1/x_i}$，否则输出“无效”。

可以验证重加密密文与第一层加密密文是不可区分的。令 $\widetilde{t}=tx_i/x_j$，重加密密文为 $C_2'=X_i^t=X_j^{\widetilde{t}}, C_2''=g^{(x_j/x_i)t^{-1}}=g^{\widetilde{t}^{-1}}, C_2'''=X_i^{rt}=X_j^{r\widetilde{t}}$。

6.5.2 安全性分析

本小节首先定义 3-Quotient Decision Bilinear Diffie-Hellman（3-QDBDH）问题，其次定义与 3-QDBDH 问题等价的修订 3-QDBDH 问题，即 Modified 3-Quotient Decision Bilinear Diffie-Hellman（m3-QDBDH），最后在 m3-QDBDH 问题假设下证明上述方案的安全性。

3-QDBDH 问题：设 $\mathbb{G}$、$\mathbb{G}_T$ 是阶为 q 的乘法群，给定 $(g, g^a, g^{(a^2)}, g^{(a^3)}, g^b, T)$，对于未知的 $a, b\in Z_q^*$，判断 $T=e(g,g)^{b/a}$ 是否成立。通常，对于一个多项式时间的敌手 $\mathcal{A}$，定义其解决群 $(\mathbb{G},\mathbb{G}_T)$ 上的 3-QDBDH 问题的优势为：

$$\mathrm{Adv}_{(\mathbb{G},\mathbb{G}_T),\mathcal{A}}^{\text{3-QDBDH}}=|\Pr[\mathcal{A}(g, g^a, g^{(a^2)}, g^{(a^3)}, g^b, e(g,g)^{b/a})=1]-$$

$$\Pr[\mathcal{A}(g, g^a, g^{(a^2)}, g^{(a^3)}, g^b, e(g,g)^z)=1]|$$

m3-QDBDH 问题：设 $\mathbb{G}$、$\mathbb{G}_T$ 是阶为 q 的乘法群，给定 $(g, g^{1/a}, g^a, g^{(a^2)}, g^b, T)$，对于未知的 $a, b\in Z_q^*$，判断 $T=e(g,g)^{b/a^2}$ 是否成立。通常，对于一个多项式时间的敌手 $\mathcal{A}$，定义其解决群 $(\mathbb{G},\mathbb{G}_T)$ 上的 m3-QDBDH 问题的优势为：

$$\mathrm{Adv}_{(\mathbb{G},\mathbb{G}_T),\mathcal{A}}^{\text{m3-QDBDH}}=|\Pr[\mathcal{A}(g, g^{1/a}, g^a, g^{(a^2)}, g^b, e(g,g)^{b/a^2})=1]-$$

$$\Pr[\mathcal{A}(g, g^{1/a}, g^a, g^{(a^2)}, g^b, e(g,g)^z)=1]|$$

引理 6.2 3-QDBDH 问题等价于 m3-QDBDH 问题。

证明：输入 m3-QDBDH 问题 $(g, g^{1/a}, g^a, g^{(a^2)}, g^b)$，令 $y=g^{1/a}, y^A=g, y^{(A^2)}=g^a, y^{(A^3)}=g^{(a^2)}, y^B=g^b$，询问 3-QDBDH 谕言机，返回 $e(y,y)^{B/A}=e(g^{1/a}, g^{1/a})^{(ab)/a}=e(g,g)^{b/a^2}$，即可解决 m3-QDBDII 问题。反之亦然。■

定理 6.3 假设一次签名方案是强不可伪造的，那么上述方案在 3-QDBDH 假设下是可重放选择第二层密文安全（RCCA）的。

证明：由于 3-QDBDH 问题等价于 m3-QDBDH 问题，为描述方便，下面在 m3-QDBDH 假设下证明该定理。输入 m3-QDBDH 问题实例 $(g, A_{-1}=g^{1/a}, A_1=g^a, A_2=g^{(a^2)}, B=g^b, T)$，其中 $a, b\in Z_q^*$ 且未知，模拟者 $\mathcal{B}$ 的目的是判断 $T=$

$e(g,g)^{b/a^2}$ 是否成立。

模拟者 $\mathcal{B}$ 与敌手 $\mathcal{A}$ 交互之前，首先定义一个事件 F_{OTS} 并限制它发生的概率。设 $C^*=(\mathrm{svk}^*,C_2^*,C_3^*,C_4^*,\sigma^*)$ 是游戏中给予敌手 $\mathcal{A}$ 的挑战密文，事件 F_{OTS} 表示 $\mathcal{A}$ 询问第一层解密谕言机 $C=(\mathrm{svk}^*,C_2',C_2'',C_2''',C_3,C_4,\sigma)$ 或是第一层密文 $C=(\mathrm{svk}^*,C_2,C_3,C_4,\sigma)$ 的重加密询问，其中 $(C_3,C_4,\sigma)\neq(C_3^*,C_4^*,\sigma^*)$ 但 $V(\mathrm{svk},\sigma,(C_3,C_4))=1$。在询问阶段，$\mathcal{A}$ 得不到 svk^* 的任何信息，因此挑战之前 F_{OTS} 发生的概率不超过 $q_O\cdot\delta$，其中 q_O 表示谕言机询问的总次数，δ 表示一次签名算法中 Gen 输出的验证密钥 svk 的最大概率（假设不超过 $1/p$）。在“猜测”阶段，F_{OTS} 显然给出了攻破一次签名的强不可伪造性算法。因此 $\Pr[F_{\mathrm{OTS}}]\leqslant q_O/p+\mathrm{Adv}^{\mathrm{OTS}}$，其中 $\mathrm{Adv}^{\mathrm{OTS}}$ 表示强不可伪造的一次签名算法被攻破的概率，是可忽略的。

在下面的交互游戏中，如果事件 F_{OTS} 发生，那么 $\mathcal{B}$ 中止游戏并输出一个随机比特。在初始阶段，$\mathcal{B}$ 运行一次签名算法 $\mathrm{Gen}(1^k)\rightarrow(\mathrm{svk}^*,\mathrm{ssk}^*)$，并将全局参数 $\{p,g,u,v,\mathbb{G},\mathbb{G}_T,e,\mathrm{Sig}\}$ 发送给 $\mathcal{A}$，其中 $u=A_1^{\alpha_1},v=A_1^{-\alpha_1\mathrm{svk}^*}\cdot A_2^{\alpha_2}(\alpha_1,\alpha_2\in Z_p^*)$，且记 $F(\mathrm{svk})=u^{\mathrm{svk}}\cdot v=A_1^{\alpha_1(\mathrm{svk}-\mathrm{svk}^*)}\cdot A_2^{\alpha_2}$。$\mathcal{B}$ 与 $\mathcal{A}$ 进行如下游戏，游戏中记 HU 为诚实用户的集合，包括被设定为目标用户的用户 i^*，CU 为共谋用户的集合。

密钥生成：诚实用户 $i\in\mathrm{HU}\setminus\{i^*\}$ 的公钥被设置为 $X_i=A_1^{x_i}=g^{ax_i},x_i\in Z_p^*$；目标用户的公钥被设置为 $X_{i^*}=A_2^{x_{i^*}}=g^{(x_{i^*}a^2)},x_{i^*}\in Z_p^*$；共谋用户 $i\in\mathrm{CU}$ 的公钥被设置为 $X_i=g^{x_i},x_i\in Z_p^*$，并将 (X_i,x_i) 发送给敌手 $\mathcal{A}$。为了产生从用户 i 到用户 j 的重加密密钥 R_{ij}，分以下情况讨论：

1）如果 $i\in\mathrm{CU}$ 时，$\mathcal{B}$ 知道 $\mathrm{sk}_i=x_i$，当 X_j 已知时，$\mathcal{B}$ 可以直接输出重加密密钥 $R_{ij}=X_j^{1/x_i}$；

2）如果 $i\in\mathrm{HU}\setminus\{i^*\}$ 且 $j=i^*$，$\mathcal{B}$ 返回 $R_{ii^*}=A_1^{x_{i^*}/x_i}=g^{x_{i^*}a^2/(ax_i)}$，可以看出它是一个有效的重加密密钥；

3）如果 $i=i^*$ 且 $j\in\mathrm{HU}\setminus\{i^*\}$，$\mathcal{B}$ 返回 $R_{i^*j}=A_{-1}^{x_i/x_{i^*}}=g^{ax_i/\left(x_{i^*}a^2\right)}$，可以看出它是一个有效的重加密密钥；

4）如果 $i,j\in\mathrm{HU}\setminus\{i^*\}$，$\mathcal{B}$ 返回 $R_{ij}=g^{x_j/x_i}=g^{(ax_j)/(ax_i)}$；

5）如果 $i\in\mathrm{HU}\setminus\{i^*\}$ 且 $j\in\mathrm{CU}$，$\mathcal{B}$ 返回 $R_{ij}=A_{-1}^{x_j/x_i}=g^{x_j/(ax_i)}$。

重加密询问：当$\mathcal{B}$收到敌手$\mathcal{A}$发送的用户i的第二层密文$C_i=(C_1,C_2,C_3,C_4,\sigma)$，并需要为用户$j$重加密时，$\mathcal{B}$首先验证式（6-1）和式（6-2）是否成立，如果不成立则返回“无效”。

1）如果$i\neq i^*$或$i=i^*$且$j\in \mathrm{HU}\setminus\{i^*\}$，$\mathcal{B}$使用重加密密钥$R_{ij}$进行重加密；

2）如果$i=i^*$且$j\in \mathrm{CU}$，

- 当$C_1=\mathrm{svk}^*$时，F_{OTS}事件发生，$\mathcal{B}$中止游戏；事实上，针对共谋用户的挑战密文的重加密在“猜测”阶段是不允许的，因此$(C_3,C_4,\sigma)\neq(C_3^*,C_4^*,\sigma^*)$，因为如果$(C_3,C_4,\sigma)=(C_3^*,C_4^*,\sigma^*)$，有$C_2\neq C_2^*$和$i\neq i^*$；
- 当$C_1\neq\mathrm{svk}^*$时，考虑到$C_2^{1/x_i^*}=A_2^r$，从$C_4=F(\mathrm{svk})^r=(A_1^{\alpha_1(\mathrm{svk}-\mathrm{svk}^*)}\cdot A_2^{\alpha_2})^r$中，$\mathcal{B}$可以计算$A_1^r=(g^a)^r=\left(\dfrac{C_4}{C_2^{\alpha_2/x_i^*}}\right)^{\frac{1}{\alpha_1(\mathrm{svk}-\mathrm{svk}^*)}}$。当获得$g^{ar}$和用户$j$的私钥$x_j$时，$\mathcal{B}$随机选取$t\in Z_p^*$，计算$C_2'=A_1^t=g^{at},C_2''=A_{-1}^{x_j/t}=(g^{1/a})^{x_j/t},C_2'''=(A_1^r)^t=(g^{at})^t$，返回$C_j=(C_1,C_2',C_2'',C_2''',C_3,C_4,\sigma)$。事实上，如果令$\tilde{t}=at/x_j$，有$C_2'=X_j^{\tilde{t}},C_2''=g^{1/\tilde{t}},C_2'''=X_j^{r\tilde{t}}$。

第一层解密询问：当敌手$\mathcal{A}$询问第一层密文$C_j=(C_1,C_2',C_2'',C_2''',C_3,C_4,\sigma)$在公钥$X_j$下的解密时，如果式（6-3）～式（6-5）不成立，$\mathcal{B}$返回“无效”。当$j\notin \mathrm{HU}$时，$\mathcal{B}$可以用已知的私钥进行解密，所以假设$j\in\mathrm{HU}$。接下来再假设$C_1=C_1^*=\mathrm{svk}^*$。如果$(C_3,C_4,\sigma)\neq(C_3^*,C_4^*,\sigma^*)$，则事件$F_{\mathrm{OTS}}$发生，$\mathcal{B}$中止模拟。如果$(C_3,C_4,\sigma)=(C_3^*,C_4^*,\sigma^*)$，则$C_j$是挑战密文$(C^*,X_{i^*})$的导出，$\mathcal{B}$中止模拟。事实上，对于在挑战阶段相同的指数$r$有$e(C_2'',C_2''')=e(g,X_j)^r$成立。现在假设$C_1\neq\mathrm{svk}^*$，则

1）如果$j\in\mathrm{HU}\setminus\{i^*\}$，则对已知的$x_j\in Z_p^*$有$X_j=g^{ax_j}$，$\mathcal{B}$可以计算出$e(g,g)^r=\left(\dfrac{e(C_4,A_{-1})}{e(C_2'',C_2''')^{\alpha_2/x_j}}\right)^{\frac{1}{\alpha_1(\mathrm{svk}-\mathrm{svk}^*)}}$，从而明文$m=C_3/e(g,g)^r$；

2）如果$j=i^*$，则对已知的$x_{i^*}\in Z_p^*$有$X_j=g^{\left(x_{i^*}a^2\right)}$，$\mathcal{B}$可以计算出$\gamma=e(g,g)^{ar}=\left(\dfrac{e(C_4,g)}{e(C_2'',C_2''')^{\alpha_2/x_{i^*}}}\right)^{\frac{1}{\alpha_1(\mathrm{svk}-\mathrm{svk}^*)}}$，以及$e(g,g)^r=\left(\dfrac{e(C_4,A_{-1})}{\gamma^{\alpha_2}}\right)^{\frac{1}{\alpha_1(\mathrm{svk}-\mathrm{svk}^*)}}$，从而明文$m=C_3/e(g,g)^r$。

在“猜测”阶段，$\mathcal{B}$必须检测 m 不同于挑战阶段的消息 m_0,m_1，如果 $m\in\{m_0,m_1\}$，$\mathcal{B}$通过 RCCA 安全游戏返回“$\perp$”。

挑战：一旦 $\mathcal{A}$决定第一阶段结束，则输出两个等长的消息 $\{m_0,m_1\}$，$\mathcal{B}$随机选择 $d^*\in\{0,1\}$ 并设置挑战密文为 $C_1^*=\mathrm{svk}^*, C_2^*=B^{x_{i^*}}, C_3^*=m_{d^*}\cdot T, C_4^*=B^{\alpha_2}$ 和 $\sigma^*=S(\mathrm{ssk}^*,(C_3^*,C_3^*))$。

因为 $X_{i^*}=A_2^{x_{i^*}}=g^{\left(x_{i^*}a^2\right)}$ 及 $B=g^b$，所以当 C^* 是 m_{d^*} 的有效签名，即签名中 $r=b/a^2$ 时，即有 $T=e(g,g)^{b/a^2}$。当 T 是 $\mathbb{G}_T$ 中的一个随机数时，从敌手来看，C^*不会泄露 m_{d^*} 的任何信息，$\mathcal{A}$不能猜测出 d^* 的正确值。事实上，当 $\mathcal{A}$输出她的猜测 $d'\in\{0,1\}$ 时，如果 $d'=d^*$，那么 $\mathcal{B}$决定 $T=e(g,g)^{b/a^2}$，否则 T 是 $\mathbb{G}_T$ 中的一个随机数。 ■

定理 6.4 假设一次签名方案是强不可伪造的，那么上述方案在 m3-QDBDH 假设下是可重放选择第一层密文安全的。

证明：输入 m3-QDBDH 问题的挑战实例 $(g,A_{-1}=g^{1/a},A_1=g^a,A_2=g^{(a^2)},B=g^b,T)$，其中 $a,b\in Z_q^*$ 且未知，模拟者 $\mathcal{B}$ 的目的是判断 $T=e(g,g)^{b/a^2}$ 是否成立。

在 $\mathcal{B}$与 $\mathcal{A}$交互之前，首先定义与定理 6.3 中一样的事件 F_{OTS}，在该证明中，仅考虑解密询问（由于没有重加密询问），如定理 6.3 的证明所述，假设一次签名方案具有强不可伪造性，那么该事件发生的概率可以忽略不计。当事件 F_{OTS} 发生时，$\mathcal{B}$中止并输出一个随机数。设 $C^*=(C_1^*,C_2'^*,C_2''^*,C_2'''^*,C_3^*,C_4^*,\sigma^*)$ 是第一层挑战密文。

$\mathcal{B}$运行一次签名算法 $\mathrm{Gen}(1^k)\rightarrow(\mathrm{svk}^*,\mathrm{ssk}^*)$，并产生全局参数 $\{p,g,u,v,\mathbb{G},\mathbb{G}_T,e,\mathrm{Sig}\}$，其中 $u=A_1^{\alpha_1}, v=A_1^{-\alpha_1\mathrm{svk}^*}\cdot A_2^{\alpha_2}, \alpha_1,\alpha_2\in Z_p^*$，且记 $F(\mathrm{svk})=u^{\mathrm{svk}}\cdot v=A_1^{\alpha_1(\mathrm{svk}-\mathrm{svk}^*)}\cdot A_2^{\alpha_2}$。同定理 6.3 的证明一样，$i^*$是目标接收者，$\mathcal{B}$与 $\mathcal{A}$的交互如下：

密钥生成：对于共谋用户 $i\in\mathrm{CU}$ 及所有的诚实用户 $i\in\mathrm{HU}\setminus\{i^*\}$，公钥被设置为 $X_i=g^{x_i}, x_i\in Z_p^*$，目标用户的公钥被设置为 $X_{i^*}=A_1$，将所有的共谋用户 $i\in\mathrm{CU}$ 的公私钥对 (X_i,x_i) 发送给敌手 $\mathcal{A}$。重加密密钥如下计算并发送给 $\mathcal{A}$：当 $i,j\neq i^*$ 时，$R_{ij}=g^{x_j/x_i}$；当 $j\neq i^*$ 时，$R_{i^*j}=A_{-1}^{x_j}$ 和 $R_{ji^*}=A_1^{1/x_j}$。

第一层解密询问：当敌手 $\mathcal{A}$ 询问在公钥 X_j 下的第一层密文 $C_j=(C_1,C_2',C_2'',C_2''',C_3,C_4,\sigma)$ 的解密时，如果式（6-3）～式（6-5）不成立，$\mathcal{B}$ 返回“无效”。现在假设 $j=i^*$，因为如果 $j\neq i^*$，$\mathcal{B}$ 可以用已知的私钥 x_j 进行解密。对于未知的 r，$t\in Z_p^*$ 有 $C_2'=A_1^t,C_2''=g^{1/t},C_2'''=A_1^{rt}$，因为

$$e(C_2'',C_2''')=e(g,g)^{ar}$$

$$e(C_4,A_{-1})=e(g,g)^{\alpha_1 r(\text{svk}-\text{svk}^*)}\cdot e(g,g)^{ar\alpha_2}$$

从而 $\mathcal{B}$ 可以计算出

$$e(g,g)^r=\left(\frac{e(C_4,A_{-1})}{e(C_2'',C_2''')^{\alpha_2}}\right)^{\frac{1}{\alpha_1(\text{svk}-\text{svk}^*)}}$$

当 $\text{svk}\neq\text{svk}^*$ 时，明文 $m=C_3/e(g,g)^r$。

在挑战之后的询问中，当 $C_1=\text{svk}^*$ 时，如果 $e(C_2'',C_2''')=e(C_2''^*,C_2'''^*)$，说明 C_j 是挑战密文的重新随机化或导出，$\mathcal{B}$ 返回“$\perp$”；否则，如果 $(C_3,C_4,\sigma)\neq(C_3^*,C_4^*,\sigma^*)$，则事件 F_{OTS} 发生，$\mathcal{B}$ 中止。

在“猜测”阶段，$\mathcal{B}$ 必须检测 m 不同于挑战阶段的消息 m_0,m_1，如果 $m\in\{m_0,m_1\}$，$\mathcal{B}$ 通过 RCCA 安全游戏返回“$\perp$”。

挑战：当第一阶段结束，$\mathcal{A}$ 输出两个等长的消息 $\{m_0,m_1\}$，$\mathcal{B}$ 随机选择 $d^*\in\{0,1\}$，然后随机选择 $u\in Z_p^*$，设置

$$C_2'^*=A_2^u,\quad C_2''^*=A_{-1}^{1/u},\quad C_2'''^*=B^u$$

$$C_1^*=\text{svk}^*,\quad C_3^*=m_{d^*}\cdot T,\quad C_4^*=B^{\alpha_2}$$

和 $\sigma^*=S(\text{ssk}^*,(C_3^*,C_3^*))$。

因为 $X_{i^*}=A_1$ 及 $B=g^b$，所以当 C^* 是 m_{d^*} 的有效签名时，签名中 $r=b/a^2$ 和 $t=au$，有 $T=e(g,g)^{b/a^2}$。当 T 是一个随机数时，C^* 隐藏了 m_{d^*} 的任何信息，$\mathcal{A}$ 不能以大于 1/2 的概率猜测出 d^* 的正确值。所以，当 $\mathcal{A}$ 正确猜测出 d^* 时，$\mathcal{B}$ 决定 $T=e(g,g)^{b/a^2}$，否则 T 是一个随机数。■

6.6 本章小结

本章简要介绍了代理重加密技术产生的背景及其应用，分别给出了两种类型的

代理重加密的定义与安全模型，即单向代理重加密与双向代理重加密。接着，给出了三个具有代表性的代理重加密方案，分别是满足 CPA 安全的单向代理重加密方案、CCA 安全的双向代理重加密方案和 CCA 安全的单向代理重加密方案。但实际应用还需要具有某些特殊功能的代理重加密方案，如条件代理重加密方案、临时代理重加密方案、无证书代理重加密方案等，感兴趣的读者可自行扩展阅读。

习题

1. 简述代理重加密的定义。
2. 简述代理重加密方案的主要分类。
3. 针对 6.4.1 节的方案，试计算模拟者成功解决 mDBDH 问题的优势。
4. 在 6.5.1 节的方案中，一次性签名算法能否省略？省略后的方案是什么？
5. 简述代理重加密技术在区块链中的应用。

参考文献

[1] ATENIESE G, FU K, GREEN M, et al. Improved proxy re-encryption schemes with applications to secure distributed storage [C]// NDSS. 2005: 29-43.

[2] CANETTI R, HOHENBERGER S. Chosen-ciphertext secure proxy re-encryption [C]// ACM CCS. 2007: 185-194.

[3] LIBERT B, VERGNAUD D. Unidirectional chosen-ciphertext secure proxy re-encryption [C]// International Workshop on Public Key Cryptography. 2008: 360-379.

[4] 周德华. 代理重加密体制的研究[D]. 上海：上海交通大学，2013.

[5] CHOW S, WENG J, YANG Y, et al. Efficient unidirectional proxy re-encryption [C]// International Conference on Cryptology in Africa. 2010: 316-332.

[6] 曹正军，刘丽华. 现代密码算法概论[M]. 哈尔滨：哈尔滨工业大学出版社，2019.

Chapter 7

第7章 可搜索加密

7.1 引言

随着云计算的迅速发展，大量用户将个人数据存储在云端服务器，有效缓解了本地存储压力，避免了烦琐的数据管理，增加了数据使用的便捷性。然而，外部的云端服务器具有诚实但好奇（Honest-But-Curious）的特点，它会正确保存用户数据，但也会企图查看数据内容，严重威胁用户的个人数据隐私。因此，用户在上传数据时应先进行加密，保障数据的机密性，避免云服务器恶意获取数据内容。采用传统的对称/公钥加密技术，增加了数据检索的难度。这种方法要求用户检索数据时，先将所有上传到服务器的数据下载至本地，执行解密操作后再检索。由于下载全部数据至本地会占用大量带宽资源，因此容易造成服务器拥塞。同时解密下载的密文数据会占用大量的本地计算资源，与云计算的初衷不符。

可搜索加密（Searchable Encryption，SE）是一种特殊的公钥加密技术，可以在保护数据隐私的前提下，提供便捷的数据搜索服务。SE 的工作流程可概括如下（见图 7-1）。数据拥有者首先加密个人数据和包含的关键词，然后将密文文件和关键词密文存储至云端服务器，用户后续可发送关键词陷门至云端服务器，检索目标关键词对应的密文数据。云端服务器收到关键词陷门后，将关键词陷门与数据库的关键词密文进行匹配，将所有匹配成功的密文数据返回给用户。2000 年，Song 等提出了可搜索加密的概念，支持在密文域上搜索数据。可搜索加密一般分为对称可搜索加密（Searchable Symmetric Encryption，SSE）和非对称可搜索加密（Asymmetric Searchable Encryption，ASE），非对称可搜索加密也称为公钥可搜索加密（Public-Key Encryption With Keyword Search，PEKS）。

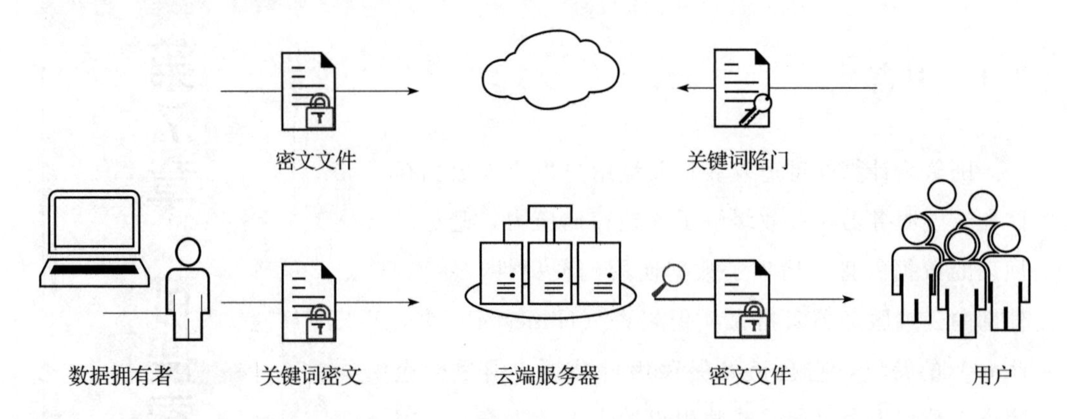

图 7-1　可搜索加密的工作流程

对称可搜索加密适用于个人加密云盘等单用户使用场景，主要构造方法包括对称加密算法、伪随机函数生成器、伪随机置换、哈希函数等。公钥可搜索加密适用于邮件、多人文件共享等多用户使用场景，主要构造方法包括公钥加密算法、标识加密算法、双线性对运算等。

常见的可搜索加密应用场景主要包括：

1）云存储安全：电子病历、公司内部文件等外包敏感数据加密领域，面临密文数据难检索问题。

2）安全邮件信息加密：邮件系统中客户数据以明文形式存储，易导致用户信息泄露。

7.2　可搜索加密的定义及安全模型

虽然目前可搜索加密方案的构造方法众多，形式化描述各不相同，但实现过程基本包括数据拥有者、数据检索者和云端服务器 3 个角色及以下 4 个步骤：

1）文件加密：数据拥有者使用对称/非对称密钥在本地对明文数据和关键词进行加密，然后将密文数据和关键词密文上传至服务器。

2）陷门生成：数据检索者使用密钥生成关键词陷门，要求陷门不能泄露任何与关键词相关的信息。

3）检索询问：云端服务器输入关键词陷门，执行检索算法，返回所有与陷门匹配的关键词密文对应的密文数据，要求云端服务器只知道密文是否包含某个关键词陷门，无法获得具体的关键词信息。

4）数据解密：数据检索者在本地使用密钥对检索的密文数据进行解密，从而获得询问结果。

7.2.1 对称可搜索加密

对称可搜索加密的构造一般分为基于存储结构和基于索引两种方式。基于存储结构的方式检索时需扫描整个存储器，效率较低且对服务器的存储拓扑要求较高，所以基于索引的方式是目前的主流方法。基于索引的对称可搜索加密方案主要包括5个算法，SSE＝(KeyGen, Enc, Trapdoor, Search, Dec)，算法流程如图7-2所示。

- 密钥生成算法 $\text{KeyGen}(\lambda)\rightarrow K$：输入安全参数 λ，输出密钥 K。
- 关键词加密算法 $\text{Enc}(K,D)\rightarrow(I,C)$：输入密钥 K 和文件集合 $D=(D_1,\cdots,D_n)$，输出安全索引 I 和密文集合 $C=(C_1,\cdots,C_n)$。
- 陷门生成算法 $\text{Trapdoor}(K,w)\rightarrow t$：输入检索的关键词 w 和密钥 K，输出关键词陷门 t。
- 搜索算法 $\text{Search}(I,t)\rightarrow X$：输入陷门 t 和索引 I，查找数据集 D 含有关键词 w 的文件，输出数据标识符 X。
- 解密算法 $\text{Dec}(K,C_i)\rightarrow D_i$：根据标识符 X 检索得到密文，利用密钥 K 解密得到最终明文数据。

定义7.1（对称可搜索加密的非适应性语义安全） 若对于任意的 $q\in\mathbb{N}$ 和概率多项式时间敌手 $\mathcal{A}$，以下条件成立，则称对称可搜索加密方案具有非适应性语义安全。存在概率多项式时间算法 $\mathcal{S}$，对于所有长度为 q 的 Tr_q、$\{H_q\in 2^{2^{\Delta}}\times\Delta^q:\text{Tr}(H_q)=\text{Tr}_q\}$、函数 $f:\{0,1\}^m\rightarrow\{0,1\}^{\ell(m)}, m=|H_q|$：

$$|\Pr[\mathcal{A}(V_K(H_q))=f(H_q)]-\Pr[\mathcal{S}(\text{Tr}(H_q)]|<\frac{1}{p(k)}$$

其中 $H_q \xleftarrow{R} \mathcal{H}_q$，$K \xleftarrow{R} \text{KeyGen}(1^k)$，概率与 $\mathcal{H}_q$、KeyGen、$\mathcal{A}$、$\mathcal{S}$ 中的随机值相关。

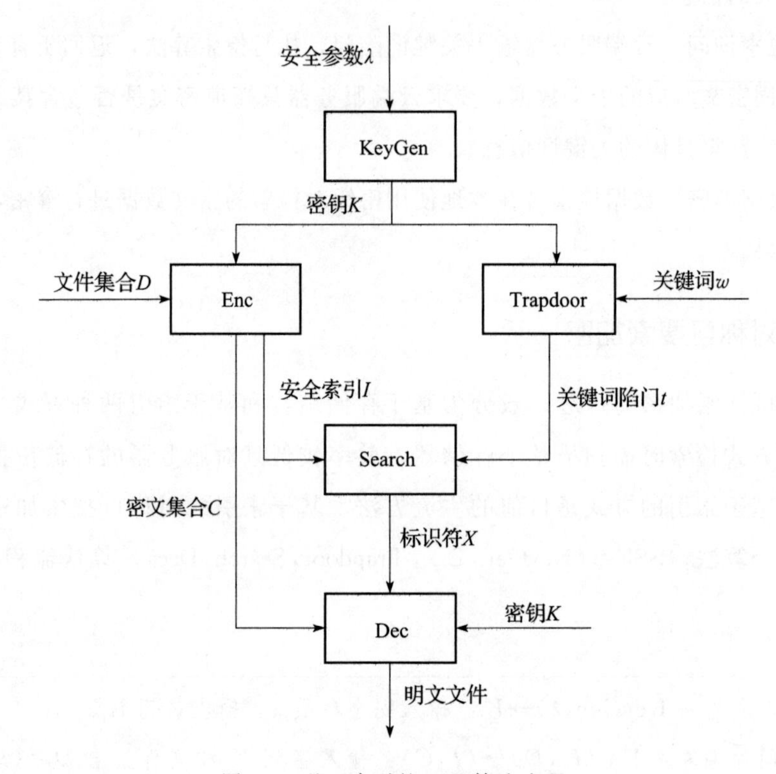

图 7-2 基于索引的 SSE 算法流程

7.2.2 公钥可搜索加密

公钥可搜索加密主要包括 4 个算法，PEKS=(KeyGen,PEKS,Trapdoor,Test)，算法流程如图 7-3 所示。

- 密钥生成算法 $\text{KeyGen}(\lambda) \rightarrow (A_{\text{pub}}, A_{\text{pri}})$：输入安全参数 λ，输出公私钥对 $(A_{\text{pub}}, A_{\text{pri}})$。
- 关键词加密算法 $\text{PEKS}(A_{\text{pub}}, w) \rightarrow C$：输入公钥和关键词 w，输出关键词 w 的密文 C。
- 陷门生成算法 $\text{Trapdoor}(A_{\text{pri}}, w') \rightarrow T_{w'}$：输入关键词 w' 和私钥 A_{pri}，输出关键词陷门 $T_{w'}$。
- 测试算法 $\text{Test}(T_{w'}, C) \rightarrow b$：输入关键词陷门 $T_{w'}$，测试关键词密文 C，若二者对应的关键词相同，则输出 $b=1$，否则输出 $b=0$。

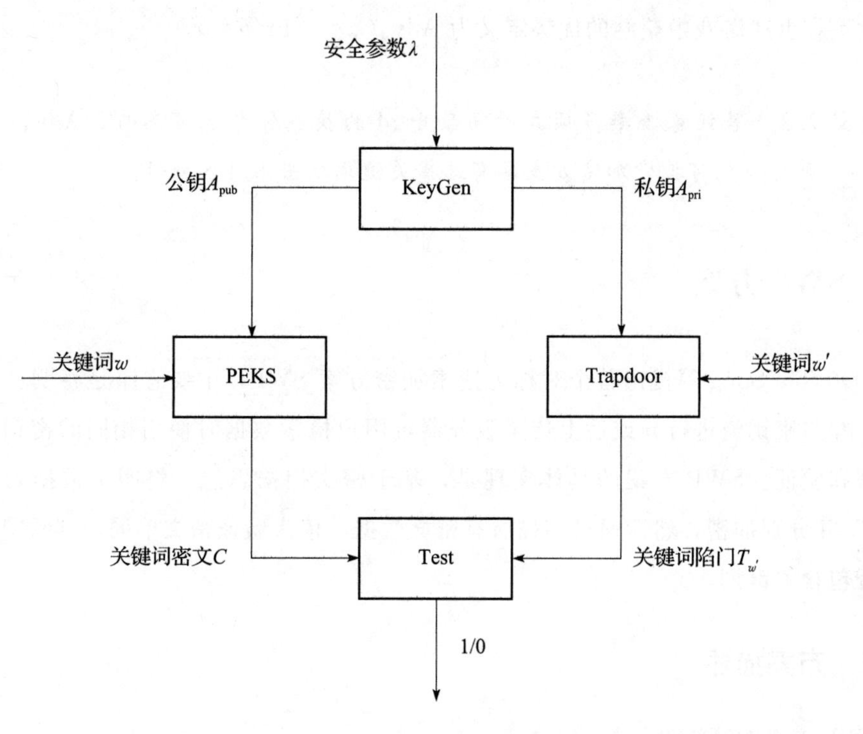

图 7-3　PEKS 算法流程

公钥可搜索加密的选择关键词攻击不可区分性（Indistinguishability against Chosen Keyword Attack，IND-CKA）安全模型可以通过挑战者 $\mathcal{C}$ 和敌手 $\mathcal{A}$ 之间的安全游戏进行定义。

初始化：挑战者 $\mathcal{C}$ 运行 KeyGen(λ) 算法生成公钥 pk 和私钥 sk，将公钥 pk 发送给敌手 $\mathcal{A}$。

询问 1：敌手 $\mathcal{A}$ 自适应地询问陷门谕言机 $O_{Trapdoor}$，获得关键词陷门 T_w。

挑战：敌手 $\mathcal{A}$ 随机选取两个不同的关键词 w_0 和 w_1，发送给挑战者 $\mathcal{C}$，但要求关键词 w_0 和 w_1 未在陷门谕言机 $O_{Trapdoor}$ 询问过。挑战者随机选取比特 $b \in \{0,1\}$ 生成挑战密文 $C=\text{PEKS}(\text{pk}, w_b)$，并将挑战密文 C 发送给敌手 $\mathcal{A}$。

询问 2：过程同询问 1，但不允许敌手 $\mathcal{A}$ 询问关键词 w_0 和 w_1 的陷门信息。

猜测：敌手 $\mathcal{A}$ 输出比特信息 $b' \in \{0,1\}$ 作为猜测值，如果 $b=b'$，那么敌手 $\mathcal{A}$ 在上述游戏中获胜，否则失败。

敌手在上述游戏中获胜的优势定义为 $\mathrm{Adv}_{\mathcal{A}}(\lambda)=\left|\Pr(b=b')-\frac{1}{2}\right|$。

定义 7.2 若任意概率多项式时间敌手 $\mathcal{A}$ 的获胜优势 ε 可忽略，$\mathrm{Adv}_{\mathcal{A}}(\lambda)<\mathrm{negl}(\varepsilon)$，则称公钥可搜索加密方案具有选择关键词攻击不可区分性。

7.3 SWP 方案

2000 年，Song 等提出首个对称可搜索加密方案 SWP，主要思路是将明文转换编码，并与密钥流进行异或后上传至服务器，用户检索数据时使用相同的密钥流依次解密和验证。SWP 方案的具体实现是，基于密文扫描思想，将明文数据划分为“单词”并分别加密，然后通过扫描所有密文数据，依次验证密文单词，判断明文数据是否包含关键词。

7.3.1 方案描述

SWP 方案的算法设计如下：

- 密钥生成算法KeyGen()：数据拥有者生成密钥 k' 和 k''，以及伪随机流 $S_1, S_2, S_3, \cdots, S_n$，其中 n 为明文数据中单词块的数量。
- 加密算法Encrypt()：将数据分为长度固定的单词块 w_i，计算 $X_i=E_{k''}(w_i)=(L_i,R_i)$，$k_i=f_{k'}(L_i)$，$T_i=(S_i,F_{k_i}(S_i))$ 和 $C_i=X_i\oplus T_i$，其中 E 为分组加密算法，F 和 f 为伪随机函数。
- 陷门生成算法Trapdoor()：数据检索者输入关键词 w 并计算 $X=E_{k''}(w)=(L,R)$ 和 $k=f_{k'}(L)$，最后将 (X,k) 发送至云端服务器。
- 搜索算法Search()：云端服务器计算 $T_p=C_P\oplus X=(S_p,S'_p)=\begin{cases}(S_p,F_k(S_p))\\ \mathrm{null}\end{cases}$，若 $S'_p=F_k(S_p)$，则返回 (p,C_P)。
- 解密算法Decrypt()：数据检索者收到 C_p 后，使用密钥进行解密，$C_p=(C_{p,l},C_{p,r})$，$X_{p,l}=C_{p,l}\oplus S_p$，$K_p=f_{k'}(X_{p,l})$，$T_p=(S_p,F_k(S_p))$，$X_p=C_p\oplus T_P$ 及 $w_P=D_{k''}(X_p)$，其中 D 为分组密码 E 对应的解密算法。

7.3.2 安全性分析

引理 7.1 如果 F 是 (t,ℓ,e_F)-安全的伪随机函数，G 是 (t,e_G)-安全的伪随机生成器，那么 H' 是 $(t-\varepsilon,e_{H'})$-安全的伪随机生成器，其中 $H':\mathcal{K}_F\times\mathcal{K}_G\rightarrow(\mathcal{X}\times\mathcal{Y})^\ell$，$H'(k,k_G)=\langle s_1,F_k(s_1),\cdots,s_\ell,F_k(s_\ell)\rangle$，$s_j\in\mathcal{X}$ 表示 $G(k_G)$ 中的第 j 块，$e_{H'}=e_F+e_G+\ell(\ell-1)/(2|\mathcal{X}|)$。

引理 7.2 如果 F 是 (t,l,e_F)-安全的伪随机函数，G 是 (t,e_G)-安全的伪随机生成器，那么 H 是 $(t-\varepsilon,e_{H'})$-安全的伪随机生成器，其中 $H:(\mathcal{K}_F)^\ell\times\mathcal{K}_G\rightarrow(\mathcal{X}\times\mathcal{Y})^\ell$、$H(k,k_G)=\langle s_1,F_{k_1}(s_1),\cdots,s_\ell,F_{k_\ell}(s_\ell)\rangle$、$s_j\in\mathcal{X}$ 是指 $G(k_G)$ 的第 j 块，$e_H=\ell\cdot e_F+e_G$，ε 和 t 相比是可忽略的。

定义 7.3 若对于任意的 j，存在 $i<j$ 使得 $\Pr_D[k_j=k_i]=1$，或者 D 随机从 $\mathcal{K}_F$ 中选取与 $k_1,\cdots,k_{j-1}$ 独立的 k_j，则称分布 D 具有缠绕性。

定理 7.1 如果 F 是 (t,ℓ,e_F)-安全的伪随机函数，G 是 (t,e_G)-安全的伪随机生成器，且 $k\in(\mathcal{K}_F)^n$ 是随机选取的缠绕性分布 D，那么 H 是 $(t-\varepsilon,e_H)$-安全的伪随机生成器，其中 $e_H=\ell\cdot e_F+e_G+\ell(\ell-1)/(2|\mathcal{X}|)$，$\varepsilon$ 和 t 相比是可忽略的。

证明：对于任意的 j，$\Pr_D[k_j=k_{j-1}]=1$，或者 k_j 均匀且独立于 $k_1,\cdots,k_{j-1}$，则 $k=\langle\langle k'_1,\cdots,k'_1\rangle,\langle k'_2,\cdots,k'_2\rangle,\cdots,\langle k'_m,\cdots,k'_m\rangle\rangle$，其中 $k'_1,k'_2,\cdots,k'_m$ 相互独立，令 ℓ_i 表示 k'_i 在 k 中重复的次数，$\mathcal{X}$ 表示一个函数，且每个 i 的第一个 j 相关并使 $\Pr_D[k_j=k'_i]=1$。

$\Psi_i(k)=\langle u_1,F_{k_1}(u_1),\cdots,u_{j'-1},\cdots,F_{k_{j'-1}}(u_{j'-1}),u_{j'},w_{j'},\cdots,u_\ell,w_\ell\rangle$，其中 $j'=\mathcal{X}(i+1)$。Ψ_{i-1}、Ψ_i 在序列 $\Psi_0,\Psi_1,\cdots,\Psi_m$ 中是 $(t-\varepsilon,e_F+\ell_i(\ell_i-1)/2|\chi|)$ 不可区分的。如果可以区分，则存在 i 和算法 A 能以优势 $\mathrm{Adv}A\geqslant e_F+\ell_i(\ell_i-1)/(2|\chi|)$ 区分 Ψ_{i-1} 和 Ψ_i。

令 $j=\chi(i)$ 和 $j'=\chi(i+1)$，则我们可以通过以下方法构造一个算法 B 用于区分函数 F 和真随机函数：B 选择随机且独立的 $u_1,\cdots,u_\ell\in\chi,k'_1,\cdots,k'_{i-1}\in\mathcal{K}_F$ 及 $w_{j'},\cdots,w_\ell\in\mathcal{Y}$。$B$ 计算 $F_{k_1}(s_1),\cdots,F_{k_{j-1}}(s_{j-1})$ 并用谕言机 f 计算 $f(s_j),f(s_{j+1}),\cdots,f(s_{j'-1})$。随即 B 运行 A，$I=\langle\langle u_1,F_{k_1}(u_1),\cdots,u_{j-1},F_{k_{j-1}}(u_{j-1})\rangle,\langle u_j,f(u_j),\cdots,u_{j'-1},f(u_{j'-1})\rangle,\langle u_{j'},w_{j'},\cdots,u_\ell,w_\ell\rangle\rangle$ 最终输出 $A(I)$。有 $\Pr[B^{F_k}=1]=\Pr[A(\Psi_i)=1]$，根据上述描述有

$\Pr[B^R=1]\leqslant\Pr[A(\Psi_{i-1})=1]+\ell_i(\ell_i-1)/(2|\chi|)$。由此可得 $\mathrm{Adv}B\geqslant\mathrm{Adv}A-\ell_i(\ell_i-1)/(2|\chi|)\geqslant e_F$。这和假设 $\mathrm{Adv}A$ 不可忽略是矛盾的，最终根据三角不等式（Triangle Inequality）可得 $\sum_{1\leqslant i\leqslant m}\frac{\ell_i(\ell_i-1)}{2|\chi|}\leqslant\frac{\ell(\ell-1)}{2|\chi|}$。 ■

定理 7.2 如果 F 是 (t,ℓ,e_F)-安全的伪随机函数，f 是 (t,ℓ,e_f)-安全的伪随机函数，G 是 (t,e_G)-安全的伪随机生成器，$k_i=f_{k_f}(W_i)$，那么 H 是 $(t-\varepsilon,e_H)$-安全的伪随机生成器，其中 $e_H=\ell\cdot e_F+e_G+\ell(\ell-1)/(2|\mathcal{X}|)$，$f:\mathcal{K}_F\times\{0,1\}^*\rightarrow\mathcal{K}_F,k_f\in\mathcal{K}_F$ 随机且独立。

证明：$k_i^R=R(W_i)$，其中 R 是真随机函数，均匀选自所有从 $\{0,1\}^*$ 到 $\mathcal{K}_F$ 的映射。$H(k,k_G)$ 和 $H(k^R,k_G)$ 是 $(t-\varepsilon,e_f)$-安全不可区分的，否则存在算法 A 可以区分两个随机变量，其耗时最多为 $t-\varepsilon$，优势 $\mathrm{Adv}A\geqslant e_f$。

构造算法 B 能以 (t,ℓ,e_f) 攻破 f：B 选择随机且独立的 $k_G\in\mathcal{K}_G$，计算 $k_i=g(W_i)$，并用谕言机 g 计算 $\langle s_1,\cdots,s_\ell\rangle=G(k_G)$。随即 B 运行 A，$I=\langle s_1,F_{k_1}(s_1),\cdots,s_\ell,F_{k_\ell}(s_\ell)\rangle$ 最终输出 $A(I)$，有 $\Pr[B^{f_{k_f}}=1]=\Pr[A(H(k,k_G))=1]$，根据上述公式，有 $\Pr[B^R=1]=\Pr[A(H(k^R,k_G))=1]$。由此可得 $\mathrm{Adv}B\geqslant\mathrm{Adv}A\geqslant e_F$，这和假设 $\mathrm{Adv}A$ 不可忽略是矛盾的。

最终可得 k^R 具有缠绕性，$H(k^R,k_G)$ 和 $\mathcal{K}_G$ 上的随机值 U 是 $(t-\varepsilon,\ell\cdot e_F+e_G+\ell(\ell-1)/(2|\chi|))$ 不可区分的。 ■

定理 7.3 如果 E 是 (t,ℓ,e_E)-安全的伪随机置换，F 是 (t,ℓ,e_F)-安全的伪随机函数，f 是 (t,ℓ,e_f)-安全的伪随机函数，G 是 (t,e_G)-安全的伪随机生成器，$k_i=f_{k_f}(L_i)$，那么 H 是 $(t-\varepsilon,e_H)$-安全的伪随机生成器，其中 $e_H=\ell\cdot e_F+e_G+\ell(\ell-1)/(2|\mathcal{X}|),L_i=\rho\mathcal{X}(E_{k''}(W_i)),\rho\chi:\mathcal{X}\times\mathcal{Y}\rightarrow\mathcal{X},\rho\chi(\langle x,y\rangle)=x$。

证明：使用定理 7.2 的证明技术，将 W_i 用 L_i 替换，易得 H 是 $(t-\varepsilon,e_H)$-安全的伪随机生成器，假设 k_i 公开，并定义 E 为事件 $W_j\neq W_i$ 但 $L_j=L_i$。$\Pr[\overline{E}]\leqslant e_E+\ell/|\chi|$，令 D'为分布 D 的变体，所有 j 都有 $W_j=W_i$。对于事件 E，分布 D'也有如定理 7.2 中证明所用到的近似缠绕性。将上述结果应用于 H 的映射中，可得证明结论。

■

7.4 SSE-1方案

Curtmola等提出了更安全的对称可搜索加密——SSE-1方案，可以隐藏访问模式和搜索模式。在SSE-1方案的实现过程中，用户的数据集合$\mathcal{D}$使用安全的对称加密算法进行加密，其索引主要包括以下2个数据结构。

- 数组A：$D(w)$表示包含关键词w的所有文档标识符列表，保存所有关键词$D(w)$的密文形式。
- 询问表T：用于查找任意关键词w在数组A的位置。

7.4.1 方案描述

- 密钥生成算法KeyGen$(1^k,1^\ell)$：生成随机密钥$(s,y,z)\xleftarrow{R}\{0,1\}^k$，输出$K=(s,y,z,1^\ell)$。
- 建立索引算法BuildIndex(K,D)包括以下4个部分：
  1) 初始化：扫描明文数据集D，提取互不相同的关键词集合Δ'，为各个关键词$w\in\Delta'$构建数据标识符集合$D(w)$，初始化全局变量ctr=1。
  2) 构建数组A：建立链表L_i，对关键词集合的任意关键词$w_i\in\Delta'$，首先生成随机密钥$k_{i,0}\leftarrow_R\{0,1\}^\ell$，计算链表的第$j$个节点$N_{i,j}=\langle \mathrm{id}(D_{i,j})\|k_{i,j}\|\psi(\mathrm{ctr}+1)\rangle$，其中$\mathrm{id}(D_{i,j})$表示第$j$个文件标识符，$k_{i,j}$表示链表中下一个节点的解密密钥，$\psi(\mathrm{ctr}+1)$表示下一个节点在链表中的存储位置，$\psi()$表示伪随机函数，$\varepsilon_{k_{i,j-1}}(N_{i,j})$加密后存储到数组$A[\psi_s(\mathrm{ctr})]$，ctr=ctr+1。对于最后一个节点$N_{i,|D(w_i)|}$，在加密之前将下一个节点设置为NULL。令$m'=\sum_{w_i\in\Delta'}|D(w_i)|$，若$m'<m$，则设置$A$中剩下的$m-m'$项的长度与之前的随机值一样，其中$m$表示询问表$T$包含的总项数。
  3) 构建询问表T：对于$w_i\in\Delta'$，构建询问表信息，$T[\pi_z(w_i)]=\langle \mathrm{addr}(A(N_{i,1}))\|k_{i,0}\rangle\oplus f_y(w_i)$，其中addr表示链表节点在数组$A$的存储地址，$\pi()$表示伪随机置换，$f_y$为伪随机函数，$f_y:\{0,1\}^k\times\{0,1\}^p\rightarrow\{0,1\}^{\ell+\log_2(m)}$。
  4) 输出索引$\mathcal{I}=(A,T)$。

- 陷门生成算法 Trapdoor(w)：计算并输出关键词陷门 $T_w=(\pi_z(w),f_y(w))$。
- 搜索算法 Search $(\mathcal{I},T_w)$：$T_w=(\gamma,\eta)$，从询问表中获取 $\theta=T[\gamma]$，令 $\langle\alpha\|k\rangle=\theta\oplus\eta$，从 α 处开始用密钥 k 解密链表 L，输出其中包含的文件标识符。

7.4.2 安全性分析

定理 7.4 SSE-1 是非自适应性安全的对称可搜索加密方案。

证明：已知概率多项式时间模拟者 $\mathcal{S}, q\in\mathbb{N}$，概率多项式时间敌手 $\mathcal{A}$，伪随机函数 f，伪随机置换 π 和 ψ，$H_q\xleftarrow{R}\mathcal{H}_q, K\xleftarrow{R}\text{KeyGen}(1^k)$，$\text{Tr}(H_q)=\left\{1,\cdots,n,|D_1|,\cdots,|D_n|,\mathcal{D}(w_1),\cdots,\mathcal{D}(w_n),\prod_q\right\}$，$V_K(H_q)=\{1,\cdots,n,\varepsilon(D_1),\cdots,\varepsilon(D_n),\cdots,\mathcal{I}_{\mathcal{D}},T_{w_1},\cdots,T_{w_q}\}$，$\mathcal{S}$ 能以接近 1 的概率模仿 $\mathcal{A}(V_K(H_q))$，即 $\mathcal{S}(\text{Tr}(H_q))$ 能生成 V_q^*，且 $V_K(H_q)$ 和 V_q^* 不可区分。

$q=0$，$\mathcal{S}$ 设置 $V_0^*=\{1,\cdots,n,\cdots,e_1^*,\cdots,e_n^*,\mathcal{I}^*\}$，其中 $e_i^*\xleftarrow{R}\{0,1\}^{D_i}, 1\leqslant i\leqslant n$，$\mathcal{I}^*=(A^*,T^*)$。

生成 A^*：$1\leqslant i\leqslant m$，$\mathcal{S}$ 生成随机字符 $r_i\xleftarrow{R}\{0,1\}^{\log_2 n+\ell+\log_2 m}$ 并令 $A^*[i]=r_i$。

生成 T^*：$1\leqslant i\leqslant|\Delta|$，$\mathcal{S}$ 生成 (a_i^*,c_i^*)，其中 $a_i^*\xleftarrow{R}\{0,1\}^p$ 且互不相同，$c_i^*\xleftarrow{R}\{0,1\}^{\ell+\log_2 m}$，令 $T^*[a_i^*]=c_i^*$。

不存在概率多项式时间敌手 $\mathcal{A}$ 能区分 V_0^* 和 $V_K(H_0)=\{1,\cdots,n,\varepsilon(D_1),\cdots,\varepsilon(D_n),\cdots,\mathcal{I}_{\mathcal{D}}\}$，否则 $\mathcal{A}$ 能区分 V_0^* 中至少一个元素和 $V_K(H_0)$ 中的相应元素。这将产生矛盾，因为 V_0^* 中的每个元素与 $V_K(H_0)$ 中对应的元素是不可区分的。因此 V_0^* 中的文件标识符和 $V_K(H_0)$ 是不可区分的。

加密文件：$1\leqslant i\leqslant n,(\mathcal{G},\mathcal{E},\mathcal{D}),\mathcal{E}(D_i),e_i^*\xleftarrow{R}\{0,1\}^r$，若 $(\mathcal{G},\mathcal{E},\mathcal{D})$是语义安全的，则 $\mathcal{E}(D_i)$ 和 $e_i^*\xleftarrow{R}\{0,1\}^r$ 是不可区分的。

索引：$\mathcal{I}_{\mathcal{D}}=(A,T)$ 和 $\mathcal{I}^*=(A^*,T^*)$，A 由 m'个语义安全的密文以及 $m-m'$ 个相同大小的随机值构成，A^* 由 m 个相同大小的随机字符串构成，A^* 和 A 中的

每个元素都是不可区分的。T 由 $|\Delta'|$ 个密文构成，c_i 由消息和 f 的输出异或得出，还包括 $|\Delta-\Delta'|$ 个大小为 $\ell+\log_2 m$ 的随机值。T^* 由 $|\Delta|$ 个相同大小的随机字符串构成。T 和 T^* 的各元素是不可区分的，否则可以区分 f 的输出及大小为 $\ell+\log_2 m$ 的随机值。

$q>0$，$\mathcal{S}$ 构建 $V_q^*=\{1,\cdots,n,e_1^*,\cdots,e_n^*,\mathcal{I}^*,T_1^*,\cdots,T_q^*\}$，其中 $\{e_1^*,\cdots,e_n^*\}$ 是随机值，$\mathcal{I}^*=(A^*,T^*)$，A^* 和 T^* 按照下列方式生成：

生成 A^*：$\mathcal{S}$ 运行 SSE-1 算法中 BuildIndex$(K,\mathcal{D})$ 的第二步，$(\mathcal{D}(w_1),\cdots,\mathcal{D}(w_q))$，$|\Delta'|=q$ 使用相同大小的不同随机字符而不是 $\psi(\mathrm{ctr})$。

生成 T^*：$1\leqslant i\leqslant q$，$\mathcal{S}$ 产生随机值 $\beta_i^* \xleftarrow{R} \{0,1\}^{\ell+\log_2(m)}$，$a_i^* \xleftarrow{R} \{0,1\}^p$，并令 $T^*[a_i^*]=\langle \mathrm{addr}_{A^*}(N_{i,1})\| k_{i,0}\rangle \oplus \beta_i^*$，然后向 T^* 中剩余部分插入伪造的数据。即 $\mathcal{S}$ 运行 SSE-1 算法中的 BuildIndex$(K,\mathcal{D})$ 使用 A^* 而不是 A，使用 β_i^* 而不是 $f_y(w_i)$，使用 a_i^* 而不是 $\pi_z(w_i)$。

生成 T_i^*：$\mathcal{S}$ 令 $T_i^*=(a_i^*,\beta_i^*)$。

不存在概率多项式时间敌手 $\mathcal{A}$ 能区分关于 V_0^* 和 $V_K(H_0)=\{1,\cdots,n,\varepsilon(D_1),\cdots,\varepsilon(D_n),\cdots,\mathcal{I}_\mathcal{D},T_1,\cdots,T_q\}$，否则 $\mathcal{A}$ 至少能区分 V_q^* 中的一个元素与其在 $V(H_q)$ 中的元素。这是不成立的，因为 V_q^* 中的每个元素与其在 $V(H_q)$ 中对应的元素是不可区分的。

加密文件：$1\leqslant i\leqslant n,(\mathcal{G},\mathcal{E},\mathcal{D}),\mathcal{E}(D_i),e_i^* \xleftarrow{R} \{0,1\}^r$，若 $(\mathcal{G},\mathcal{E},\mathcal{D})$ 是语义安全的，$\mathcal{E}(D_i)$ 和 $e_i^* \xleftarrow{R} \{0,1\}^r$ 是不可区分的。

索引：$\mathcal{I}_\mathcal{D}=(A,T)$ 和 $\mathcal{I}^*=(A^*,T^*)$，A 由 m' 个语义安全的密文以及 $m-m'$ 个相同大小的随机值构成，A^* 由 q 个语义安全的密文以及 $m-q$ 个相同大小的随机字符串构成，A^* 和 A 中的每个元素都是不可区分的。否则就能区分相同大小的两个语义安全的密文，或者能区分语义安全的密文和相同大小的随机字符串。T 由 $|\Delta'|$ 个密文构成，c_i 由消息和 f 的输出异或得出，还包括 $|\Delta-\Delta'|$ 个大小为 $\ell+\log_2 m$ 的随机值。T^* 包含 q 个相同大小的密文，该密文由消息和长度为 $\ell+\log_2 m$ 的随机字符串 β_i^* 异或生成，T^* 还包含 $|\Delta|-q$ 个相同长度的随机字符串。T 和 T^* 中的每个元素都是不可区分的，否则便可以区分 f 的输出及随机字符串。

陷门：$1\leqslant j\leqslant q$，T_j 和 T_j^* 是不可区分的，否则可以区分 π 的输出和大小为 p 的随机字符串，或者区分 f 的输出与长度为 $\ell+\log_2 m$ 的字符串。■

7.5　PEKS 方案

Boneh 等 2004 年最早提出了公钥可搜索加密的概念，并构造了基于双线性对的 PEKS 方案。该方案以邮件系统为应用背景，可用于解决邮件系统中不可信赖服务器的加密邮件路由问题。

7.5.1　方案描述

PEKS 方案中涉及对称双线性映射 $\hat{e}:\mathbb{G}\times\mathbb{G}\rightarrow\mathbb{G}_T$（其中 $\mathbb{G}$、$\mathbb{G}_T$ 的阶均为素数 p），哈希函数 $H_1:\{0,1\}^*\rightarrow\mathbb{G}$ 和 $H_2:\mathbb{G}\rightarrow\{0,1\}^{\log p}$。PEKS 方案包括 4 个概率多项式时间算法，具体构造如下：

- 密钥生成算法 KeyGen(s)：输入安全参数 s，随机选取 $\alpha\in Z_p^*$，群 $\mathbb{G}$ 及其生成元 g，输出公钥 $A_{\text{pub}}=[g,h=g^\alpha]$，私钥 $A_{\text{priv}}=\alpha$。
- 关键词密文生成算法 PEKS(A_{pub},w)：输入公钥 A_{pub} 和关键词 w，选取随机数 $r\in Z_p^*$，计算 $t=\hat{e}(H_1(w),h^r)\in\mathbb{G}_T$，输出关键词密文 $C_w=[g^r,H_2(t)]$。
- 陷门生成算法 Trapdoor(A_{priv},w')：输入私钥 A_{priv} 和关键词 w'，输出关键词陷门 $T_{w'}=H_1(w')^\alpha\in\mathbb{G}$。
- 测试算法 Test($A_{\text{pub}},C_w,T_{w'}$)：令 $C_w=[A,B]$，判断等式 $H_2(\hat{e}(T_{w'},A))=B$ 是否成立，若成立则输出“1”，否则输出“0”。

7.5.2　安全性分析

PEKS 方案的安全性基于下述 BDH 困难问题：对于概率多项式时间算法，已知 $g,g^a,g^b,g^c\in\mathbb{G}$，成功计算 $\hat{e}(g,g)^{abc}\in\mathbb{G}_T$ 的优势可忽略。

定理 7.5　若 BDH 问题是困难的，则上述 PEKS 方案在随机谕言机模型下能抵抗选择关键词区分攻击。

证明：假设攻击算法 $\mathcal{A}$ 能以优势 ε 攻破 PEKS 方案，其中 $\mathcal{A}$ 至多询问 q_{H_2} 次随机谕言机 H_2 及 q_T 次陷门谕言机，则可构建算法 $\mathcal{B}$ 以至少 $\varepsilon'=\varepsilon/(\mathrm{e}q_Tq_{H_2})$ 的概率

解决 BDH 问题，其中 e 表示自然对数的底。

已知问题实例 $g, u_1=g^{\alpha}, u_2=g^{\beta}, u_3=g^{\gamma}$，$\mathcal{B}$ 的目标是计算 $v=\hat{e}(g,g)^{\alpha\beta\gamma}\in\mathbb{G}_T$，$\mathcal{B}$ 与 $\mathcal{A}$ 进行以下交互。

KeyGen：$\mathcal{B}$ 令公钥为 $A_{pub}=[\mathrm{g},\mathrm{u}_1]$，并将其发送给 $\mathcal{A}$。

H_1 询问：当 $\mathcal{A}$ 询问随机谕言机时，$\mathcal{B}$ 维护由 $\langle W_i,h_i,a_i,c_i\rangle$ 组成的 H_1-list。假设 $\mathcal{A}$ 询问 $W_i\in\{0,1\}^*$，则 $\mathcal{B}$ 按下述方式进行响应。

1）若 W_i 已在列表中，则直接返回列表值 $H_1(W_i)=h_i\in\mathbb{G}$ 给 $\mathcal{A}$。

2）若 W_i 不在列表中，$\mathcal{B}$ 生成随机值 $c_i\in\{0,1\}$，$\Pr[c_i=0]=1/(q_T+1)$。

3）$\mathcal{B}$ 选取随机数 $a_i\in\mathbb{Z}_p$，若 $c_i=0$，计算 $h_i\leftarrow u_2\cdot g^{a_i}\in\mathbb{G}$，若 $c_i=1$ 则计算 $h_i\leftarrow g^{a_i}\in\mathbb{G}$。

4）将元组 $\langle W_i,h_i,a_i,c_i\rangle$ 添加至列表 H_1-list 并将 h_i 返回给 $\mathcal{A}$。

H_2 询问：和 H_1 询问类似，当 $\mathcal{A}$ 询问随机谕言机 H_2 时，$\mathcal{B}$ 维护列表 H_2-list。$\mathcal{B}$ 随机选取 $V\in\{0,1\}^{\log p}$，令 $H_2(t)=V$ 并将元组 $\langle t,V\rangle$ 添加至 H_2-list。

陷门询问：当 $\mathcal{A}$ 询问关键词 W_i 的陷门时，$\mathcal{B}$ 响应如下。

1）$\mathcal{B}$ 通过 H_1 询问的方式获得 $H_1(W_i)=h_i$，并获取元组 $\langle w_i,h_i,a_i,c_i\rangle$，若 $c_i=0$ 则 $\mathcal{B}$ 输出失败并终止算法；

2）若 $c_i=1$，则 $h_i=g^{a^i}\in\mathbb{G}$、$T_i=u_1^{a_i}$、$T_i=H(W_i)^{\alpha}$ 是关键词 W_i 的陷门，$\mathcal{B}$ 将陷门 T_i 返回给 $\mathcal{A}$。

挑战：询问结束后，$\mathcal{A}$ 选择挑战的关键词 W_0 和 W_1，$\mathcal{B}$ 按以下方式生成挑战 PEKS。

1）$\mathcal{B}$ 询问 H_1-list 获得两个关键词的 h_0 和 h_1，若 c_0 和 c_1 都为 1，则 $\mathcal{B}$ 输出失败并终止。

2）若 c_0 和 c_1 至少有一个为 0，则 $\mathcal{B}$ 随机选取 $b\in\{0,1\}$ 使得 $c_b=0$。

3）$\mathcal{B}$ 随机选取 $J\in\{0,1\}^{\log p}$，并返回挑战 PEKS，即 $C=[u_3,J]$。

在挑战 PEKS 中 $J=H_2(\hat{e}(H_1(W_b),u_1^{\gamma}))=H_2(\hat{e}(u_2 g^{a_b},g^{\alpha\gamma}))=H_2(\hat{e}(g,g)^{\alpha\gamma(\beta+a_b)})$，故 C 是合理的。

第二次询问：在此阶段，$\mathcal{A}$ 可以继续询问前述谕言机，但不可询问挑战关键词 W_0 和 W_1，$\mathcal{B}$ 按照前述方式进行响应。

输出：最终 $\mathcal{A}$ 输出 $b' \in \{0,1\}$ 作为判断 C 是 $\mathrm{PEKS}(A_{\mathrm{pub}}, W_0)$ 或 $\mathrm{PEKS}(A_{\mathrm{pub}}, W_1)$ 的猜测。$\mathcal{B}$ 从 H_2-list 随机选取元组 $\langle t, V\rangle$ 并输出 $t/\hat{e}(u_1, u_3)^{a_b}$ 作为其对 $\hat{e}(g,g)^{\alpha\beta\gamma}$ 的猜测，其中 a_b 是挑战阶段使用的值。$\mathcal{A}$ 想要成功猜中必须先询问 $H_2(\hat{e}(H_1(W_0), u_1^{\gamma}))$ 或 $H_2(\hat{e}(H_1(W_1), u_1^{\gamma}))$，所以 H_2-list 中包含 $t=\hat{e}(H_1(W_b), u_1^{\gamma})=\hat{e}(g, g)^{\alpha\gamma(\beta+a_b)}$ 的概率为 1/2。若 $\mathcal{B}$ 从 H_2-list 中成功选中元组 $\langle t, V\rangle$，则可计算得到 $t/\hat{e}(u_1, u_3)^{a_b}=\hat{e}(g,g)^{\alpha\beta\gamma}$。

下面分析 $\mathcal{B}$ 正确输出 $\hat{e}(g,g)^{\alpha\beta\gamma}$ 的概率，通过定义以下两个事件，计算 $\mathcal{B}$ 模拟过程不终止的概率：

ε_1：$\mathcal{B}$ 在陷门询问阶段未终止；

ε_2：$\mathcal{B}$ 在挑战阶段未终止。

上述两个事件发生的概率分析如下。

断言 7.1 $\Pr[\varepsilon_1] \geqslant 1/\mathrm{e}$。

证明：假设 $\mathcal{A}$ 没有重复询问同一个关键词陷门，$\mathcal{B}$ 终止的概率为 $1/(q_T+1)$，令 W_i 为 $\mathcal{A}$ 发起的第 i 次询问，在 H_1-list 上的对应元组为 $\langle W_i, h_i, a_i, c_i\rangle$。询问前，$\mathcal{A}$ 认为 c_i 是独立的，并将 $H(W_i)$ 发送给 $\mathcal{A}$，但无论 c_i 为何值，$H(W_i)$ 的分布都是相同的。因此，$\mathcal{B}$ 在询问阶段终止的概率至多为 $1/(q_T+1)$，$\mathcal{A}$ 最多进行 q_T 次陷门询问，故 $\mathcal{A}$ 在询问阶段终止的概率至少为 $(1-1/(q_T+1))^{q_T} \geqslant 1/\mathrm{e}$。

断言 7.2 $\Pr[\varepsilon_2] \geqslant 1/q_T$。

证明：挑战阶段，$\mathcal{B}$ 询问 H_1-list 得到 2 个关键词的对应元组，若 c_0 和 c_1 都为 1，则 $\mathcal{B}$ 输出失败并终止。因为 $\mathcal{A}$ 未询问挑战关键词的陷门，所以 $\mathcal{A}$ 认为 c_0 和 c_1 是独立的。又 $\Pr[c_i=0]=1/(q_T+1)$，故 $\Pr[c_0=c_1=1]=(1-1/(q_T+1))^2 \leqslant 1-1/q_T$，即 $\mathcal{B}$ 不终止的概率至少为 $1/q_T$。

$\mathcal{A}$ 未询问挑战关键词的陷门，且事件 ε_1 和 ε_2 独立，故 $\Pr[\varepsilon_1 \wedge \varepsilon_2] \geqslant 1/(\mathrm{e}q_T)$。

此外，证明定理 7.5 还需证明：$\mathcal{B}$ 成功解决 BDH 困难问题的概率至少为

ε/q_{H_2}，主要是因为 $\mathcal{A}$ 询问 $H_2(\hat{e}(H_1(W_b),u_1^{\gamma}))$ 的概率至少为 ε。

断言 7.3　假设在真实攻击中，已知公钥 $A_{\text{pub}}=[g,u_1]$，敌手 $\mathcal{A}$ 输入挑战关键词 W_0 和 W_1，$\mathcal{B}$ 生成挑战密文 $C=(g^r,J)$，在真实攻击游戏中 $\mathcal{A}$ 使用随机谕言机 H_2 询问 $H_2(\hat{e}(H_1(W_0),u_1^{\gamma}))$ 或 $H_2(\hat{e}(H_1(W_1),u_1^{\gamma}))$ 的概率至少为 2ε。

证明：令敌手 $\mathcal{A}$ 在真实攻击中未询问 $H_2(\hat{e}(H_1(W_0),u_1^{\gamma}))$ 或 $H_2(\hat{e}(H_1(W_1),u_1^{\gamma}))$ 为事件 ε_3，当 ε_3 发生时，$\mathcal{A}$ 输出 b' 且 $b'=b$ 的概率最多为 1/2。在真实攻击中，$|\Pr[b=b']-1/2|\geqslant\varepsilon$，说明 $\Pr[\neg\varepsilon_3]\geqslant 2\varepsilon$。下面确定 $\Pr[b=b']$ 的上下界：

$$
\begin{aligned}
\Pr[b=b'] &= \Pr[b=b'\mid\varepsilon_3]\Pr[\varepsilon_3]+\Pr[b=b'\mid\neg\varepsilon_3]\Pr[\neg\varepsilon_3]\\
&\leqslant \Pr[b=b'\mid\varepsilon_3]\Pr[\varepsilon_3]+\Pr[\neg\varepsilon_3]\\
&= \frac{1}{2}\Pr[\varepsilon_3]+\Pr[\neg\varepsilon_3]\\
&= \frac{1}{2}+\frac{1}{2}\Pr[\neg\varepsilon_3]
\end{aligned}
$$

$$
\Pr[b=b']\geqslant\Pr[b=b'\mid\varepsilon_3]\Pr[\varepsilon_3]=\frac{1}{2}\Pr[\varepsilon_3]=\frac{1}{2}-\frac{1}{2}\Pr[\neg\varepsilon_3]
$$

故 $\varepsilon\leqslant|\Pr[b=b']-1/2|\leqslant\frac{1}{2}\Pr[\neg\varepsilon_3]$，说明在真实攻击中 $\Pr[\neg\varepsilon_3]\geqslant 2\varepsilon$。

假设 $\mathcal{B}$ 没有终止，且 $\mathcal{A}$ 未在前述谕言机询问挑战关键词，则 $\mathcal{B}$ 完美模拟了真实攻击游戏。因此，断言 7.3 模拟结束时 $\mathcal{A}$ 询问其中一个挑战关键词的概率至少为 2ε，说明询问 $H_2(\hat{e}(H_1(W_b),u_1^{\gamma}))$ 概率至少为 ε。H_2-list 可能包含 $\hat{e}(H_1(W_b),u_1^{\gamma})=\hat{e}(g^{\beta+a_b},g)^{\alpha\gamma}$，故 $\mathcal{B}$ 正确选出该元组的概率至少为 $1/q_T$。假设 $\mathcal{B}$ 模拟过程未终止，则产生正确回答的概率至少为 ε/q_{H_2}。因为 $\mathcal{B}$ 没有终止的概率至少为 $1/(eq_T)$，则 $\mathcal{B}$ 成功的概率至少为 $\varepsilon/(eq_Tq_{H_2})$。■

7.6　PAEKS 方案

虽然公钥可搜索加密技术适合解决密文询问检索问题，但该技术易遭受关键词猜测攻击。现实应用的关键词数量有限，而传统公钥可搜索加密的关键词密文可以由任意用户生成，若敌手获得关键词陷门，则可通过穷举关键词加密并测试陷门是否包含指定关键词，从而导致用户关键词隐私泄露。

为了抵抗关键词猜测攻击，研究者们分析了现有方案存在的问题。由于敌手能够获得关键词陷门，并且自由测试，所以能够发起关键词猜测攻击。因此，通过加强保护关键词陷门，保证外部敌手无法获取关键词陷门，例如，在服务端和接收者间建立安全信道，只有可信服务端可以获得关键词陷门信息；限制未授权用户的测试能力，只有指定服务端可以测试。然而，上述方式无法抵抗内部人员的关键词猜测攻击。本节介绍的 PAEKS(Public-key Authenticated Encryption with Keyword Search) 方案可以解决上述问题。PAEKS 方案利用发送方公钥和接收方私钥生成关键词陷门，利用发送方私钥和接收方公钥生成关键词密文，测试时需要收发双方的公钥。因为收发双方的私钥各自保密，不知道私钥的内部攻击者无法正确生成关键词陷门和关键词密文，也就无法发起关键词穷举猜测攻击。

7.6.1 方案描述

PAEKS 方案构造如下：

- Setup(λ)：选取双线性映射 $\hat{e}:\mathbb{G}\times\mathbb{G}\rightarrow\mathbb{G}_T$，其中 $\mathbb{G}$ 和 $\mathbb{G}_T$ 的阶均为素数 p，g 为 $\mathbb{G}$ 的随机生成元，抗碰撞哈希函数 $H:\{0,1\}^*\rightarrow\mathbb{G}$，返回 $\text{Param}=(\mathbb{G},\mathbb{G}_T,p,g,\hat{e},H)$。
- KeyGen_S(Param)：选取随机数 $x\in Z_p$，令 $\text{Pk}_S=g^x$ 及 $\text{Sk}_S=x$，返回 $(\text{Pk}_S,\text{Sk}_S)$。
- KeyGen_R(Param)：选取随机数 $y\in Z_p$，令 $\text{Pk}_R=g^y$ 及 $\text{Sk}_R=y$，返回 $(\text{Pk}_R,\text{Sk}_R)$。
- $\text{PEKS}(w,\text{Sk}_S,\text{Pk}_R)$：选取随机数 $r\in Z_p$，计算 $C_1=H(w)^{\text{Sk}_S}\cdot g^r, C_2=\text{Pk}_R^r$ 输出密文 $C=(C_1,C_2)$。
- $\text{Trapdoor}(w,\text{Pk}_S,\text{Sk}_R)$：计算并输出关键词陷门 $T_w=\hat{e}(H(w)^{\text{Sk}_R},\text{Pk}_S)$。
- $\text{Test}(T_w,C,\text{Pk}_S,\text{Pk}_R)$：若 $T_w\cdot\hat{e}(C_2,g)=\hat{e}(C_1,\text{Pk}_R)$，则输出“1”表示关键词匹配，否则输出“0”。

7.6.2 安全性分析

本方案的安全性可规约至 DBDH 困难问题和 mDLIN 困难问题，DBDH 假设和

mDLIN 假设的定义如下：

定义 7.4（DBDH 假设） 对于任意概率多项式时间算法 $\mathcal{A}$，下式成立：

$$|\Pr[\mathcal{A}(g,g^x,g^y,g^z,\hat{e}(g,g)^{xyz})=1]-\Pr[\mathcal{A}(g,g^x,g^y,g^z,\hat{e}(g,g)^r)=1]|\leqslant \mathrm{negl}(\lambda)$$

定义 7.5（mDLIN 假设） 对于任意概率多项式时间算法 $\mathcal{A}$，下式成立：

$$|\Pr[\mathcal{A}(g,g^x,g^y,g^{xr},g^{s/y},g^{r+s})=1]-\Pr[\mathcal{A}(g,g^x,g^y,g^{xr},g^{s/y},g^z)=1]|\leqslant \mathrm{negl}(\lambda)$$

定理 7.6 在随机谕言机模型下，若 DBDH 假设和 mDLIN 假设成立，则 PAEKS 方案是语义安全的，且能抵抗内部关键词猜测攻击。

定理 7.6 由下述两条引理证得。

引理 7.3 对于任意概率多项式时间敌手 $\mathcal{A}$，破坏本方案陷门隐私的优势 $\mathrm{Adv}_{\mathcal{A}}^{T}(\lambda)$ 是可忽略的。

证明：假设存在概率多项式敌手 $\mathcal{A}$ 能以不可忽略优势 ε_T 破坏本方案的陷门隐私，则存在另一概率多项式时间算法 $\mathcal{B}$ 可以利用敌手 $\mathcal{A}$ 解决 DBDH 困难问题。规约过程如下：

已知$(\mathbb{G},\mathbb{G}_T,\hat{e},p,g,g^x,g^y,g^z,Z)$，$(x,y,z)\in Z_p$，算法 $\mathcal{B}$ 的目标是区分 $Z=\hat{e}(g,g)^{xyz}$ 或者随机选取。$\mathcal{B}$ 设置参数 $\mathrm{Param}=(\mathbb{G},\mathbb{G}_T,\hat{e},p,g)$，$\mathrm{Pk}_R=g^x$，$\mathrm{Pk}_S=g^y$（这里 $\mathcal{B}$ 未知私钥信息 $\mathrm{Sk}_R=x$，$\mathrm{Sk}_S=y$），然后输入（$\mathrm{Param},\mathrm{Pk}_R,\mathrm{Pk}_S$）并回答敌手 $\mathcal{A}$ 的询问。

哈希谕言机 O_H：假设输入关键词 w_i，$\mathcal{B}$ 随机选取 $a_i\in Z_p$，令 $\Pr[c_i=0]=\delta$，若 $c_i=0$，则计算 $h_i=g^z\cdot g^{a_i}$，$c_i=1$ 则 $h_i=g^{a_i}$。将元组$<w_i,h_i,a_i,c_i>$添加至列表 L_H，并返回 $H(w_i)=h_i$ 给敌手 $\mathcal{A}$。

陷门谕言机 O_T：假设输入关键词 w_i，$\mathcal{B}$ 从 L_H 中提取元组，若 $c_i=0$ 终止并随机返回 b' 作为猜测，$c_i=1$ 则计算 $T_i=\hat{e}(g^x,g^y)^{a_i}=\hat{e}(H(w_i),g^y)^x$。然后，$\mathcal{B}$ 将 T_i 返回给敌手 $\mathcal{A}$ 作为关键词 w_i 的陷门询问。

密文谕言机 O_C：假设输入关键词 w_i，$\mathcal{B}$ 随机选取 $r_i\in Z_p$，$\mathcal{B}$ 从 L_H 中提取元组，若其中 $c_i=0$ 终止并随机返回 b' 作为对 b 的猜测，$c_i=1$ 则计算 $C_i=(C_{i,1},C_{i,2})=((g^y)^{a_i}\cdot g^{r_i},(g^x)^{r_i})$，$\mathcal{B}$ 将 C_i 返回给敌手 $\mathcal{A}$ 作为该关键词 w_i 的密文询问。

敌手 $\mathcal{A}$ 适应性询问上述谕言机后，提交两个关键词 w_0^* 和 w_1^*，要求 w_0^* 和 w_1^* 未询问过谕言机 O_T 和 O_C。$\mathcal{B}$ 从 L_H 中提取元组 $\langle w_0^*, h_0^*, a_0^*, c_0^* \rangle$ 和 $\langle w_1^*, h_1^*, a_1^*, c_1^* \rangle$ 并按照以下步骤计算陷门 T^*：

若 $c_0^* = c_1^* = 1$，则 $\mathcal{B}$ 终止并随机返回 b' 作为 b 的猜测。

若 $c_1^* = 0$ 或 $c_0^* = 0$，令 $c_{\hat{b}}^* = 0$，$\mathcal{B}$ 计算陷门 $T^* = Z \cdot \hat{e}(g^x, g^y)^{a_{\hat{b}}^*}$，若 $Z = \hat{e}(g, g)^{xyz}$，则 $T^* = \hat{e}(g, g)^{xy(z + a_{\hat{b}}^*)} = \hat{e}(h_{\hat{b}'}, g^{xy})$。

$\mathcal{B}$ 将陷门 T^* 返回给敌手 $\mathcal{A}$。然后 $\mathcal{A}$ 继续询问谕言机，但要求 $\mathcal{A}$ 不能在 O_T 和 O_C 中询问关键词 w_0^* 和 w_1^*。最终 $\mathcal{A}$ 输出 $\hat{b}'$，若 $\hat{b}' = \hat{b}$，$\mathcal{B}$ 输出 $b' = 0$，否则输出 $b' = 1$。若 $b' = b$，则 $\mathcal{B}$ 获胜。

$\mathcal{B}$ 在下列两种情况下终止游戏。

1）在询问谕言机 O_T 和 O_C 时 $c_i = 0$，记作事件 E_1，因每个 c_i 都是随机且独立选择的，则 $\Pr[\overline{E}_1] = (1-\sigma)^{q_T + q_C}$；

2）挑战陷门生成时 $c_0^* = c_1^* = 1$，记作事件 E_2，$\Pr[\overline{E}_2] = 1 - (1-\sigma)^2$。

因此 $\mathcal{B}$ 在整个游戏中不终止的概率为：

$$\Pr[\overline{E}] = \Pr[\overline{E}_1] \cdot \Pr[\overline{E}_2] = (1-\sigma)^{q_T + q_C} \cdot (1 - (1-\sigma)^2)$$

由极限知识可知，当 $\sigma = 1 - \sqrt{\dfrac{q_T + q_C}{q_T + q_C + 2}}$ 时，$\Pr[\overline{E}]$ 取得最大值：

$$\Pr[\overline{E}] = \left(\frac{q_T + q_C}{q_T + q_C + 2}\right)^{(q_T + q_C)/2} \cdot \frac{2}{q_T + q_C + 2}$$

$\Pr[\overline{E}]$ 最大值近似等于 $\dfrac{2}{(q_T + q_C)e}$，是不可忽略的。因此，若 $\mathcal{B}$ 在游戏过程中不终止，$\mathcal{A}$ 无法区分是否为真实攻击环境。若 $\mathcal{B}$ 未终止游戏，且 $\mathcal{A}$ 成功攻破 PAEKS 的陷门隐私，则 $\mathcal{B}$ 可以成功区分 Z 是否等于 $\hat{e}(g, g)^{xyz}$。$\mathcal{B}$ 成功猜测 b 的概率等于解决 DBDH 困难问题的概率：

$$
\begin{aligned}
\Pr[b'=b] &= \Pr[b'=b \wedge E] + \Pr[b'=b \wedge \overline{E}] \\
&= \Pr[b'=b \mid E]\Pr[E] + \Pr[b'=b \mid \overline{E}]\Pr[\overline{E}] \\
&= \frac{1}{2}(1-\Pr[\overline{E}]) + \left(\varepsilon_T + \frac{1}{2}\right) \cdot \Pr[\overline{E}] \\
&= \frac{1}{2} + \varepsilon_T \cdot \Pr[\overline{E}]
\end{aligned}
$$

由于 ε_T 是不可忽略的，所以 $|\Pr[b'=b]-1/2|$ 也是不可忽略的。 ■

引理 7.4　对于任意概率多项式时间敌手 $\mathcal{A}$，攻破本方案密文不可区分性的优势 $\mathrm{Adv}_{\mathcal{A}}^{C}(\lambda)$ 是可忽略的。

证明：假设存在概率多项式敌手 $\mathcal{A}$ 能以不可忽略优势 ε_C 攻破本方案的密文不可区分性，则存在另一概率多项式时间算法 $\mathcal{B}$ 可以利用敌手 $\mathcal{A}$ 解决 mDLIN 困难问题。规约过程如下：

已知 $(\mathbb{G},\mathbb{G}_T,\hat{e},p,g,g^x,g^y,g^{rx},g^{s/y},Z)$，随机选取 $(x,y,r,s)\in Z_p$，算法 $\mathcal{B}$ 的目标是区分 $Z=g^{r+s}$ 或随机选取。$\mathcal{B}$ 设置参数 $\mathrm{Param}=(\mathbb{G},\mathbb{G}_T,\hat{e},p,g)$，$\mathrm{Pk}_R=g^x$，$\mathrm{Pk}_S=g^y$（这里 $\mathcal{B}$ 不知道私钥信息 $\mathrm{Sk}_R=x$，$\mathrm{Sk}_S=y$），然后输入（$\mathrm{Param},\mathrm{Pk}_R,\mathrm{Pk}_S$）并回答敌手 $\mathcal{A}$ 的询问。

哈希谕言机 O_H：假设输入关键词 w_i，$\mathcal{B}$ 随机选取 $a_i\in Z_p$，$\Pr[c_i=0]=\delta$，若 $c_i=0$，则计算 $h_i=g^{s/y}\cdot g^{a_i}$；若 $c_i=1$，则计算 $h_i=g^{a_i}$。将元组 $\langle w_i,h_i,a_i,c_i\rangle$ 添加至列表 L_H，返回 $H(w_i)=h_i$ 给敌手 $\mathcal{A}$。

陷门谕言机 O_T：假设输入关键词 w_i，$\mathcal{B}$ 从 L_H 中提取元组，若 $c_i=0$ 终止并随机返回 b' 作为对 b 的猜测；若 $c_i=1$，则计算 $T_i=\hat{e}(g^x,g^y)^{a_i}=\hat{e}(H(w_i),g^y)^x$，$\mathcal{B}$ 将 T_i 返回给敌手 $\mathcal{A}$ 作为 w_i 的陷门询问。

密文谕言机 O_C：假设输入关键词 w_i，$\mathcal{B}$ 随机选取 $r_i\in Z_p$，$\mathcal{B}$ 从 L_H 中提取元组，若其中 $c_i=0$ 终止并随机返回 b' 作为对 b 的猜测；若 $c_i=1$，则计算 $C_i=(C_{i,1},C_{i,2})=((g^y)^{a_i}\cdot g^{r_i},(g^x)^{r_i})$，$\mathcal{B}$ 将 C_i 返回给敌手 $\mathcal{A}$ 作为 w_i 的密文询问。

敌手 $\mathcal{A}$ 适应性地询问上述谕言机后，提交两个关键词 w_0^* 和 w_1^*，要求 w_0^* 和 w_1^* 未询问过谕言机 O_T 和 O_C。$\mathcal{B}$ 从 L_H 中提取元组 $\langle w_0^*,h_0^*,a_0^*,c_0^*\rangle$ 和 $\langle w_1^*,h_1^*,a_1^*,c_1^*\rangle$ 并按照以下步骤计算陷门 C^*。

若 $c_0^*=c_1^*=1$，则 $\mathcal{B}$ 终止并随机返回 b' 作为对 b 的猜测。

若 $c_1^*=0$ 或 $c_0^*=0$，令 $c_{\hat{b}}^*=0$，有 $h_{\hat{b}}^*=g^{s/y}\cdot g^{a_{\hat{b}}^*}=g^{\left(s+y\cdot a_{\hat{b}}^*\right)/y}$，$\mathcal{B}$ 计算密文 $C^*=(C_1^*,C_2^*)=\left(Z\cdot g^{a_{\hat{b}}^*}\cdot g^{y\cdot a_{\hat{b}}^*},g^{xr}\cdot(g^x)^{a_{\hat{b}}^*}\right)$。如果 $Z=g^{r+s}$，则 $C_1=g^{r+s}\cdot g^{a_{\hat{b}}^*}\cdot g^{y\cdot a_{\hat{b}}^*}=g^{\left(r+a_{\hat{b}}^*\right)+\left(s+y\cdot a_{\hat{b}}^*\right)},C_2=g^{x\left(r+a_{\hat{b}}^*\right)}$，其中 $r+a_{\hat{b}}^*$ 为随机数。

$\mathcal{B}$ 将陷门 C^* 返回给敌手 $\mathcal{A}$。然后敌手 $\mathcal{A}$ 继续询问谕言机，但要求 $\mathcal{A}$ 不能向 O_T 和 O_C 询问 w_0^* 和 w_1^*。最终 $\mathcal{A}$ 输出 $\hat{b}'$，若 $\hat{b}'=\hat{b}$，$\mathcal{B}$ 输出 $b'=0$，否则输出 $b'=1$。若 $b'=b$，则 $\mathcal{B}$ 获胜。

$\mathcal{B}$ 在下列两种情况下终止游戏：

1）在询问谕言机 O_T 和 O_C 时 $c_i=0$，记作事件 E_1，因每个 c_i 都是随机且独立选择的，E_1 未发生的概率为 $\Pr[\overline{E}_1]=(1-\sigma)^{q_T+q_C}$；

2）挑战陷门生成时 $c_0^*=c_1^*=1$，记作事件 E_2，未发生的概率为 $\Pr[\overline{E}_2]=1-(1-\sigma)^2$。

因此 $\mathcal{B}$ 在整个游戏中不终止的概率为 $\Pr[\overline{E}]=\Pr[\overline{E}_1]\cdot\Pr[\overline{E}_2]=(1-\sigma)^{q_T+q_C}\cdot(1-(1-\sigma)^2)$。由极限知识可知，当 $\sigma=1-\sqrt{\frac{q_T+q_C}{q_T+q_C+2}}$ 时，$\Pr[\overline{E}]$ 取得最大值

$$\Pr[\overline{E}]=\left(\frac{q_T+q_C}{q_T+q_C+2}\right)^{(q_T+q_C)/2}\cdot\frac{2}{q_T+q_C+2}$$

$\Pr[\overline{E}]$ 近似等于 $\frac{2}{(q_T+q_C)e}$，是不可忽略的。因此，若 $\mathcal{B}$ 在游戏过程中未终止，$\mathcal{A}$ 无法区分是否真实攻击环境。若 $\mathcal{B}$ 未终止游戏，且 $\mathcal{A}$ 成功攻破 PAEKS 的密文不可区分性，则 $\mathcal{B}$ 可以成功区分 Z 是否等于 g^{r+s}。$\mathcal{B}$ 成功猜测 b 的概率等于解决 DBDH 困难问题的概率：

$$\begin{aligned}\Pr[b'=b]&=\Pr[b'=b\wedge E]+\Pr[b'=b\wedge\overline{E}]\\&=\Pr[b'=b\mid E]\Pr[E]+\Pr[b'=b\mid\overline{E}]\Pr[\overline{E}]\\&=\frac{1}{2}(1-\Pr[\overline{E}])+\left(\varepsilon_T+\frac{1}{2}\right)\cdot\Pr[\overline{E}]\\&=\frac{1}{2}+\varepsilon_C\cdot\Pr[\overline{E}]\end{aligned}$$

由于 ε_C 是不可忽略的，因此 $|\Pr[b'=b]-1/2|$ 也是不可忽略的。 ■

7.7 本章小结

本章简要介绍了可搜索加密技术产生的背景及应用，同时回顾了对称和公钥两类可搜索加密算法的定义和安全模型。通过介绍经典的对称可搜索加密方案 SWP 和 SSE-1，以及经典的公钥可搜索加密方案 PEKS 和 PAEKS，让读者更加深入地了解可搜索加密方案的设计过程和安全性证明。除了这几种经典的可搜索加密方案外，目前还出现了功能更加丰富、安全性更高的可搜索加密方案，感兴趣的读者可自行扩展阅读。

习题

1. 请简述可搜索加密技术的背景与意义。
2. 请简述可搜索加密技术的分类及各自的优缺点。
3. 请描述基于索引的对称可搜索加密方案的算法组成与正确性要求。
4. 请描述公钥可搜索加密方案的算法组成与正确性要求。
5. 7.6.1 节的 PAEKS 方案在抵抗内部关键词猜测攻击方面是否存在不足？若存在，请简要描述不足之处，并提出改进方法。

参考文献

[1] 李经纬，贾春福，刘哲理，等．可搜索加密技术研究综述 [J]．软件学报，2015，26(1)：109-128.

[2] SONG D X，WAGNER D，PERRIG A. Practical techniques for searches on encrypted data [C]// Proceedings of 2000 IEEE Symposium on Security and Privacy. 2000：44-55.

[3] BONEH D，DI CRESCENZO G，OSTROVSKY R，et al. Public key encryption with keyword search [C]// International Conference on the Theory and Applications of Cryptographic Techniques. 2004：506-522.

[4] CURTMOLA R，GARAY J，KAMARA S，et al. Searchable symmetric encryption：improved definitions and efficient constructions [J]. Journal of Computer Security，2011，19(5)：895-934.

[5] BYUN J W，RHEE H S，PARK H A，et al. Off-line keyword guessing attacks on recent keyword search schemes over encrypted data [C]// Workshop on secure data management. 2006：

75-83.

[6] YAU W C, HENG S H, GOI B M. Off-line keyword guessing attacks on recent public key encryption with keyword search schemes [C]// International Conference on Autonomic and Trusted Computing. 2008: 100-105.

[7] HU C, LIU P. A secure searchable public key encryption scheme with a designated tester against keyword guessing attacks and its extension [C]// International Conference on Computer Science, Environment, Ecoinformatics, and Education. 2011: 131-136.

[8] RHEE H S, PARK J H, SUSILO W, et al. Trapdoor security in a searchable public-key encryption scheme with a designated tester [J]. Journal of Systems and Software, 2010, 83 (5): 763-771.

Chapter 8

第8章 同态加密

8.1 引言

同态加密（Homomorphic Encryption，HE）支持在密文上执行特定类型的计算，即对密文直接进行处理并生成加密的结果。在解密时，该结果能够与在明文上执行操作的结果相匹配。Rivest 等于 1978 年提出了利用同态加密保护数据私密性的想法。该想法旨在构造一种特定的加密机制，在不需要解密的情况下处理密态数据，即，使用具有同态性质的加密算法加密数据，在不对数据进行解密的情况下对已加密的数据进行任何在明文上的运算（在满足保密性要求的同时，对密态数据进行一系列复杂的运算和分析）。

RSA 是第一个具有同态性质的公钥加密方案（具有乘法同态性的单/部分同态加密算法）。然而，为了安全起见，RSA 必须在加密之前用随机比特填充消息来实现语义安全，而填充操作使得 RSA 失去了同态性质。为了避免填充消息，研究人员提出了许多具有各种同态性质的加密方案，这些方案包括 GM 方案、ElGamal 方案、Paillier 方案、BGN 方案等。

同态加密在实际应用中是一种非常有用的工具，在电子投票、位置隐私近邻询问、有损陷门函数、密文检索、密文机器学习、安全多方计算、区块链等场合有良好的应用前景。图 8-1 给出了同态加密在电子投票系统或安全多方计算中的应用。不同用户的投票数据或计算数据可通过加密算法来形成相应的密文，最后通过加法或乘法同态性质将各密文聚合起来，并可解密得到原始数据在明文上的聚合值。然而，同态加密在应用中也受到了一些限制，因为只允许使用密文的一种运算（通常是明文空间中的加法或乘法）来操作明文（即单同态或部分同态）。若方案同时满足密文对明文的加法和乘法运算，则称为全同态加密。全同态加密支持密文对明文进行更多的操作，更能满足现实应用的需求。

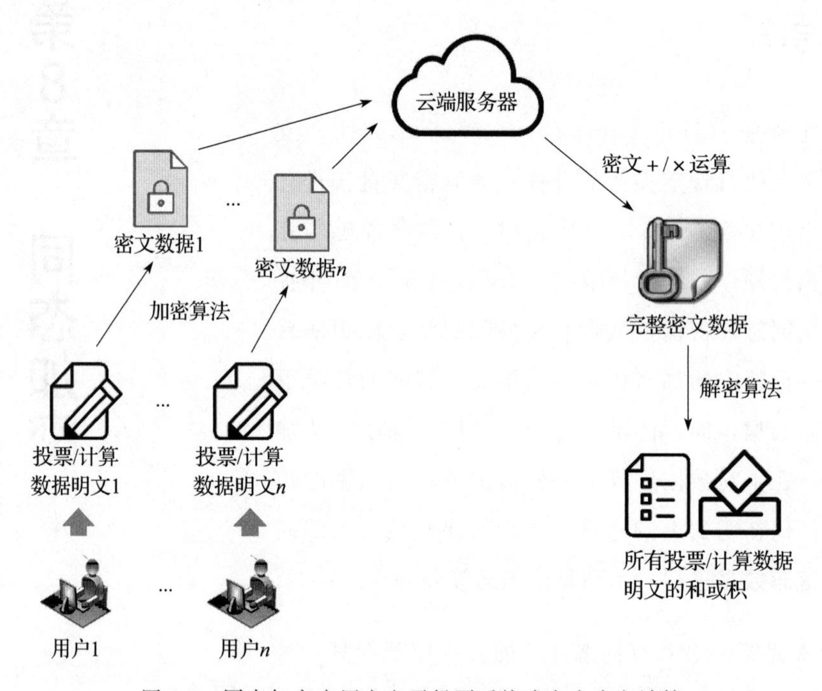

图 8-1　同态加密应用之电子投票系统或安全多方计算

全同态加密概念自从在密码学界提出后，迟迟没有好的方案。2009 年之前，Boneh、Goh 和 Nissim 提出的 BGN 加密方案是具有全同态性质的最好的加密方案，该方案虽然支持无限次加法同态操作，但是只能支持一次乘法同态操作。直到 2009 年，Gentry 提出了第一个真正意义上的全同态加密方案。Gentry 的方案允许对密文进行任意计算，并在解密时得到正确的结果。本章将介绍基本的同态加密技术，首先给出同态加密的定义，然后逐个介绍主流的同态加密方案，包括单同态和全同态加密方案。

8.2　同态加密及安全模型

定义 8.1（同态映射）　假设 $\langle G, * \rangle$ 和 $\langle H, \circ \rangle$ 是两个代数系统，$f: G \rightarrow H$ 是一个映射，如果对于 $\forall a, b \in G$，都有 $f(a * b) = f(a) \circ f(b)$，则称 f 是由 G 到 H 的一个同态映射。

定义 8.2（同态加密） 假设 (P, C, K, E, D) 代表一个加密方案，其中 P 和 C 分别代表明文和密文空间，K 代表密钥空间，E 和 D 代表加密和解密算法。$\langle P, *\rangle$ 和 $\langle C, \circ\rangle$ 由明文 P 和密文 C 分别形成。E 是由 P 到 C 的一个映射，也就是，$E_k: P \rightarrow C$，其中 $k \in K$ 是密钥（对称密码）或公钥（非对称密码）。如果对于任意的 a，$b \in P$ 和任意 $k \in K$ 都有 $E_k(a) \circ E_k(b) = E_k(a * b)$，则称该加密方案是同态的。

如果上述等式只对加法运算成立，即 $E_k(a) + E_k(b) = E_k(a+b)$，则称该加密方案为一个加法同态加密方案。如果上述等式只对乘法运算成立，即 $E_k(a) \cdot E_k(b) = E_k(a \cdot b)$，则称该加密方案为一个乘法同态加密方案。加法同态和乘法同态如图 8-2 所示。

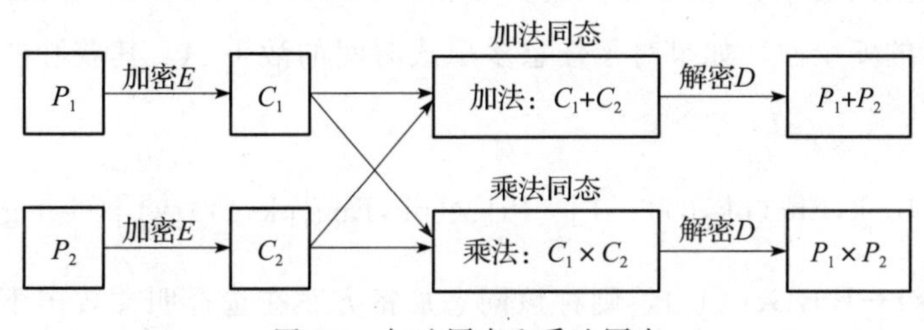

图 8-2　加法同态和乘法同态

对于具有同态性质且只满足一种运算的加密方案，称其为**单同态（部分同态）加密**方案。对于同时满足加法和乘法同态的加密方案，称其为**全同态加密**方案。满足全同态加密方案的加密函数可以完成各种加密后的运算，如加减乘除、多项式求值、指数、对数、三角函数等。同态加密方案既可以是对称加密方案，也可以是非对称加密方案，但一般用得比较多的方案是基于公钥密码的同态加密方案，即非对称加密方案。

同态加密系统通常包含 3 个算法：密钥生成算法（KeyGen）、加密算法（Enc）和解密算法（Dec）。全同态加密系统除了上述算法外，还包含一个密文计算算法（Eval），该算法是在密文空间上执行的运算。支持对密文的计算是全同态加密最重要的性质。以上算法均为概率多项式时间（Probabilistic Polynomial Time，PPT）算法且定义如下：

- 密钥生成算法 $(\mathrm{sk}, \mathrm{pk}, \mathrm{ek}) \leftarrow \mathrm{KeyGen}(\lambda)$：算法输入安全参数 λ，输出密钥组 $(\mathrm{sk}, \mathrm{pk}, \mathrm{ek})$，其中 sk 是解密密钥，pk 是加密密钥，ek 是同态计算公开密钥；

- 加密算法 $c \leftarrow \mathrm{Enc}(\mathrm{pk}, m)$：算法输入加密密钥 pk 和明文消息 $m \in M$，输出密文 $c \in C$；
- 解密算法 $m \leftarrow \mathrm{Dec}(\mathrm{sk}, c)$：算法输入公开参数 param、用户私钥 sk 以及密文 $c \in C$，输出明文消息 $m \in M$；
- 密文计算算法 $c^* \leftarrow \mathrm{Eval}(f, ek, c_1, \cdots, c_l)$：算法输入同态计算密钥 ek，电路 $f \in C_\varepsilon$，C_ε 是可以同态计算的电路集合，以及 l 个密文 $c_1 = \mathrm{Enc}(\mathrm{pk}, m_1), \cdots, c_l = \mathrm{Enc}(\mathrm{pk}, m_l)$，输出密文 c^*。

同态加密方案的正确性要求：如果对输出 $c^* = \mathrm{Eval}(f, \mathrm{ek}, c_1, \cdots, c_l)$，都有 $\mathrm{Dec}(\mathrm{pk}, c^*) = f(m_1, \cdots, m_l)$，同时满足 $\mathrm{Dec}(\mathrm{sk}, \mathrm{Enc}(\mathrm{pk}, m)) = m$，则认为该同态加密方案是正确的。

方案的安全性要求：通过选择明文攻击（Chosen-Plaintext Attack，CPA）来定义同态加密的安全性。如果对于任意多项式时间的敌手 $\mathcal{A}$，其获胜的优势都是可忽略的，即

$$|\Pr[\mathcal{A}(\mathrm{pk}, \mathrm{Enc}(\mathrm{pk}, 0)) = 1] - \Pr[\mathcal{A}(\mathrm{pk}, \mathrm{Enc}(\mathrm{pk}, 1)) = 1]| = \mathrm{negl}(\lambda)$$

其中，$(\mathrm{pk}, \mathrm{sk}) \leftarrow \mathrm{KeyGen}(1^\lambda)$，则称该同态加密方案在选择明文攻击下满足不可区分性（Indistinguishability under Chosen Plaintext Attack，IND-CPA）。

8.3　GM 方案

Goldwasser-Micali(GM) 加密方案是 Shafi Goldwasser 和 Silvio Micali 在 1982 年提出的一个公钥加密算法，是第一个基于标准困难假设证明安全的概率公钥加密方案，其安全性是基于二次剩余问题的困难性。然而，GM 方案的效率较低，因为生成的密文可能比初始明文大很多。为了证明密码系统的安全特性，Goldwasser 和 Micali 提出了广泛使用的语义安全的定义。GM 加密算法主要由三个算法组成——产生公钥和私钥的密钥生成算法、加密算法和解密算法，详细步骤如下。

- **密钥生成（Key Generation）**：

  1）选择两个随机大素数 p、q，满足 $p = q = 3 (\mathrm{mod}\ 4)$；

  2）令 $N = pq$，计算并寻找 a，使得 $a^{(p-1)/2} = -1 (\mathrm{mod}\ p)$ 且 $a^{(q-1)/2} = -1 (\mathrm{mod}\ q)$；

  3）生成公钥为 $\mathrm{pk} = (a, N)$，私钥为 $\mathrm{sk} = (p, q)$。

- **加密过程（Encryption）**：对于任意明文 $m=(m_1,\cdots,m_n)$，n 为明文 m 的长度，m_i 为比特值。

  1）随机选择 b_i，满足 $\gcd(b_i,N)=1$；

  2）计算 $c_i=b_i^2 \cdot a^{m_i} (\bmod N)$；

  3）生成密文为 $c=(c_1,c_2,\cdots,c_n)$。

- **解密过程（Decryption）**：对于任意密文 $(c_1,c_2,\cdots,c_n)$，可通过判断 $c_i, i\in(1,\cdots,n)$ 是否为模 N 的二次剩余来恢复明文 m。判断过程如下。

  1）对于每一个 c_i，计算 $c_{ip}=c_i (\bmod p)$，$c_{iq}=c_i (\bmod q)$；

  2）判断 $c_{ip}^{(p-1)/2}=1(\bmod p)$ 且 $c_{iq}^{(q-1)/2}=1(\bmod q)$，如果满足条件，则 c_i 为模 N 的二次剩余，并令 $m_i=0$，否则 $m_i=1$；

  3）生成明文为 $m=(m_1,\cdots,m_n)$。

同态性质：GM 方案满足加法同态。如果明文 m_0,m_1 所对应的密文是 c_0,c_1，那么 $c_0c_1(\bmod N)$ 就是对 $m_0\oplus m_1$ 进行加密的结果。进一步假设 $c_0=b_0^2 \cdot a^{m_0}(\bmod N), c_1=b_1^2 \cdot a^{m_1}(\bmod N)$，密文相乘可得

$$c_0 \cdot c_1=(b_0^2 \cdot a^{m_0})(b_1^2 \cdot a^{m_1})(\bmod N)=(b_0b_1)^2 \cdot a^{m_0+m_1}(\bmod N)$$

当 m_0+m_1 等于 0 或 1 时，有 $m_0+m_1=m_0\oplus m_1$。当 $m_0=m_1=1$ 时，$m_0+m_1=2$ 且由于 $c_0c_1(\bmod N)$ 是一个二次剩余，对应的明文被设置为 0。由此可得，$m_0\oplus m_1=1\oplus 1=0$。

安全性：GM 加密方案在语义上是安全的。语义安全通常由以下挑战者和敌手之间的游戏来定义。

- **初始化**：挑战者运行密钥生成算法，将公钥 pk 发送给概率多项式时间（PPT）敌手，但自己保留私钥 sk。
- **阶段 1**：敌手自适应地询问不同消息 $m_i(i=1,2,\cdots,n)$ 的加密，并得到 $c_i=E(m_i,\text{pk})$。
- **挑战**：一旦敌手决定结束阶段 1，便输出一对长度相等的挑战明文 (m_0,m_1)。挑战者随机选取一个比特 $b\in\{0,1\}$，生成并发送挑战密文 $C=E(m_b,\text{pk})$ 给敌手。
- **阶段 2**：该阶段允许敌手自适应地发出更多的加密询问。

- **猜测**：最后，敌手输出一个猜测 $b' \in \{0,1\}$。如果 $b=b'$，则敌手赢得游戏。

如果敌手不能以明显大于1/2的概率（随机猜测的成功率）确定挑战者选择了两条消息中的哪一条，那么该公钥加密密码系统在选择明文攻击下是语义安全的。

GM加密方案的安全性是基于二次剩余问题（Quadratic Residuosity Problem，QRP）的困难性假设。QRP描述如下：给定一个整数 a 和一个大合数 N，判断 a 是否模 N 的二次剩余是困难的。若给出 N 的因式分解，则二次剩余问题就很容易被求解。GM加密方案就是利用了这种不对称性，将单个的明文比特位加密为随机模 N 二次剩余数或模 N 非剩余数。接收方可以使用 N 的因式分解作为密钥，通过测试接收到的密文值的二次剩余来解密消息。由于GM加密方案中要产生一个大小约为 $|N|$ 的数值来加密明文的每一比特位，因此导致了密文的大量扩展。为了防止因式分解攻击，建议 $|N|$ 的大小设为几百比特位或更多。因此，GM加密方案更像一个概念性的方案。

8.4　ElGamal方案

ElGamal加密方案是一种基于Diffie-Hellman密钥交换的公开密钥加密算法，于1985年由密码学家Taher Elgamal提出。ElGamal加密方案的安全性是基于离散对数问题的困难性假设，其方案可以定义在任何循环群 $\mathbb{G}$ 上。ElGamal加密方案主要算法的步骤如下。

- **密钥生成（Key Generation）**：
  1. 假设 q 是一个大素数，$\mathbb{G}$ 是一个 q 阶循环群，g 是 $\mathbb{G}$ 的生成元；
  2. 随机选择 $x \in \{1,\cdots,q-1\}$，计算 $y=g^x \pmod p$；
  3. 生成公钥为 $\mathrm{pk}=y$，私钥为 $\mathrm{sk}=x$。
- **加密过程（Encryption）**：对于任意明文 m，随机选择 $r \in \{1,\cdots,q-1\}$，然后加密得到密文 $c=E_{\mathrm{pk}}(m)=(c_1,c_2)$，其中 $c_1=g^r \pmod p$，$c_2=m \cdot y^r \pmod p$。
- **解密过程（Decryption）**：对于任意密文 $c=(c_1,c_2)$，使用私钥 x 来解密，得到明文 $m=D_{\mathrm{sk}}(c)=c_2 \cdot (c_1^x)^{-1}=m \cdot y^r \cdot g^{-xr}=m \cdot g^{xr} \cdot g^{-xr} \pmod p$。

同态性质：ElGamal加密方案满足乘法同态。假定有两组密文 $(c_{11},c_{12})=(g^{r_1},$

$m_1 \cdot y^{r_1}),(c_{21},c_{22})=(g^{r_2},m_2 \cdot y^{r_2})$，其中随机数 $r_1,r_2 \in \{1,\cdots,q-1\}$，明文 $m_1,m_2 \in \mathbb{G}$。满足该同态的表达式为

$$\begin{aligned}E_{\mathrm{pk}}(m_1) \cdot E_{\mathrm{pk}}(m_2) &= (c_{11},c_{12})(c_{21},c_{22})=(c_{11}c_{21},c_{12}c_{22}) \\ &= (g^{r_1}g^{r_2},(m_1y^{r_1})(m_2y^{r_2}))=(g^{r_1+r_2},(m_1m_2)y^{r_1+r_2}) \\ &= E_{\mathrm{pk}}(m_1m_2)\end{aligned}$$

可见，生成的密文为 m_1m_2 的加密。

安全性：ElGamal 加密方案的安全性取决于基础群 $\mathbb{G}$ 的属性以及针对消息使用的填充方案。如果在基础循环群 $\mathbb{G}$ 中采用 CDH 假设，那么 ElGamal 加密功能是单向的。CDH 中假设在循环群 $\mathbb{G}$ 里的一个计算问题是困难的。CDH 假设描述为：已知一个 q 阶循环群 $\mathbb{G}$，g 是 $\mathbb{G}$ 中的一个生成元，随机数 $a,b \in \{0,\cdots,q-1\}$，对于给定的（g^a,g^b），计算 g^{ab} 是困难的。如果采用的是 DDH 假设，那么 ElGamal 实现了语义安全。DDH 是基于循环群中离散对数问题的计算困难性假设。DDH 假设描述为：对于给定的（g,g^a,g^b,T_x），其中 $a,b \in \{0,\cdots,q-1\},x \in \{0,1\}$，$T_0=g^{ab}$，$T_1$ 是 $\mathbb{G}$ 中的一个随机元素，敌手从 T_0 和 T_1 中分辨出 g^{ab} 是困难的。

ElGamal 加密是无条件可延展性的，因此在选择密文攻击下是不安全的。例如，给定一个明文消息 m（可能未知）的加密（c_1,c_2），可以很容易地构造出一个关于消息 $2m$ 的有效加密（$c_1,2c_2$）。为了实现选择密文安全性，必须进一步修改方案，或者使用适当的填充方案。不同的修改方案依赖于不同的假设。为实现选择密文攻击安全性，其他的一些方案也被陆续提出，包括在 DDH 假设下实现选择密文攻击安全性的 Cramer-Shoup 密码系统，该系统的安全性证明没有使用随机谕言机模型。另一个方案是 DHAES，不过该方案的安全性证明假设要比 DDH 假设弱。

8.5 Paillier 方案

1999 年 Pascal Paillier 提出了一种概率公钥算法——Paillier 加密方案。该方案是第一个基于判定性合数剩余类问题的加法同态加密密码体制，其安全性是基于判定性合数剩余问题（计算 n 次剩余是困难的）的。Paillier 加密方案支持任意次数的加法同态操作，方案主要由以下算法步骤组成。

- **密钥生成（Key Generation）**：
  1）选择两个随机大素数 p、q，满足 $\gcd(pq,(p-1)(q-1))=1$，该属性用于保证 p 和 q 的长度相等。令 $n=pq,\lambda=\mathrm{lcm}(p-1,q-1)$，其中 lcm 表示最小公倍数；
  2）随机选择 $g\in Z_{n^2}^*$，为保证 n 整除 g 的阶，需满足 $\gcd(L(g^{\lambda}\bmod n^2),n)=1$，其中函数 $L(x)=\dfrac{x-1}{n}$；
  3）生成公钥为 $\mathrm{pk}=(n,g)$，私钥为 $\mathrm{sk}=\lambda$。
- **加密过程（Encryption）**：对于任意明文 $m\in Z_n$，随机选择 $r\in Z_n^*$，计算密文 $c=\mathrm{Enc}_{\mathrm{pk}}(m)=g^m\cdot r^n(\bmod n^2)$。
- **解密过程（Decryption）**：对于任意密文 $c\in Z_{n^2}^*$，可解密得到明文 $m=\mathrm{Dec}_{\mathrm{sk}}(c)=L(c^{\lambda}(\bmod n^2))\cdot(L(g^{\lambda}(\bmod n^2)))^{-1}(\bmod n)$。

同态性质：假定有明文 m_1、m_2，分别对其进行加密操作，可得 $E(m_1,\mathrm{pk})=g^{m_1}r_1^n(\bmod n^2)$ 和 $E(m_2,\mathrm{pk})=g^{m_2}r_2^n(\bmod n^2)$，其中 $r_1,r_2\in Z_n^*$。

- 加法同态：对两个密文的乘积进行解密等于其对应的两个明文之和。满足该同态的表达式为

$$\begin{aligned}D(E(m_1,\mathrm{pk})\cdot E(m_2,\mathrm{pk})(\bmod n^2))&=D((g^{m_1}r_1^n)(g^{m_2}r_2^n)(\bmod n^2))\\&=D(g^{m_1+m_2}(r_1r_2)^n(\bmod n^2))\\&=D(E(m_1+m_2,\mathrm{pk}))=m_1+m_2(\bmod n)\end{aligned}$$

- 另一种性质：对一个密文的明文次幂进行解密等于其对应两个明文的乘积。对应的表达式为

$$\begin{aligned}D(E(m_1,\mathrm{pk})^{m_2}(\bmod n^2))=D((g^{m_1}r_1^n)^{m_2}(\bmod n^2))&=D(g^{m_1m_2}(r_1^{m_2})^n(\bmod n^2))\\&=D(E(m_1m_2,\mathrm{pk}))=m_1m_2(\bmod n)\end{aligned}$$

虽然满足该性质，但是对于给定的两个 Paillier 加密的消息，目前还没有方法可以在不知道私钥的情况下计算这些消息乘积的加密，也就是说，Paillier 加密还无法满足乘法同态性质。

安全性：Paillier 加密方案针对不可区分选择明文攻击（IND-CPA）提供了语

义安全性。敌手成功区分挑战密文的能力本质上等同于敌手解决合数剩余的能力。Paillier 加密方案的语义安全性就是在判定性合数剩余（Decisional Composite Residuosity，DCR）假设下得到有效证明的，因为 DCR 问题是一个困难问题。

DCR 问题描述如下：给定大合数 n 和一个整数 z，其中 $z=y^n \pmod{n^2}$，$y \in Z_{n^2}^*$，判断 z 是 n 次剩余还是非 n 次剩余是困难的。

然而，Paillier 加密方案由于同态特性而具有可延展性，因此在自适应选择密文攻击下（Indistinguishability against Chosen Ciphertext Attack，IND-CCA），密文是可区分的。在此基础上，Paillier 和 Pointcheval 提出了一个改进设计，改进的方案在随机谕言机模型下是 IND-CCA 安全的。Paillier 同态加密已在图像安全处理、电子投票系统、（医疗）云数据安全、数字水印、区块链、生物识别技术等领域广泛使用。

8.6 BGN 方案

BGN(Boneh-Goh-Nissim）加密方案由 Dan Boneh、Eu-Jin Goh 和 Kobbi Nissim 于 2005 年提出，是第一个允许使用固定大小的密文进行任意多次加法和一次乘法同态运算的加密方案。乘法运算的可行性是因为椭圆曲线可以定义成双线性对。BGN 加密方案仅适用于二次表达式，但该方案是与全同态加密方案最接近的一种机制，方案的安全性基于子群判定性问题。在介绍 BGN 方案的主要算法之前，先定义双线性对运算。

假定 $\mathbb{G}_1,\mathbb{G}_2,\mathbb{G}_T$ 是阶为大素数 p 的乘法群，映射 $\hat{e}:\mathbb{G}_1\times\mathbb{G}_2\rightarrow\mathbb{G}_T$ 称为双线性映射，如果满足：

1）双线性：对于任意 $a,b\in Z_p^*,g\in\mathbb{G}_1,h\in\mathbb{G}_2$，有 $\hat{e}(g^a,h^b)=\hat{e}(g,h)^{ab}$ 成立；
2）非退化性：存在 $g\in\mathbb{G}_1,h\in\mathbb{G}_2$，使得 $\hat{e}(g,h)\neq 1$。

此外，存在有效的算法计算 $\hat{e}(g,h)$。如果 $\mathbb{G}_1=\mathbb{G}_2=\mathbb{G}$，则称上述双线性对是对称的，否则是非对称的。

在双线性对的基础上，BGN 方案可以用以下三个算法来描述。

- **密钥生成（Key Generation）**：

  1）给定 $\lambda\in Z^+$，选择大素数 $q_1,q_2,n=q_1q_2$，一个 n 阶循环群 $\mathbb{G}$，以及对称双线性映射 $\hat{e}:\mathbb{G}\times\mathbb{G}\rightarrow\mathbb{G}_T$；

  2）选择两个随机生成元 $g,u\in\mathbb{G}$，令 $h=u^{q_2}$；

  3）生成公钥为 $\mathrm{pk}=(n,\mathbb{G},\mathbb{G}_1,e,g,h)$，私钥为 $\mathrm{sk}=q_1$。

- **加密过程（Encryption）**：设明文空间为整数集 $\{0,1,\cdots,T\}$，$T<q_2$。对于任意明文 $m\in Z_n^*$，随机选择 $r\in Z_n^*$，计算密文 $C=g^m h^r$。
- **解密过程（Decryption）**：对于任意密文 $C\in\mathbb{G}$，可使用私钥 sk 来解密

$$\mathrm{Dec}_{\mathrm{sk}}(C)=C^{q_1}=(g^m h^r)^{q_1}=(g^{q_1})^m。$$

要恢复消息 m，只需计算以 g^{q_1} 为底数的离散对数 C^{q_1} 即可。由于 $0\leqslant m\leqslant T$，可以采用 Lambda 方法来恢复，其计算的复杂度为 $O(\sqrt{T})$。

同态性质：令公钥 $\mathrm{pk}=(n,\mathbb{G},\mathbb{G}_T,e,g,h)$，给定两个明文消息 $m_1,m_2\in\{0,1,\cdots,T\}$ 对应的密文 $C_1=g^{m_1}h^{r_1}\in\mathbb{G}$，$C_2=g^{m_2}h^{r_2}\in\mathbb{G}$。通过表达式 $C_1C_2h^r=(g^{m_1}h^{r_1})(g^{m_2}h^{r_2})h^r=g^{m_1+m_2}h^{r_1+r_2+r}$，其中 $r\in\{1,\cdots,n-1\}$，可以确认 BGN 加密方案具有加法同态性质，因为 $C_1C_2h^r$ 就是明文 m_1+m_2 对应的加密密文。

除了满足加法同态外，BGN 加密方案还满足一次乘法同态，即可以利用双线性映射将两条加密消息相乘一次的解密等于其对应两个明文的乘积。令 $g_1=e(g,g)$，$h_1=e(g,h)$，其中 g_1 阶数为 n，h_1 阶数为 q_1，存在某个未知 $\alpha\in Z_n$，使得 $h=g^{\alpha q_2}$。同样给定两个明文 m_1,m_2 及其对应的密文 C_1,C_2，随机选择 $r\in Z_n^*$，令 $C=e(C_1,C_2)h_1^r\in\mathbb{G}_T$，有

$$\begin{aligned}C&=e(C_1,C_2)h_1^r=e(g^{m_1}h^{r_1},g^{m_2}h^{r_2})h_1^r=e(g^{m_1+\alpha q_2 r_1},g^{m_2+\alpha q_2 r_2})h_1^r=e(g,g)^{(m_1+\alpha q_2 r_1)(m_2+\alpha q_2 r_2)}h_1^r\\&=e(g,g)^{m_1m_2+\alpha q_2(m_1r_1+m_2r_1+\alpha q_2 r_1 r_2)}h_1^r=e(g,g)^{m_1m_2}h_1^{r+m_1r_1+m_2r_1+\alpha q_2 r_1 r_2}\end{aligned}$$

其中，$r+m_1r_1+m_2r_1+\alpha q_2 r_1 r_2$ 均匀分布于 Z_n^*。因此，$C\in\mathbb{G}_T$ 是 $m_1m_2 \pmod n$ 的均匀分布加密。需要注意的是 BGN 方案在 $\mathbb{G}_T$ 中仍然是加法同态的。

安全性：BGN 加密方案的语义安全是建立在子群判定性问题（Subgroup Decision Problem，SDP）上的。SDP 描述如下，给定阶数为 $n=pq$ 的群 $\mathbb{G}$，其中 p,q 为未知大素数，生成元 $g\in\mathbb{G}$，$g_p\in\mathbb{G}_p$，区分元素 x 是子群 $\mathbb{G}_p$ 的随机元素还是全群 $\mathbb{G}$ 的随机元素是困难的。

在 BGN 方案中，子群判定性问题定义在阶数为 $n=pq$ 的双线性对群$(\mathbb{G},\mathbb{G}_T)$上，双线性对 $e:\mathbb{G}\times\mathbb{G}\to\mathbb{G}_T$ 具有非退化性。该问题是为了确定一个给定的元素 $x\in\mathbb{G}$ 是否在 p 阶子群中。需要注意的是如果 $g\in\mathbb{G}$，那么 $\mathbb{G}_T$ 中存在同样的问题，也就是确定 $e(g,x)$ 是否该群中的元素。因此，如果 SDP 在 $\mathbb{G}$ 中不可行，那么在 $\mathbb{G}_T$ 中也是不可行的。

8.7 Gentry 方案

2009 年，Gentry 基于理想格设计了第一个真正意义上的全同态加密方案，其安全性基于理想陪集问题（Idea Coset Problem，ICP）和密钥相关消息（Key-Dependent Message，KDM）安全假设。具体来讲，方案的构造分为三步：首先，设计一个具备有限次密文同态组合运算的近似同态（Somewhat Homomorphic）加密算法，这里的同态组合运算可视为加法与乘法运算，或者与非门运算，因为两类运算均可用于构造任意多项式函数，这里采用前者。其次，引入“自举”（Bootstrapping）程序，使得任意可支持同态组合扩张的解密电路近似同态加密算法，能够转化为 d 层级全同态加密方案，后者的容许电路的深度是前者的 d 倍，同时方案的公钥尺寸也为前者的 d 倍。最后，引入 KDM 假设，将层级方案转化为全同态加密方案，同时新方案的公钥尺寸与 d 无关。

基于理想格的近似同态加密方案

近似同态加密算法的安全性规约到 ICP，需要注意的是此规约是一个通用框架，当使用理想格实例化近似同态加密算法时，ICP 即实例化为判定性有界解码问题（Decision Bounded Distance Decoding Problem，Decision BDDP）。在基于理想格的方案中，密文为理想格陪集中的一个随机元素，陪集取决于明文和噪声，当噪声小于一定阈值时解密算法能输出相应的明文，否则解密失败。每次加法、乘法运算均会使噪声增大，因此方案的容许函数的深度取决于初始噪声尺寸、同态运算的噪声尺寸扩张以及最大噪声容忍尺寸。之所以采用理想格是因为理想格同时具备加法与乘法同态，十分契合全同态加密的内涵。方案算法描述如下。

- **密钥生成（Key Generation）**：$\mathrm{KeyGen}_{\varepsilon}(R,B_I)$ 中，算法输入环 R、理想 I 的基 B_I。
  1) 运行 $(B_J^{pk},B_J^{sk})\leftarrow \mathrm{IdealGen}(R,B_I)$。该算法是一个理想格的格基生成算法，生成一个理想 J 对应的好基 B_J^{sk} 与坏基 B_J^{pk}。其中，理想 J 与 I 互素（即 $I+J=R$）。好基相对正交，可作为私钥，使得私钥持有者可以求理想格的陪集的代表元。而坏基高度不正交，可作为公钥。注意，明文空间 P 为 $R \bmod B_I$，即由理想 I 生成的理想格的陪集的代表元组成的集合；
  2) 输出公钥 $\mathrm{pk}=(R,B_I,B_J^{pk},\mathrm{Samp})$，私钥 $\mathrm{sk}=B_J^{sk}$。其中，算法 $\mathrm{Samp}(x,B_I,R,B_J^{pk})$ 用于抽样陪集 $x+I$ 中的随机元。

- **加密过程（Encryption）**：$\mathrm{Encrypt}_{\varepsilon}(\mathrm{pk},m)$ 中，算法输入公钥 pk、明文 $m\in P$。运行 $e'\leftarrow \mathrm{Samp}(m,B_I,R,B_J^{\mathrm{pk}})$，并计算 $e\leftarrow e' \bmod B_J^{\mathrm{pk}}$。
- **密文计算过程（Evaluation）**：$\mathrm{Evaluate}_{\varepsilon}(\mathrm{pk},C,\vec{e})$ 中，输入公钥 pk、电路 C（由加法与乘法门组成）、一组密文 $\vec{e}$. 假设在电路 C 中每个门的输入链路为 2，输出链路为 1，则加法与乘法同态运算分别如下。

  1）$\mathrm{Add}(\mathrm{pk},e_1,e_2)$：加法门输出 $e_1+e_2 \bmod B_J^{\mathrm{pk}}$；

  2）$\mathrm{Mult}(\mathrm{pk},e_1,e_2)$：乘法门输出 $e_1\times e_2 \bmod B_J^{\mathrm{pk}}$。
- **解密过程（Decryption）**：$\mathrm{Decrypt}_{\varepsilon}(\mathrm{sk},e)$：输入私钥 sk、密文 e。计算 $m\leftarrow (e \bmod B_J^{\mathrm{sk}}) \bmod B_I$。

此处忽略方案正确性的证明，仅简述其内涵。首先，正确性要求与方案的容许电路有关，只有组合电路属于容许电路的情形下，才能正确解密。其次，容许电路的深度由初始噪声、同态加或乘的噪声扩张以及最大噪声容忍所决定。

接下来简要解释噪声的概念。令 X_{Enc} 为 Samp 算法的像，$X_{\mathrm{Dec}}=R \bmod B_J^{\mathrm{sk}}$，以及 $P(B_J^{\mathrm{sk}})$ 是理想格关于格基 B_J^{sk} 的基本域。由加密算法可得密文属于 $X_{\mathrm{Enc}}+J$。假设 $x=m+i\in X_{\mathrm{Enc}}$，密文为 e，那么密文 e 中的初始噪声为 $x \bmod B_J^{\mathrm{sk}}$。令 r_{Enc} 为基本域 $P(B_J^{\mathrm{sk}})$ 内的一个球的初始半径，使得初始噪声总是位于该球之内。再令 r_{Dnc} 为基本域 $P(B_J^{\mathrm{sk}})$ 内的最大球半径，一旦噪声超过最大半径，解密失败。因此容许电路 C 必须满足：若 $x_i\in B(r_{\mathrm{Enc}})$ 对任意 $i\in[1,t]$ 成立，则有 $C(x_1,\cdots,x_t)\in B(r_{\mathrm{Dec}})$，即组合后密文的噪声不能超出基本域的范围。因此，容许电路的深度由 r_{Enc}、噪声扩张及 r_{Dnc} 所决定。需要注意的是，基于理想格的近似同态加密方案的电路深度较小。

层级全同态加密方案的通用构造

由于噪声尺寸随着同态运算递增，近似同态加密算法仅能支持较浅深度的容许电路。为此，Gentry 引入了“自举”程序，将同态运算后的密文中较大的噪声尺寸压缩到初始尺寸范围，从而得到 d 层级全同态加密算法，d 为层数。自举程序的思想源于重加密技术，将明文所对应的密文更新为另一公钥下的新密文，以两层为例（$d=2$）。已知（$\mathrm{pk}_1,\mathrm{sk}_1$）与（$\mathrm{pk}_2,\mathrm{sk}_2$）为两个不同的近似同态加密算法的公私钥对，假设 $e_1\leftarrow \mathrm{Encrypt}_{\varepsilon}(\mathrm{pk}_1,m)$ 是明文 m_1 在公钥 pk_1 下的密文，且其中的噪声较大。利用公钥 pk_2 对私钥 sk_1 进行逐比特加密：$\overline{sk_{1j}} \leftarrow \mathrm{Encrypt}_{\varepsilon}(pk_2, sk_{1j})$，其中 sk_{1j} 是私钥 sk_1 的第 j 个比特。于是，层级全同态加密算法的公钥为 $pk=(pk_1, pk_2, \langle\overline{sk_{1j}}\rangle)$。给定公钥 pk、密文 e_1 及解密电路 D_{ε}，组合者在无须私钥的情形下可更新密文 e_1，使得新密文为明文 m_1 在公钥 pk_2 下的密文，且其中的噪声尺寸较小，具体算法如下。

- $\mathrm{Recrypt}_{\varepsilon}(pk_2, D_{\varepsilon}, \langle\overline{sk_{1j}}\rangle, e_1)$：
  1）利用公钥 pk_2 计算密文 e_1 的逐比特密文：$\overline{e_{1j}} \leftarrow \mathrm{Encrypt}_{\varepsilon}(pk_2, e_{1j})$；
  2）同态组合密文 $\langle\overline{e_{1j}}\rangle$ 与 $\langle\overline{sk_{1j}}\rangle$：$e_2 \leftarrow \mathrm{Evaluate}_{\varepsilon}(pk_2, D_{\varepsilon}, \langle\overline{sk_{1j}}\rangle, \langle\overline{e_{1j}}\rangle)$。

上述自举步骤的关键在于解密电路 D_{ε} 必须为近似同态加密方案的容许电路。若近似同态加密方案能同态组合解密电路，则所构造的层级同态加密方案能更新密文，压缩单一密文的噪声尺寸。但仅能同态组合解密电路是不足以设计全同态加密方案的，因为全同态加密需要同态组合一些复杂电路，而不仅仅是更新密文与压缩单一密文的噪声尺寸。在复杂的电路中，输入通常包含多个密文（非单一密文），需压缩组合后密文的噪声尺寸。因此，近似同态加密方案必须能够同态组合扩张的解密电路。

定义 8.3（扩张的解密电路） 令 Γ 为一个电路门的集合，每个门的输入与输出均属于明文空间 P。对任意的门 $g \in \Gamma$，可构造一个新的电路：g 的每个输入用解密电路 D_{ε} 替代，D_{ε} 的数量等于门 g 的输入链条个数。所构造的电路称为 g 扩张解密电路。定义 $D_{\varepsilon}(\Gamma)$ 为所有 g 扩张解密电路组成的集合。

本文的 Γ 可以是包含加法门与乘法门的集合，或者仅包含与非门。如图 8-3 所示，扩张解密电路中对应的电路门为与非门，其中圆形框表示数据在公钥 pk_{i-1} 加密下的密文；正方形框表示数据在公钥 pk_i 加密下的密文。

定义 8.4（可自举的近似同态加密） 令 C_{ε} 为近似同态加密方案 ε 的容许电路集合，Γ 为一个电路门的集合。如果 $D_{\varepsilon}(\Gamma) \subseteq C_{\varepsilon}$，则称 ε 为可自举的同态加密方案。自举后的层级全同态加密方案记为 $\varepsilon^{(d)}$，d 为自举的层级，方案 $\varepsilon^{(d)}$ 的公钥尺寸与 d 线性相关。

假设近似同态加密方案的解密电路深度为 m，那么层级全同态加密方案的容许电路深度为 $m \cdot d$。令 $\varepsilon=(\mathrm{KeyGen}_{\varepsilon}, \mathrm{Encrypt}_{\varepsilon}, \mathrm{Evaluate}_{\varepsilon}, \mathrm{Decrypt}_{\varepsilon})$ 为可自举的近

似同态加密方案，Gentry 的通用层级全同态加密方案 $\varepsilon^{(d)}=(\text{KeyGen}_{\varepsilon^{(d)}}$，$\text{Encrypt}_{\varepsilon^{(d)}}$，$\text{Evaluate}_{\varepsilon^{(d)}}$，$\text{Decrypt}_{\varepsilon^{(d)}})$构造如下（见图 8-4）。

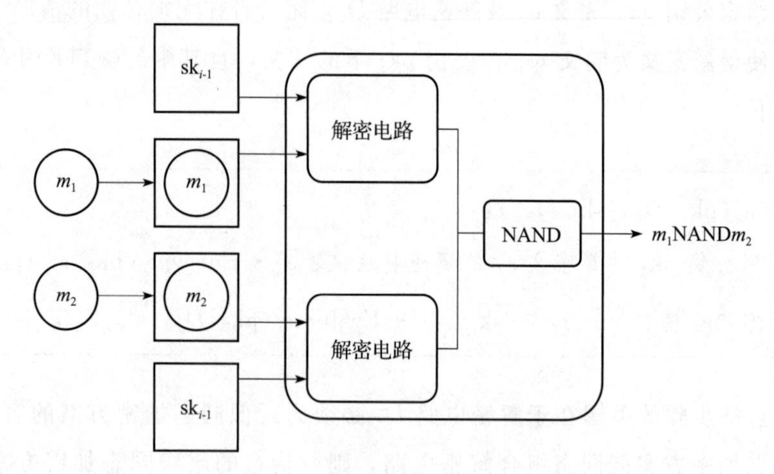

图 8-3 同态计算扩张的解密电路

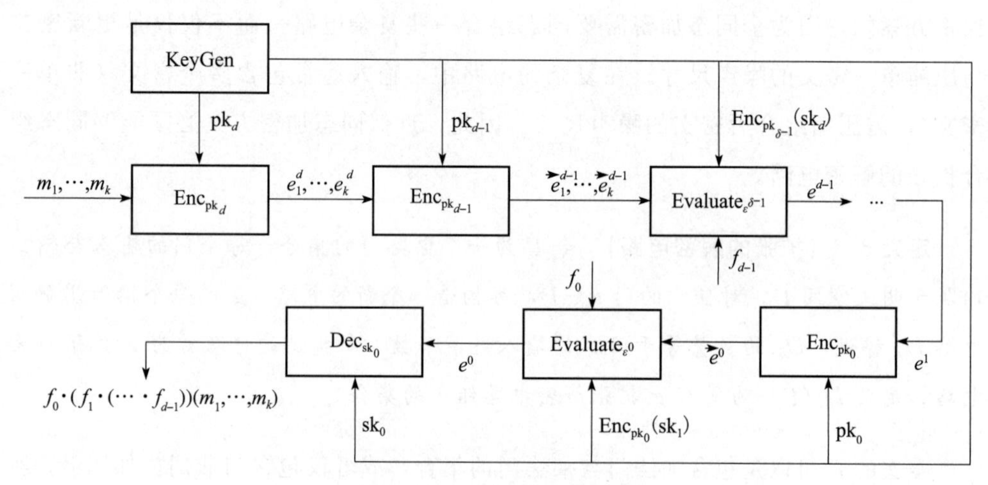

图 8-4 层级全同态加密框架图

- **密钥生成（Key Generation）**：$\text{KeyGen}_{\varepsilon^{(d)}}(\lambda,d)$。

  1）运行 $\text{KeyGen}_\varepsilon$ 算法生成 $d+1$ 对层级公私钥：$\forall i\in[0,d]$，运行 $(pk_i, sk_i)\leftarrow \text{KeyGen}_\varepsilon(\lambda)$；

  2）使用低层公钥逐比特加密相邻的高层私钥：$\forall i\in[1,d], j\in[1,l]$，计算 $\overline{sk}_{ij}\leftarrow \text{Encrypt}_\varepsilon(pk_{i-1}, sk_{ij})$，其中 l 为私钥的比特长度；

  3）输出私钥 $sk^{(d)}=sk_0$，公钥 $pk^{(d)}=(\langle pk_i\rangle,\langle\overline{sk}_{ij}\rangle)$。

- **加密过程（Encryption）**：$\text{Encrypt}_{\varepsilon^{(d)}}(\text{pk}^{(d)}, m)$。计算 $e \leftarrow \text{Encrypt}_{\varepsilon}(\text{pk}_d, m)$，注意，这里使用最高层公钥 pk_d 加密。
- **密文计算过程（Evaluation）**：$\text{Evaluate}_{\varepsilon^{(\delta)}}(\text{pk}^{(\delta)}, C_\delta, \overrightarrow{e_\delta})$。该运算由高层到低层逐层进行，其中 δ 小于或等于 d，$\text{pk}^{(\delta)} = (\langle \text{pk}_i \rangle_{i \in [0,\delta]}, \langle \overline{\text{sk}_{ij}} \rangle_{j \in [1,\delta]})$，$C_\delta$ 是一个深度至多为 δ 且所有门均属于 Γ 的电路，$\overrightarrow{e_\delta}$ 是在公钥 pk_δ 下的一组密文。

  1）如果 $\delta = 0$，则输出密文 $\overrightarrow{e_0}$，并终止组合算法；否则，继续执行下一步；

  2）运行 $(C_{\delta-1}^{\dagger}, e_{\delta-1}^{\dagger}) \leftarrow \text{Augment}_{\varepsilon^{(\delta)}}(\text{pk}^{(\delta)}, C_\delta, \overrightarrow{e_\delta})$，该步主要用于生成扩张电路，并用相邻的低层公钥加密现有密文。现具体描述 Augment 算法：利用解密电路 D_ε 扩充组合电路 C_δ，即将 C_δ 每个门的输入替换为 D_ε，得到扩充的电路 $C_{\delta-1}^{\dagger}$。接着，对任意 $e \in \overrightarrow{e_\delta}$，计算 $\overline{e_j} \leftarrow \text{Encrypt}_{\varepsilon^{(\delta-1)}}(\text{pk}^{(\delta-1)}, e_j)$，其中 e_j 是密文 e 的第 j 个比特。记 $e_{\delta-1}^{\dagger} = \{\langle \langle \overline{\text{sk}_{\delta j}} \rangle, \langle \overline{e_j} \rangle \rangle \mid \forall e \in \overrightarrow{e_\delta}\}$。Augment 算法输出 $(C_{\delta-1}^{\dagger}, e_{\delta-1}^{\dagger})$；

  3）运行 $(C_{\delta-1}, \overrightarrow{e_{\delta-1}}) \leftarrow \text{Reduce}_{\varepsilon^{(\delta-1)}}(\text{pk}^{(\delta-1)}, C_{\delta-1}^{\dagger}, e_{\delta-1}^{\dagger})$，该步主要将高层公钥下的密文更新为相邻的低层公钥下的密文，从而达到降低噪声的效果。现具体描述 Reduce 算法：令电路 $C_{\delta-1}$ 为电路 $C_{\delta-1}^{\dagger}$ 的子电路，包含后者的前 $\delta-1$ 层。最后计算 $\overrightarrow{e_{\delta-1}} \leftarrow \text{Evaluate}_{\varepsilon}(\text{pk}_{\delta-1}, C_\delta^{(w)}, e_{\delta-1}^{\dagger})$，这里 $C_\delta^{(w)}$ 为电路 $C_{\delta-1}^{\dagger}$ 的子电路，输出为 w 且仅包含后者的第 δ 层。Reduce 算法输出 $(C_{\delta-1}, \overrightarrow{e_{\delta-1}})$；

  4）运行 $\text{Evaluate}_{\varepsilon^{(\delta-1)}}(\text{pk}^{(\delta-1)}, C_{\delta-1}, \overrightarrow{e_{\delta-1}})$。
- **解密过程（Decryption）**：$\text{Decrypt}_{\varepsilon^{(d)}}(\text{sk}^{(d)}, e)$。计算 $m = \text{Decrypt}_{\varepsilon}(\text{sk}_0, e)$。

定理 8.1 如果敌手能以概率 ε 攻破层级全同态加密方案 $\varepsilon^{(d)}$ 的语义安全性，则存在一个算法可至少以概率$\dfrac{\varepsilon}{l(d+1)}$攻破近似同态加密方案 ε 的语义安全性，其中 l 为私钥的比特长度，d 为自举的层级。

此处简述定理的证明思路。证明采用混合论证的方法，主要侧重构造 $d+2$ 个不可区分的实验，不可区分是针对敌手而言的。对任意的 $k \in [0,d]$，实验 k 与方案 $\varepsilon^{(d)}$ 的真实攻击实验的区别在于：对任意 $i \in [1,k]$，挑战者按如下方式更换自举所使用的层级密钥

$$(\mathrm{pk}_i', \mathrm{sk}_i') \leftarrow \mathrm{KeyGen}_\varepsilon(\lambda) \text{和} \overline{\mathrm{sk}}_{ij} \leftarrow \mathrm{Encrypt}_\varepsilon(\mathrm{pk}_{i-1}, \mathrm{sk}_{ij}')$$

实验 $d+1$ 与实验 d 类似，区别在于此时挑战者加密一个随机明文，即挑战明文与敌手输出的两个明文无关。显然，实验 0 与方案 $\varepsilon^{(d)}$ 的真实攻击实验完全一致，此时敌手成功攻破实验的概率为 ε。敌手攻击实验 $d+1$ 的成功概率为 1/2，因为挑战密文与给定的两个明文无关。由于在上述 $d+2$ 个实验中，对敌手而言每两个相邻实验之间的统计距离都是可忽略的，因此敌手攻破实验 0 的概率也是可忽略的。

全同态加密方案

d 层级全同态加密方案的公钥尺寸与 d 线性相关，且容许电路的深度有限。为了缩小公钥尺寸，并实现真正意义上的全同态加密方案，Gentry 利用 pk_0 替代 pk_i，$\langle \overline{\mathrm{sk}}_{0j} \rangle_{j\in[1,l]}$ 替代 $\langle \overline{\mathrm{sk}}_{ij} \rangle_{j\in[1,l]}$，其中 $i\in[1,d]$。若近似同态加密方案 ε 满足 KDM 安全性，则自举后的方案可同态组合任意电路，且密钥尺寸与 d 无关。

定理 8.2 若近似同态加密方案 ε 满足 KDM 安全性，则自举后的全同态加密方案 $\varepsilon^{(d)}$ 的公钥为 $\mathrm{pk}=(\mathrm{pk}_0, \langle \overline{\mathrm{sk}}_{0j} \rangle)$，其中 $\overline{\mathrm{sk}}_{0j} \leftarrow \mathrm{Encrypt}_\varepsilon(\mathrm{pk}_0, \mathrm{sk}_{0j})$，且容许电路为任意电路。

安全性：方案的 IND-CPA 安全性基于判定性有界解码问题（Decision Bounded Distance Decoding Problem）。判定性 BDDP 属于理想格上平均情形困难问题。

定义 8.5（理想格上的判定性 BDDP） *已知 R 为环、I 为 R 中的一个理想、Samp 算法用于抽样陪集 $x+I$ 中的随机元、IdealGen 算法用于生成理想格的格基、$b\leftarrow\{0,1\}$，以及 $(B_J^{\mathrm{pk}}, B_J^{\mathrm{sk}}) \leftarrow \mathrm{IdealGen}(R, B_I)$。若 $b=0$，则运行 $e'\leftarrow \mathrm{Samp}$，并计算 $e=e' \bmod B_J^{\mathrm{pk}}$。若 $b=1$，则均匀随机抽取 $e\leftarrow U(R \bmod B_J^{\mathrm{pk}})$。给定 (e, B_J^{pk})，问题要求猜测 b，即判定 e 所服从的分布。*

此处简要介绍安全规约的思路。挑战者在获得判定性 BDDP 的实例 (e, B_J^{pk}) 后，可以模拟方案的加密步骤。在判定性 BDDP 是困难的假设下不同的数值 b 所引起的密文虽然有本质区别，但在敌手的视角里两类密文是不可区分的。如果 $b=0$，则挑战者模拟的密文与真实加密算法生成的密文完全一致，在该情形中敌手的优势与其挑战真实加密算法的优势完全相同。如果 $b=1$，则挑战密文是随机的且与明文无关，在该情形下敌手成功区分密文的优势为 1/2。因此，如果敌手能够以不可忽略的概率区分密文，则挑战者能以相同概率解决判定性 BDDP。由于判定性 BDDP

是困难的，由反证法可得加密方案满足 IND-CPA 安全性。

8.8 本章小结

本章简要介绍了同态加密技术的产生背景及应用，并给出了同态加密的形式化定义及其主要安全模型。介绍了五个具有代表性的同态加密方案，包括第一个在标准假设下可证明安全的 GM 加密方案；方案设计可基于任意循环群的 ElGamal 加密方案；支持任意次数加法运算的 Paillier 加密方案；允许任意多次加法和一次乘法运算的 BGN 加密方案以及基于理想格上的 Gentry 加密方案。这五个方案具有一定的代表性，后续具有不同性能的同态加密方案的设计大多以这五个方案为基础或者借鉴了其技术，对同态加密感兴趣的读者可进一步阅读相关文献。

习题

1. 假设 $p=7$、$q=11$、$a=6$，验证 GM 加密算法的正确性。
2. 在题 1 的基础上，进一步验证 GM 加密算法的加法同态性质。
3. 假设 $p=2879$、$g=2585$、$x=47$，验证 ElGamal 加密算法的正确性。
4. 在题 3 的基础上，进一步验证 ElGamal 加密算法的乘法同态性质。
5. 假设 $p=7$、$q=11$、$g=5652$，验证 Paillier 加密算法的正确性。
6. 在题 5 的基础上，进一步验证 Paillier 加密算法的同态性质。
7. 假设 $q_1=7$、$q_2=11$，包含子群 $\mathbb{G}$ 的椭圆曲线群以及相关联双线性映射 e 已构建，$g=[182,240]$、$u=[28,262]$ 为子群 $\mathbb{G}$ 中的两个随机生成元，请验证 BGN 加密算法的正确性。

参考文献

[1] RIVEST R L, ADLEMAN L, DERTOUZOS M L. On data banks and privacy homomorphisms [J]. Foundations of secure computation, 1978, 4(11): 169-180.

[2] GENTRY C. Fully homomorphic encryption using ideal lattices [D]. PhD thesis, 2009.

[3] GOLDWASSER S, MICALI S. Probabilistic encryption and how to play mental poker keeping secret all partial information [C]// the Fourteenth Annual ACM Symposium on Theory of Computing. 1982: 365-377.

[4] GOLDWASSER S, MICALI S. Probabilistic encryption [J]. Journal of computer and system sciences, 1984, 28(2): 270-299.

[5] ELGAMAL T. A public key cryptosystem and a signature scheme based on discrete logarithms [J]. IEEE transactions on information theory, 1985, 31(4): 469-472.

[6] CRAMER R, SHOUP V. A practical public key cryptosystem provably secure against adaptive chosen ciphertext attack [C]// Annual international cryptology conference. 1998: 13-25.

[7] ABDALLA M, BELLARE M, ROGAWAY P. DHAES: An encryption scheme based on the diffie hellman problem [J]. IACR Cryptol. ePrint Arch, 1999: 7.

[8] PAILLIER P. Public-key cryptosystems based on composite degree residuosity classes [C]// International Conference on the Theory and Applications of Cryptographic Techniques. 1999: 223-238.

[9] PAILLIER P, POINTCHEVAL D. Efficient public-key cryptosystems provably secure against active adversaries [C]// International Conference on the Theory and Application of Cryptology and Information. 1999: 165-179.

[10] BONEH D, GOH E J, NISSIM K. Evaluating 2-DNF formulas on ciphertexts [C]// Theory of Cryptography Conference, 2005: 325-341.

[11] ALFRED J. MENEZES, PAUL C, et al. Handbook of applied cryptography[M]. Boca Raton: CRC Press, 2018.

[12] KRISTIAN G. Subgroup membership problems and public key cryptosystems [D]. Trondheim: Norwegian University of Science and Technology, 2004.

[13] GENTRY C. Fully homomorphic encryption using ideal lattices [C]// Proceedings of the Forty-First Annual ACM Symposium on Theory of Computing. 2009: 169-178.

[14] BLACK J, ROGAWAY P, SHRIMPTON T. Encryption-scheme security in the presence of key-dependent messages [C]// International Workshop on Selected Areas in Cryptography. 2002: 62-75.